高等院校艺术设计类系列教材

# 包装设计
## （微课版）

徐顺智　主　编
宗德建　黎　娅　刘　伟　副主编

清华大学出版社
北　京

## 内 容 简 介

“包装设计”是数字媒体平面设计专业的艺术课程之一。本书共分七章，第 1 章为基础篇；第 2 章为构成篇；第 3 章为结构篇；第 4 章为配色篇；第 5 章为工艺篇；第 6 章为策略篇；第 7 章为实战篇。本书贴近艺术专业实际情况，兼顾科学性、实践性、可接受性和系统性，按照学习情境和任务要点，系统阐述了包装设计的概念与实践，满足了包装设计课程的职业化需求，在对案例的选择上，特别注重与学生的实际水平、系统工作任务以及实际工作三个方面的结合。

本书既可作为高等院校包装专业和艺术设计专业教材，还可作为设计人员的岗位培训教材及包装设计行业爱好者的自学用书。



**图书在版编目 (CIP) 数据**

包装设计：微课版 / 徐顺智主编 . —北京：清华大学出版社，2023.8（2024.8重印）
高等院校艺术设计类系列教材
ISBN 978-7-302-64100-1

Ⅰ. ①包…　Ⅱ. ①徐…　Ⅲ. ①包装设计—高等学校—教材　Ⅳ. ① TB482

中国国家版本馆 CIP 数据核字 (2023) 第 130491 号

**责任编辑：**孟　攀
**封面设计：**杨玉兰
**责任校对：**么丽娟
**责任印制：**丛怀宇
**出版发行：**清华大学出版社
**网　　址：**https://www.tup.com.cn, https://www.wqxuetang.com
**地　　址：**北京清华大学学研大厦 A 座　　**邮　　编：**100084
**社 总 机：**010-83470000　　**邮　　购：**010-62786544
**投稿与读者服务：**010-62776969, c-service@tup.tsinghua.edu.cn
**质量反馈：**010-62772015, zhiliang@tup.tsinghua.edu.cn
**课件下载：**https://www.tup.com.cn ,010-62791865
**印 装 者：**三河市君旺印务有限公司
**经　　销：**全国新华书店
**开　　本：**190mm × 260mm　　**印　　张：**14.25　　**字　　数：**353 千字
**版　　次：**2023 年 10 月第 1 版　　**印　　次：**2024 年 8月第 2 次印刷
**定　　价：**59.00 元

---

产品编号：084616-01

# Preface 前言

包装设计是数字媒体平面设计专业的艺术课程之一，是一门集艺术、科学及社会于一体的综合性学科。作为包装设计行业的从业人员，包装设计师应该把包装设计实践与理论相结合全面展开学习。包装设计方法和包装效果图的制作是包装设计师必须掌握的专业语言和技术。本书的特色就是通过大量的包装设计案例，由浅入深地指导包装设计师进行科学有效的训练，提高其包装设计的制作能力，收到理想的设计效果。

本书共分七章，内容由浅入深，全面涵盖了包装设计的基础知识，通过案例图解形式来说明包装设计是如何实现的。

第 1 章为基础篇，包括包装的定义、发展、功能、原则、分类等内容，供初学者了解包装设计。本章借助案例分析使学生对包装设计有初步认识，进一步深入了解包装设计的基础知识。

第 2 章为构成篇，包括品牌、文字、图形、色彩和版式等内容，使学生掌握包装设计与品牌标识的关系，学会在包装中应用品牌标识以更好地表现不同商品的品牌特征；让学生掌握主体文字设计在包装设计中的应用，使其准确地把握广告文字、说明文字等的使用规范，了解文字元素的应用方法和常见形式；使学生掌握图形、图像在包装设计中的应用，把握包装设计中图形、图像的设计范畴，了解图形、图像在包装设计中的应用规律、法则和形式等。

第 3 章为结构篇，包括包装结构、纸包装、其他包装等内容，使学生了解包装中最常见的结构及材料，了解包装的结构、材料和功能之间的关系，学习如何针对内容物的特色要求进行包装设计。

第 4 章为配色篇，包括基础配色和对比配色等内容，使学生掌握色彩在包装设计中的应用，以及通过对色彩进行有效的管理和设计，来表现不同商品的特性。

第 5 章为工艺篇，包括包装印前设计，内容有印刷基础、印前处理；包装印刷工艺，内容有印中工艺、印后工艺；不同材料包装的印刷，具体内容有塑料包装、不干胶标贴纸、精装盒包装、铁质包装的印刷及成本核算。

第 6 章为策略篇，包括包装思考路径，介绍思考路径与设计表现；其他包装策略，具体介绍全渠道产品包装策略、快消品全案设计策略、特产包装策略、礼品包装策略、标签设计策略和其他品类包装设计策略；包装规范，内容有商品包装常用条形码使用规范、商品条形码的申请和条形码的创建方法；相关法规，内容有预包装食品标签通则、可以豁免强制标志营养标签的预包装食品和其他相关包装法规。

第7章为实战篇，使学生了解全国大学生包装结构创新设计大赛、Pentawards包装设计竞赛、ASPaC亚洲学生包装设计大赛、“中国大学生好创意”全国大学生广告艺术大赛。

本书理论讲解细致，实用性强，注重学生设计能力的开发与实际动手能力的培养，训练方法科学有效。

本书由徐顺智统筹主编，由于编者水平有限，书中难免存在不足和疏漏之处，欢迎广大同行和读者批评指正。书中部分图片来源于古田路9号等的设计作品，在此表示感谢。

编 者

Contents

# 目录

# 第1章 基础篇

【学习要点】

- 掌握包装相关定义及发展阶段。
- 理解各阶段包装发展历程的转变及密切关系。
- 了解包装的功能。
- 熟悉包装的14种原则与分类方式。

【教学重点】

包装发展阶段、包装分类方式。

【核心概念】

原始包装、古代包装、近代包装、现代包装、未来包装

在人类文明的发展与进步中，社会的变革、生产力的提高、生活方式的改变无不与包装设计有着千丝万缕的联系。了解包装的演变能够更好地了解人类文明的进程，从而更加有效地指导如今的设计工作，这对当今的设计工作有着非常现实的意义。本章主要介绍了包装的发展史，大致可以分为原始包装、古代包装、近代包装、现代包装和未来包装五个阶段，由浅入深地介绍了包装设计的功能、原则和分类方法。

了解包装产生的历史背景及发展过程，有助于包装设计者捕捉设计元素，表达不同的设计需求；掌握和理解包装的价值和功能后，包装设计者可以更好地配合企业对产品做经济实用的包装；理解绿色包装设计的概念，对包装设计者在设计方面提出了更高的要求，赋予了包装设计者保护环境的使命。

## 1.1 包装简述

中国食品和包装机械工业协会数据显示，全世界每年包装销售额达上亿美元。发达国家的包装工业在其国内属于第九或第十大产业。目前全球包装行业向亚洲转移，特别是向中国转移，预计未来中国包装总产值将加快增长，甚至有望超过美国包装总产值。

### 1.1.1 包装的相关定义

#### 1. 界定包装

包装有广义和狭义之分。狭义的包装是指包装商品所用的物料，包括包装用的容器、材料、辅助物等；广义的包装是指包装商品时的操作过程，包括包装方法和包装技术。简单地讲，前者指商品包装，指在商品流通过程中，为商品提供保护、储运、使用及销售便利而设计的包裹物与容器，以及将商品置于包裹物与容器中的行为过程。商品包装具有从属性和商品性。

### 2. 界定包装设计

包装设计的主要作用是有效地表达我是谁、企业的名片、品牌塑造等。

包装设计是以商品的保护、使用、促销为目的，将科学的、社会的、艺术的、心理的诸要素综合起来的专业设计学科。它不仅关系材料的选择、容器的结构、包装的方法，以及造型、图形、色彩、文字等视觉语言的传达，还涉及印刷工艺、成型工艺、消费心理学、市场营销学、人体工程学、技术美学等多方面的运用，以便更科学、更合理地适应商品，满足消费者的需求。

## 1.1.2 各国的包装概念

### 1. 美国的包装概念

包装是为了满足产品的需求，采用最少的成本，便于货物的传送、流通、交易、储存与贩卖而实施的统筹、整体、系统的准备工作。包装是为产品的运出和销售所做的准备工作。图 1-1 所示为美国 Yael Miller 包装设计。

### 2. 英国的包装概念

包装是为货物的运输和销售所做的艺术、科学和技术上的准备工作。图 1-2 所示为英国 RWest 设计的 PAROMI 工匠茶叶包装。

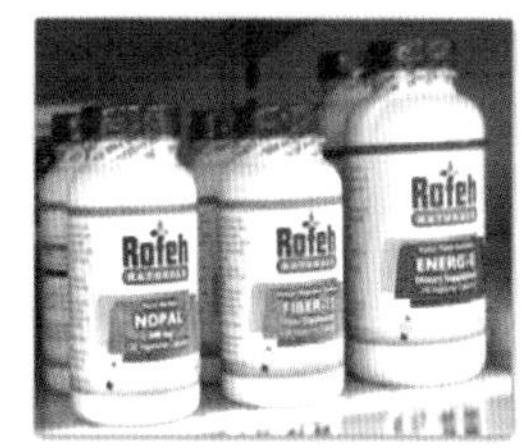


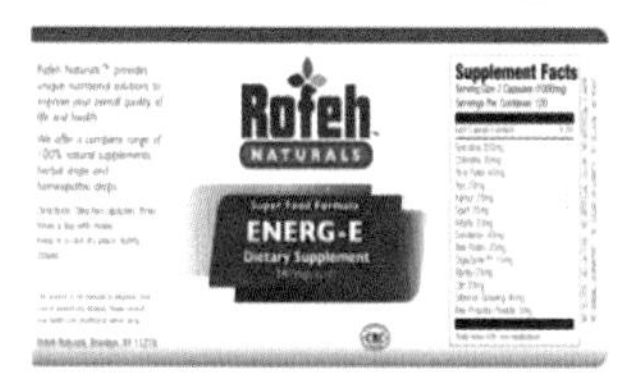


图 1-1 美国 Yael Miller 包装设计

图 1-2 PAROMI 工匠茶叶包装 英国 RWest 包装设计

### 3. 日本的包装概念

包装是为便于物品的输送及保管，并维护商品的价值，保持商品的状态而用适当的材料或容器对物品实施的技术及其实施的状态。“包装是使用适当的材料、容器而采用技术手段，使产品安全到达目的地，即产品在运输和保管的过程中，能够保护产品及维护产品的价值”。（引自日本包装用语辞典）图 1-3 所示为日本无印良品包装。

图 1-3　日本无印良品包装

4. 中国的包装概念

中国对包装设计的总原则："科学、经济、牢固、美观、适销。"这个总原则是基于包装的基本功能提出来的，是对包装设计整体的要求。从设计的角度来看，包装设计是一种将形态、结构、材料、颜色、图像、版式及其他辅助设计元素与产品信息结合在一起，进而使产品更加适合市场销售的创造工作，一味强调美感的包装设计未必会有令人满意的销售结果。图 1-4 所示为三只松鼠包装。

图 1-4　三只松鼠包装

以上各国的包装的概念虽有不同，但基本意思一致，即"包装是指在运输、储存、销售过程中，为了保护商品，以及为了识别、销售和使用方便，用特定的容器、材料及辅助物等防止外来因素损坏内装物的总称"。

## 1.2 包装的发展

在漫长的历史进程中，包装是随着人类文明的步伐发展起来的，随着不同时代的科技进步及消费需求而改变。了解包装的发展与改变，对今天的包装设计具有非常现实的意义。包装的发展，大致可分为原始包装、古代包装、近代包装、现代包装和未来包装五个基本阶段，如图 1-5 所示。

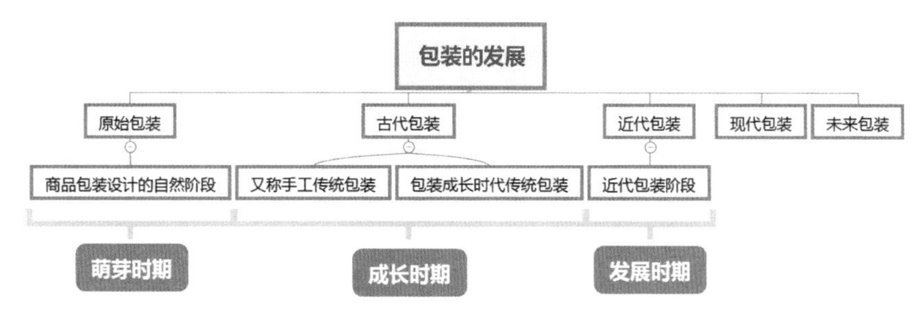


图 1-5　包装的发展

## 1.2.1　原始包装

### 1. 原始包装时期

包装与人们的生活密切相关。人们要生存就要通过劳动生产收集、储存必需的生活物资，而为了收集、转移、分发和消费物资，采用什么材料与方式来包裹、容装、转移、消费物资与产品，就是包装设计的缘起。原始包装时期又称为商品包装设计的自然阶段。商品包装设计处于最原始的萌芽时期，因为原始社会初期和中期不存在商品交换，故此时还不是商品包装设计的正式阶段，而是早期原始包装设计的起源和萌芽阶段。从严格意义上说，应该是商品包装的“史前史”。在理解该阶段的理论概述、特点及分类时，只要把握“自然”二字，就能清楚地区分该阶段与其他阶段的不同，也就能清楚地理解该阶段与其他阶段存在的必然联系。

### 2. 原始包装的分类

因为原始包装都是采用天然材料，所以主要分为以下几类。

（1）植物材料，如竹、竹筒、树皮、荷叶、芭蕉叶、葫芦木等。

（2）动物材料，如牛、羊等动物的皮，鸵鸟蛋壳，海螺壳等。

（3）矿物材料，如天然赤铁矿等。

【案例】竹壳茶

【案例】酒葫芦

【案例】粽子

### 3. 原始包装的特点

（1）天然材料的运用。古代劳动人民在长期的生产生活中，因地制宜，从身边的自然环境中发现许多天然的包装材料，如木、藤、草、叶、竹、茎等。原始时期的包装区别于其他时期最主要的特点就是完全使用天然材料，这些天然材料都来自大自然，被原始人发现和挖掘，直接使用或运用极其简单的方法制作而成。这些包装就地取材，加工简单，成本低廉，适合于短程、量小的物资转运。

（2）自然形态的包装。原始人用柔软的草或树枝进行捆包，使用叶子、果壳、葫芦等盛装、转移食物和水。由稻草、麦秆、芦苇编成的绳子、篮子在古老的包装中也都发挥过重要的作用。原始容器并不能算真正意义上的包装，但它具备了现代包装的一些基本功能，如保护物品，方便使用和携带等。原始包装的发展是人类对自然资源的认识、选择、利用和简单的处理加工。

原始包装的不可替代性使一些包装一直沿用到现代，对如今的生活亦产生了一定的影响。如用荷叶做荷叶饭、用竹壳包裹茶叶等。随着商品经济的发展，虽然这些包装形式已不适应大批量机械生产，但是其设计理念、制作方式、造型风格仍对今天的包装设计具有指导意义。原始社会的人们通过掌握天然材料的特性，将之合理、科学地应用于包装设计中，体现了原始社会的人们在包装中对形式与功能相统一的追求，对于我们今天从事商品包装设计的工作有很大的借鉴意义。

彩陶鹳鸟石斧瓮

## 1.2.2 古代包装

### 1. 古代包装时期

自原始社会末期开始至封建社会，人类跨越了古代的三种制度，即原始社会、奴隶制度和封建制度，商品包装也经历了最重要的成长期。在这个时期，陶器最先登上了历史舞台，成为结束原始包装萌芽时代，让古代包装进入成长阶段的最重要标志。

古代包装（手工传统包装），主要是指历史上长期沿袭下来的以手工操作制造加工生产的各类包装方式与包装容器。例如：在物品的外部运用各类传统材料（包括天然材料和人为加工的材料）进行包裹、捆扎的方法与形式；采用天然与手工材料手工制造加工的各种包、袋、筐、篓、箱、盒、桶、罐、瓶、坛等用于储存和转移物品的包装容器。古代劳动人民通过掌握天然材料的特性将之合理、科学地应用于包装设计中，其用材的合理性、制作的巧妙及装饰造型的美感充分体现了古人在包装设计中所追求的形式与功能的完美统一，这对于我们今天的包装设计仍然具有很大的借鉴作用。

新石器时代遗址中出土竹编

### 2. 古代包装的分类

随着历史的推进，包装材质越来越轻便、越来越适合消费者使用。譬如纸、玻璃、纺织品、金属、陶瓷、植物、漆器等。

1）纸

纸是中国古代四大发明之一。东汉时期，蔡伦改进了造纸术，人们使用动物皮、渔网等植物纤维材料进行造纸。不久之后，纸包装就应用在各种商品中。唐朝时，包装纸的应用使商品包装有了新发展，用厚纸板制作，将纸包装的柑橘、茶叶从外地运到都城长安。宋朝时有卖五色法豆、使用五色纸袋盛之的记载，可见当时已经用各种颜色的纸张进行商品包装。公元1400年左右的欧洲，纸张比以前更便宜和更容易得到了，因此日常生活中开始广泛使用纸张。而在我国历史博物馆中存放着一块北宋年间的“济南刘家功夫针铺”的印刷广告，如图1-6所示，以及我国现存最早的印刷品《金刚经》首页，如图1-7所示。此外，南宋时期的《武林旧事》有记载，很多酒品牌都印有“蔷薇露”“思堂春”的字样。有的商品包装上还印有地名、铺名，以便区别于其他品牌。此外，纸的发明与改进促进了印刷术的发明和进步，大大拓展了包装的商业功能。

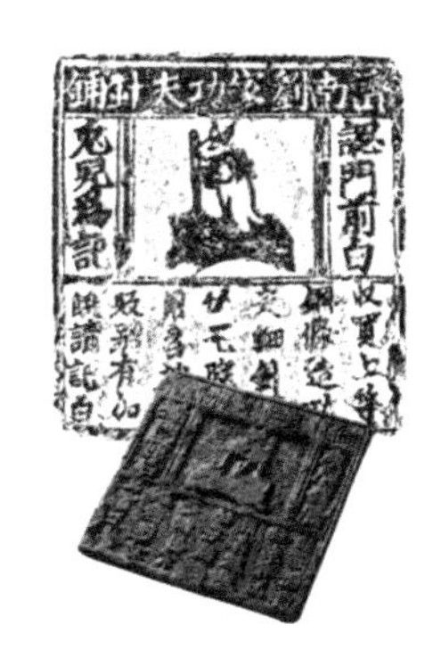

图1-6　济南刘家功夫针铺

图1-7　《金刚经》首页

2）玻璃

公元前15年，罗马人使用石头等材料开始研制玻璃容器。玻璃容器在中国古代并没有得到广泛使用。在中国，其使用程度远不及陶瓷。汉代时出现玻璃容器，但一些精良的技术，如玻璃吹制术也是从罗马引进，但是在世界文明中，玻璃在公元前16—前15世纪就已经发源于埃及了，并且在中东、东欧地区都有出现。玻璃色彩明亮鲜艳，美观有光泽，在埃及、罗马等国被广泛应用，玻璃容器也被制作成不同形状应用于不同的场合。公元3世纪，玻璃瓶开始在罗马普通人的家庭中被广泛使用。

3）纺织品

中国的纺织技术史源远流长。在出土的文物中，就有新石器时代的丝织物残片。公元前2世纪以后，通过丝绸之路，大量的丝织品和纺织技术传播开来。唐代时，就出现了丝织品的包装。从此之后，不管是首饰、工艺品还是药材都用丝织品包装，并且都昂贵高档，一直沿用至今。中国的丝织品品种多样，图1-8所示为故宫博物院藏清乾隆年间《白伞盖仪轨经》锦缎梵夹式包装。在古代，丝织品因其华贵的质地被皇家使用，图1-9所示为清同治时期明黄色缎地平金银彩绣五毒荷包，影视剧中最常见的就是皇上的圣旨是用帛包装而成的。

4）金属

人类进入奴隶社会的重要标志就是熟练掌握了金属冶炼术，金属冶炼术是人类科技历史上的一项伟大发明。首先是青铜器（由红铜与锡的合金制成的青铜器具）的冶炼，进而推广到其他金属。我国青铜时代开始于公元前2000年，经夏、商、西周、春秋、战国和秦汉，历经多个世纪，是我国文化的重要组成部分，具有重要的历史价值和观赏价值。青铜之所以得到普遍认可，就物理性能而言，是因为青铜熔点低，易成型，耐磨，耐腐蚀，不易碎，且容易雕琢和造型，给包装容器带来了很大的设计空间。青铜器的装饰性又因其材质的特殊显得非常大气，能够明显地体现当时的政治色彩和思想，将当时的文化融入其中，成为古代包装的集大成者。此外，金银器具的出现拓宽了古代商品包装的路子，稀有的金银更加适合我国古代的宫廷风格，为宫廷设计的独特性提供了可能。金银的光泽、加工工艺使古代包装容器很大程度上有了更广阔的表现空间，古代包装因此更加多样化和艺术化。

图 1-8　锦缎梵夹式包装

图 1-9　平金银彩绣五毒荷包

5）陶瓷

我国是世界上最早发明陶器的国家之一，制陶历史已经有 1 万多年，历代相传，从未间断，后来发展为陶瓷。洛阳的汉墓中就出土过带有黍米、粱米、酒等陶瓷器。唐代就有了用密封瓷瓶保鲜食品的方法。可见，当时人们已经掌握了利用包装来储存食物的技巧。宋代瓷瓶被用作酒的包装，有的制作非常精良，设计十分精致。有“瓷都”之称的景德镇在元、明两代就发展为我国的瓷业中心，景德镇生产的白瓷与釉下蓝色纹饰形成鲜明对比，青花瓷自此一直深受人们的喜爱，如图 1-10 所示。陶瓷交易多且运输方便经济，瓷瓶上的花纹也成为吸引顾客的重要注意点，甚至会因花纹的受欢迎程度提高容器中酒或者醋的价格。此外，当时很多商品的包装中开始出现商品产地、商铺牌号等信息，严防假冒，提高知名度。瓷器是我国最具代表性的工艺品，它几乎成了我国传统文化的象征。陶瓷作为一种容器，在我国历史的发展中，应用范围之广、历史之悠久、影响力之大都是其他容器无可比拟的。

6）植物

在我国文字中，有很多代表着用竹编成的各种容器，如筐、篮、篓、箪、箧、笥等。早在西汉时期，就有了竹箱、竹筒。宋代的竹容器不仅包装普通货物，还用来运送高档贡品。如今，故宫博物院还存有篾细如丝的竹丝编胎高足篮。此外，在民间，各种植物编制的包装容器也很盛行，如柳条、藤条等，用植物编制容器的传统一直沿袭至今，如图 1-11 所示。

图 1-10　青花器

图 1-11　藤条编织物

7）漆器

我国是世界上最早发现并使用天然漆的国家。7000多年前的浙江余姚河姆渡原始文化遗址中就已出土木胎涂漆（自然生漆）碗。漆器制作的礼盒是古代有名的礼品包装。历经商周直至明清，中国的漆器工艺不断发展，达到了相当高的水平，图1-12所示为漆器工艺品。漆器同时是中国古代在化学工艺及工艺美术方面的重要发明。

图1-12　漆器工艺品

包装封泥

### 3. 古代包装的特点

（1）利用自然资源并改造。与原始包装不同的是，古代包装不仅单纯使用自然资源，而且对自然资源进行了一定的改造，比如用植物的茎条编成各种筐、席、篓等器物。经历了自然资源改造后的很长一段时间，人们都是运用这些器物进行包装的，直到陶器、青铜器、玻璃容器的出现，以及造纸术的发明，包装水平才有了阶段性的提升。

（2）包装技术改进较多。在包装技术方面，随着生产力的提高，有智慧的古代人已经在包装上下功夫，使商品防潮、防蛀、防虫，而且便于商品的运输和流通，这个阶段还考虑到运用减震的方法便于搬运和携带商品。他们采用透明、遮光、密封、透气、防潮、防震等技术来达到保护商品的目的，用草绳捆绑着瓷碗，以便运输过程中达到防震的效果，避免瓷碗被损坏。

（3）包装审美价值提高。在造型工艺和装潢工艺上，包装不仅有实用价值，还具有审美价值。这个阶段的人们已经非常讲究对称和统一，从现有的文物来看，当时装酒的容器上，已经有了对称、平衡、统一等形式美的花纹和图案，并且采用镂空、镶嵌、染色、涂漆等工艺，制成了丰富多彩、富有特色的包装容器，使包装容器既有保护产品的实用功能，又有审美功能，如古代很多带有特殊花纹的酒器，因其特殊的花纹和独具匠心的工艺成为达官贵人追捧的对象，给当代包装设计带来很多启示。

## 1.2.3　近代包装

近代包装是指公元16—19世纪的包装，在近代科学技术的发展下，包装进入革命性的阶段。16—19世纪中国处于封建社会后期，而西方国家则相继进入资本主义社会，主要的资本主义国家开始走向垄断资本主义的道路。两次技术革命使世界范围内的资本主义商品经济得以发展，使包装既成为工业革命中必不可少的环节，也成为商品流通中必不可少的环节。经济走上迅速发展的轨道，并使一些国家的生产、流通和消费或直接或间接地产生难以分割的联系，从而具有了国际性。只有经过很好的包装，各地的货物和原料才能进行国际性的销售。各国的消费者也开始对包装和包装质量提出新的要求，为了满足消费者的要求，保障销售的顺利进行，近代科技的进步促进了近代包装的革新。

### 1. 中国包装事业发展

1949 年中华人民共和国成立以后，我国包装设计事业发展开启了新阶段。

1956 年，第一所培养工艺美术人才的高等学府——中央工艺美术学院 (1999 年，中央工艺美术学院正式并入清华大学，更名为清华大学美术学院 ) 成立，设置了包装设计专业，培养了大批包装设计人才。

1980 年和 1981 年先后成立了中国包装技术协会和中国包装总公司。

1982 年 9 月，在北京由中国包装技术协会和中国包装总公司联合举办了首届全国包装展览会，展出的 36 000 件展品比较集中地反映了我国包装工业的发展水平和包装设计水平。

2001 年我国加入世界贸易组织（World Trade Organization，WTO）。此后，中国包装技术协会的设计委员会又在各地区建立领导小组，开展多种形式的交流活动，定期举办各地区的包装设计展览，设立了“华东大奖”“中南星奖”“西南星奖”“华北大奖”等，以此奖励优秀的设计作品，推动了全国各地包装设计事业的发展。

### 2. 国外包装产业发展

在西方，工业革命的兴起促进了工业设计的产生，自 19 世纪开始包装设计真正纳入其中，成为工业设计的重要分支。西方商业发展催生了商业促销行为。欧洲的商业文明则是在地中海沿岸展开的，海运的发展促进了商业的发展。比如埃及的玻璃容器和制作方法很快传到了欧洲大陆。在 1500 年以后的欧洲农产品中，开始用纸制作标贴，这也许就是最古老的印刷品标贴。在这之前，作为说明的标贴是以手写的形式出现的。古代埃及就出现了早期的商品标签；公元前 13 世纪的葡萄酒罐和壶上，或拴或贴上表示内容的书写文字的标贴。这些都反映了商业的发展对商业促销行为产生的促进作用。1871 年，瓦楞纸出现；1907 年，合成塑料出现；1912 年，瑞士化学家发明了玻璃纸；1919 年，成立包豪斯学院，提出了艺术与技术统一的口号，这对现代工业设计产生了深远的影响。为了提升商品的市场竞争力，包装设计逐渐在销售过程中扮演着越来越重要的角色。

包豪斯学院

### 3. 近代包装的特点

近代包装的发展标志着包装工业体系开始形成，为包装现代化发展奠定了良好的基础。商品包装设计进入近代发展阶段后，不管是在使用方面、设计理念，还是在视觉审美方面都有了非常大的改进。

（1）包装材料的升级。1890 年，美国发明了第一台瓦楞纸板制造机；1894 年，美国第一次将瓦楞纸板制成瓦楞纸箱并在运输包装上应用，如图 1-13 所示，为运输包装的革新做出了贡献。1908 年，瑞士首先研制出酚醛塑料，在此之后，欧美各国相继研制出多种包装材料，如玻璃纸、复合纸、尼龙纸等。

（2）包装技术的升级。包装技术和容器不断改进，尤其是在容器的密封和包装质量方面。密封封口的包装便于销售各种容易腐烂的产品，密封容器为消费者提供了可长期储存食品的方法。16 世纪中叶，欧洲已普遍使用锥形软木塞密封包装瓶口，如图 1-14 所示，香槟酒问世时就是用绳系瓶颈和软木塞封口。1856 年发明了加软木垫的螺纹盖，1892 年又发明了冲压密封的王冠盖，图 1-15 所示为可口可乐王冠盖，使密封技术更简捷、可靠。到了 1980 年，欧美市场基本上采用铝罐作为啤酒和碳酸饮料的包装。

图 1-13　瓦楞纸板　　图 1-14　锥形软木塞　　图 1-15　可口可乐瓶王冠盖

（3）包装机械的升级。包装机械的发展，主要表现在印刷、造纸、玻璃和金属容器制造等生产机械方面。

（4）出现标识。标识在近代包装中被重视。包装标识成为包装作为宣传媒介的重要内容。随着商品经济的高速发展，商品丰富多彩，为了吸引顾客，扩大销售，厂商开始重视印刷标记的作用。如 1793 年，西欧国家开始在酒瓶上贴挂标签。1817 年，英国药商行业规定对有毒物品的包装要具有便于识别的印刷标签等。但是这个阶段由于印刷条件的限制，标识和印刷都没有飞跃发展，只是进入 20 世纪后，随着印刷技术的进步，标识的使用才发生了显著的变化。

## 1.2.4　现代包装

### 1. 现代包装设计发展

第二次世界大战结束后，各国休养生息，经济复苏并迅猛发展。由于战争的影响，包装的重点放在了视觉上能被迅速识别这一特征上，因此包装信息被简化为最基本的要素，包装又回到了其最根本的实用功能。

20 世纪 20 年代，玻璃纸的发明标志着塑料时代的到来，如图 1-16 所示。新包装材料诸如聚乙烯薄膜开始被大量使用，为食品包装开辟了广阔前景，并且为防锈、防霉、食品保鲜及真空充气等防护包装提供了重要的材料。

20 世纪 40 年代，以铝为材料的喷雾罐（见图 1-17）取代了笨重的钢罐，并成为液体、泡沫产品、粉状产品和油脂类产品等经济实惠的包装。

20 世纪 50 年代超级市场（自选商场）首先在美国出现，如图 1-18 所示。自选商场的出现使现代包装设计出现一系列的变化，即商品包装呈现系列化、品牌化和一体化的趋势，开始用单一品牌来统率全部商品，出现了整体化的品牌意识，因此，当时产品包装也被称为“沉默的售货员”。

图 1-16　玻璃纸

图 1-17　喷雾罐

20 世纪 60 年代，自助销售方式的超级市场在全球拓展与普及，如图 1-19 所示。包装功能由原来的保护产品，方便储运，美化商品，一跃而转向推销商品的高级阶段，包装上升为塑造商品的品牌形象，引导消费，是商品市场竞争中不可缺少的手段和方式。

20 世纪 80 年代后，包装设计观念着眼于经济性，回收再利用的包装设计观念应运而生。日本也提出了“轻、薄、短、小”的包装设计思想，使“轻量化”“小体积”的设计风格成为一股潮流，从而降低储运成本和加强循环使用、便利使用，提高商品的竞争力。

图 1-18　超级市场

图 1-19　自助销售方式的超级市场

20 世纪 90 年代以来，人们意识到人类社会的发展与赖以生存的环境是息息相关的，在环保理念的指导下，在各国政府的倡导及各民间组织的努力下，崇尚自然、原始、健康的观念开始深入人心。包装设计在这一理念的支配下，向“轻量化”“小体积”“易分解”“易回收”的方向发展，倡导“绿色包装”这一消费新观念。包装设计向“无污染”的方向发展，已成为当代包装设计的重要议题。

### 2. 现代包装设计

为适应工业化社会现代商品生产的机械自动化、产品设计与生产的专业化分工需要，设计师逐渐从手工艺匠人和艺术家、工程技术人员中分离出来，形成独立的设计职业。随着现代设计专业的发展，不断提出高水准要求，各类设计专业越来越细化分工。作为融产品包装技术、视觉传达设计、商业市场营销为一体的现代包装设计，在现代市场营销学经典的“4P”

理论中，成为了“产品”板块的重要组成内容。现代包装设计已成为其他专业设计不可替代的独立专业设计体系，原来部分兼职做包装技术与装潢设计的人员，从工业产品设计、装潢艺术设计、工艺美术及相近专业的工程技术队伍中分化出来，转向包装设计方面的设计与研究，从而形成现代包装设计的专业队伍。

包装设计师职业

### 3. 现代包装的特点

第二次世界大战结束后，在以核能和计算机的应用为标志的第三次技术革命的推动下，现代包装迅速朝着机械化、标准化、高速化、自动化和多样化的方向发展。包装的各个环节联结化，形成包装科技、生产、检验、流通、消费服务、回收处理的完整体系。现代包装实际上是进入20世纪后开始的，伴随着商品经济的全球化扩展和现代科学技术的高速发展，包装也进入了全新的发展阶段。主要特点有如下几个。

现代包装的特点

（1）包装材料与技术的创新化。

（2）包装机械的多样化和自动化。

（3）包装整体品牌意识更强。

（4）包装越来越重视以人为本。

（5）包装功能的重心转移化。

（6）符合“4R+1D”原则的绿色包装设计。

（7）包装设计的互动化。

## 1.2.5 未来包装

### 1. 发展趋势

（1）更具创意的个性形象。现代商品竞争中，包装设计正是通过宣传产品的差异来强调自己品牌的价值。一件商品的包装设计最先被受众感觉到的是它的外形。未来的包装设计必须追求商品包装的新形式、新风格。独特的创意不仅要传达商品的使用特性，还要表达该商品的强烈视觉形象。

（2）更具环保意识。包装设计合理化是采用合理而正确的包装，它依赖于设计完美性和包装成本的平衡。一件成功的包装设计，并不是以用料高级、价格昂贵为好，而是因商品本身价值、消费者和使用场合的不同要求而异。过度包装、夸大包装、欺骗包装只会增加消费者的负担，引起消费者的不满。绿色包装以节约和回收再利用为标准，为此，商品包装设计应该体现“减少、回收、再生”的环保理念。包装垃圾回收后的再利用（用可以回收、可降解再生或者天然材料作为包装材料）对保护环境、低碳节约有重大意义。设计者在设计包装时应考虑“设计作品”的回收问题及再利用问题。

（3）更具深厚的地域文化。深厚的地域文化特色能更好地实现与目标消费群体的沟通，更顺畅地传达信息，宣传商品。创意上别出心裁，有别于同类竞争对手和提高商品视觉艺术水准，进而提高商品的社会附加价值，提升品牌形象。在未来的包装设计中，不仅要将传统的技巧和手段发扬光大，而且要不断地挖掘具有现代生活气息的题材，把传统的元素和现代的表现相结合。

(4) 更具人文关怀。未来商品的竞争，更多地体现在谁具有更多的“情感价值”上。优秀的包装设计不仅要简单地表明商品的属性和特征，还要用情感来激发消费者的购买欲望，把商品宣传同消费者的情境感受结合起来。包装设计的人性化可以通过精湛的加工工艺、材料选用和造型设计的科学结合彰显出来，这种体现不是单方面的，而是一个整体的概念、一种理想化的生活方式的美。

(5) 全方位系统设计。产品包装的全方位系统设计，是国际包装设计发展的主流趋势。全方位系统设计就是在包装设计中把要处理的对象作为一个系统，按照系统方法去研究和处理产品包装，如图 1-20 所示。

图 1-20　百事可乐全方位设计

(6) 复合式的包装设计。首先，地球资源有限是既定的事实，我们在大量消费的同时也在大量地消耗。寻找替代性的包装材料也是包装材料企业未来所面临的问题。材料可以越做越薄，强度可以越做越耐用，质感可以越做越特殊，原料可以越用越少。例如，早期包装材料为达到金属质感，就必须裱褙铝箔薄膜，现在的包装材料全都是以电镀的方式来制造出金属质感，包装材料效果一样，但成本降低很多。因为总体原料用得少，资源相对也就消耗得少。其次，包装材料需要升级，任何原料的开发，都要依赖强大的工业制造，如要提升包装材料的质量，就必须提升工业的水平。因此，未来包装材料的发展趋势，一定会向复合材料发展，继续探索还没被开发及使用的观念或技术。

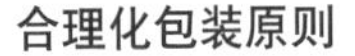

合理化包装原则

环保包装相关概念

2. 未来包装可行性构思

1）开发新包装材料

设计师在规划创作包装时不仅需考虑“3R”[ 减量（reduce）、再生（recycle）、再使用

(reuse) ] 原则，还要具有环保意识及设计人的良知。除了减量、再生、再使用，还可以从可拆卸、单一材料及无害化等方面来进行设计思考。另外，初学者要知道《包装及包装废弃物指令》，以及现在的生活中包装废弃物在废弃物中占有很大的比例的原因。首先，社会上对于这种包装废弃物的处理没有统一的规定；其次，人们对于其缺少社会责任感；最后，企业必须承担一部分社会责任。

可拆卸的设计思考就是特殊结构（special structure ）——可拆卸或方便拆卸，意味着可组合或方便组合，有些商品因流通需要，要在包装材料上做出特殊的结构，方便快速组合贩卖，所以在材料的应用上是有特殊需求的，而有些包装材料配件可使用再生材料来制造，消费者使用后既方便拆卸，又方便将包装材料配件做分类回收，这在垃圾减量方面能有具体的成效。

单一材料的设计思考就是可循环（recycle）——采用单一性包装材料制成的包装物，易于回收再循环利用，因为多层次的复合材料回收难，必须考虑到易分离且不妨碍再利用。如果回收时复合材料不慎混入单一材料中，就会使单一材料的回收质量受到破坏，因此，复合材料回收时一般只能作燃料，进焚化炉燃烧回收其热能。

无害化的设计思考就是可降解（degrades）——无害化材料，除了材料是无毒无害的，在使用后还能在大自然中降解。为了使包装材料在其生产全程中具有绿色的性能，还必须采用清洁安全的生产方式。

2）开发新结构

关于包装的结构课题，在结构的定义上并非只是形式、款式、材料的不同，还要从机能面、材料面、视觉面、心理面来论述，四个层面有一定的链接关系。

(1) 包装结构的机能面。早期饮料有用玻璃瓶装的，也有用马口铁罐装的，而封罐后都需依赖开瓶器才能打开饮用，这是消费者端使用机能上的不便性。机能面的改进是最根本的起因，也是一切改变的源头。后来马口铁罐在盖上改良成了易拉环，如图 1-21 所示，解决了消费者使用不方便的问题；利乐包的砖型结构包装材料一经推出，以上的问题便解决了一大半。例如，王老吉包装由圆罐改为方罐和瓶装，在运输及陈列的机能上是一个大转变，如图 1-22 所示。

需要注意的是，合理的造型结构设计能提升商品品质，绿色商品包装要求设计师在设计包装结构前，了解包装商品的性质、形态、用途及运输条件，应体现简约的创作思路。与此同时，要分析产品的结构功能及附加功能，进一步明确产品的使用目的，分析包装的整体结构功能，使用最合理的材料，考虑如何节省材料与减少体积和重量。

图 1-21　马口铁罐和易拉罐

图 1-22　王老吉包装

（2）包装结构的材料面。机能面确定后，包装形式的结构大部分取决于材料面，虽然任何形式都可以被制造出来，但有些材料可以制造出想要的形式，有些材料却制造不出来，因此，包装材料往往影响包装形式。由圆罐变方罐，由铁罐变纸罐，如图 1-23 所示，不同材料呈现不同形式。为了解决使用机能问题，在材料及生产制造方面又回到了圆形，绕了一圈是进步还是在原地？答案很简单，是进步，虽然从形式上看还是圆形，但它已解决了机能及材料问题。

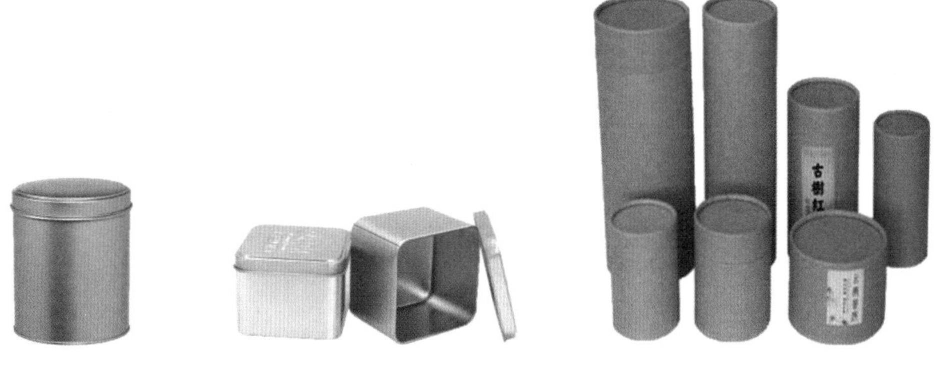


图 1-23　不同材料呈现不同形式

（3）包装结构的视觉面。机能面及材料面确定后，就要关注包装的视觉面。有人说，设计是产品的化妆师，变高贵，变平价，变现代，变传统，何况材料是很具象的东西，在材料上用设计的手法来加以装扮，以客观因素加上主观美学，成果不难看见，如图 1-24 所示，瓶上的凹凸菱形肌理，有其一定的必要性，视觉设计需包容。有些则是因为材料的改变必须强化结构，在制造时一定会产生一些肌理，而这些肌理是无法避开的，这时设计的目的就是把这些无意义（对消费者来说）的肌理淡化，虽然不重要但也要设计得合理。

（4）包装结构的心理面。上述的三个层面都是依企业的需求进行改进，但进行结构改变的心理层面则是针对消费者的课题。包装材料结构形式的改变或创新，对企业来说很重要，对消费者而言似乎无关紧要，但如果改良没有新意，消费者依然不会埋单。这时，设计的责任就来了，在改良方案确定后，设计是最后能与消费者沟通的窗口，如图 1-25 所示。

图 1-24　瓶上的凹凸菱形肌理

图 1-25　饮料包装改良前后对比

# 1.3 包装的功能

一个商品，从原料加工，制成产品，再到在市场上作为商品出售，一般要经过生产、流通、销售三个领域，最后才到达消费者手中。在整个转化过程中，包装起着非常重要的作用。包装功能的作用对象并不是单一的，有的是内装物的需求，有的则是为了消费者。

无论包装的基本功能及现有功能怎样，最终都需要给消费者提供益处，如图 1-26 所示。作为包装设计师，还应了解“4P's”。4P 即营销理论中产品（product）、售价（price）、通路或渠道（place）、促销（promotion），再加上策略（strategy），所以简称为“4P's”。这实际上是从管理决策的角度来研究市场营销问题。

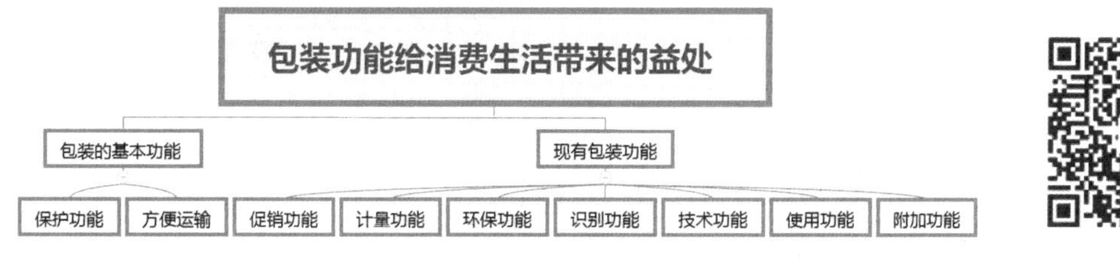


图 1-26 包装功能

4P 营销理论

## 1.3.1 保护功能

包装的基本功能是保护商品和促进商品销售。从大自然中果壳对于果核的保护（见图 1-27）到原始人类制陶器盛水，从奴隶制时代的泥封到今天仍在使用的火漆印鉴（见图 1-28），从传统的橡木塞酒瓶到工业时代的马口铁罐头，再到当今的高分子材料及环保材料包装，包装一直存在并且持续发展于不断进化的自然界和不断发展的人类社会中。毫无疑问，保护功能是包装最为本质的功能。

图 1-27 果壳对于果核的保护

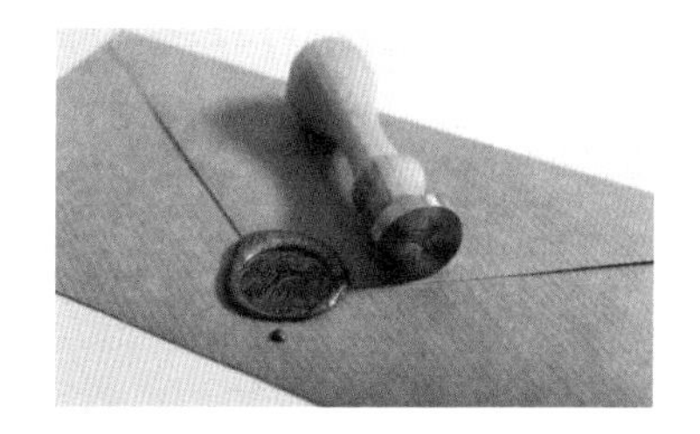

图 1-28 火漆印鉴

## 1.3.2 方便运输

在“人—包装—产品—环境”的系统中，“以人为本”的宗旨作为反映现代包装功能的标志之一，受到人们的广泛重视。优秀的包装设计要充分考虑人体的结构和人的生理、心理因素。设计轻巧、易于搬运的包装，可以降低搬运人员的疲劳强度，减少野蛮装卸；携带方便、易于执握的销售包装，又可以诱发消费者的购买欲，促进销售。因此，包装必须方便装填、运输、装卸、堆码、陈列、销售、携带、开启与再封、使用、处理等，这些都会影响消费者做出购买决定。消费者所期望的包装设计往往暗含着消费的便利性。以前的很多塑料包装，要想打开必须借助牙齿或者剪刀，而现在多数包装都有个小口，轻轻一扯便可打开，这就是考虑到了便利性的需求。

为便于商品的运输，在包装设计时不仅要考虑对各种形态、性质不一的商品进行整合，还要考虑到便于装卸及堆放，如图 1-29 所示的橘子运输包装设计。运输包装设计，主要承担进入流通转运环节的产品运输包装与货物防护包装的设计，如图 1-30 所示的厨房用具（碗盘）的运输包装设计。包装开口处的重复使用性是对包装形式的一种节约再利用要求，是指商品在一次性使用不完的情况下，能简单地进行密封，以便日后再次使用的包装形式。

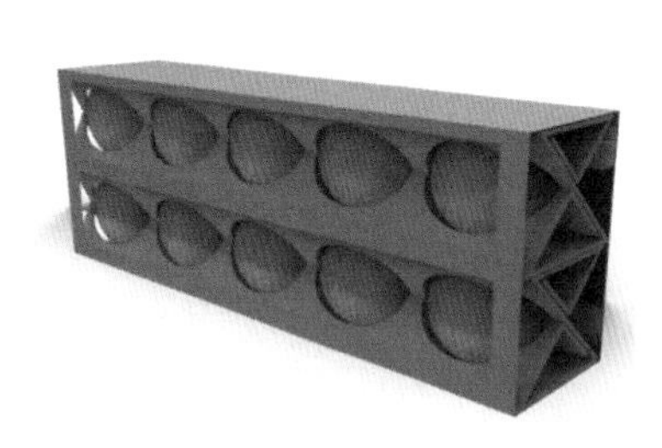

图 1-29　橘子运输包装设计

图 1-30　厨房用具（碗盘）的运输包装设计

### 1.3.3　促销功能

众所周知，社会分工催生交换，交换催生商品。商品包装最基本的功能，即在流通过程中有效保护商品。但很多时候，为了在激烈的商业竞争中追求最大限度的交换，人们对商品包装促销功能的关注和投入，远远超出其最基本的保护功能。促进商品销售的功能，是包装最为主要的功能之一。在现在的市场条件下，包装设计的这个功能要求装扮、美化产品，使商品更有卖相，从而增加销售。包装的形象不仅体现生产企业的性质与经营特点，而且可以体现商品的系列性。商品不再是单独的产品，而是整个企业生产营销中不可分割的组成部分，还要体现商品内在的品质，能够反映不同消费者的审美情趣，满足他们的心理与生理的需求。在包装形式上也有许多和营销方式密切相关的样式，可以帮助商场进行各种各样的促销活动，如 POP 广告结合的包装、买送结合的包装等。

在传统超市中，为了提高货架竞争力，不可避免地使包装体积增大，以占据更大的货架排面来吸引顾客，如图 1-31 所示；促使包装尽可能设计独特并使用大量精美工艺材质，以突出“与众不同”的卖相；促使包装使用较多的版面甚至额外的物料来“承载”大量说明信息等。这种传统销售终端的激烈竞争，使包装不得不承载大量超出“保护”功能之外的“促销”功能，因此不得不耗费更多的包装材料、能源与人力。通过包装美化和塑造商品形象，吸引消费者注意，准确、迅速地传达商品信息，增强顾客对商品的信任感和心理满足感，起到现场销售广告、诱导消费和增加附加值的作用。

图 1-31 传统超市

消费者在接触商品的包装物时，可以通过图案、文字显示包装物内所装商品的种类、规模、型号、式样及商品的性能、特点、使用方法等特定信息，对所需商品各方面的情况有所了解，从而形成对商品的认识，促使自己迅速作出抉择。因此，包装不仅可以给消费者信息提示，而且可以美化商品，使消费者产生联想，如图 1-32 所示。

图 1-32 乾生元杨梅酒、桑葚酒、青梅酒和桃子酒包装设计方案

## 1.3.4 计量功能

在商品的仓储、运输、交易及使用过程中，包装的计量功能也是必不可少的。生产厂商需要借助包装的计量功能来清点货物，计算仓储及物流容量与成本；消费者需要通过包装的计量功能来衡量货物价值，并在使用过程中给予关注，如图 1-33 所示，农夫山泉矿泉水一箱 24 瓶，每瓶 550mL。为了有效保障市场秩序的公平，各国政府都出台相关规定，以保障商品包装真实反映内容物的数量。例如，我国有《中华人民共和国计量法》《定量包装商品计量监督规定》等相关规定。

图 1-33　农夫山泉矿泉水

## 1.3.5　环保功能

在“人—包装—产品—环境”的系统中，“环境友好”性也是反映现代包装功能的标志。国际社会越来越注意到，包装具有减轻污染和制造污染的双重作用。在经济上走可持续发展的道路，而节省资源、保护环境是可持续发展的关键保障。包装结构对于包装的减量化、资源化和无害化能够发挥重要作用。同时，有意选择可降解包装材料或可食用的包装材料进行设计，是绿色设计的一种体现，图 1-34 所示为可食用的糯米纸。

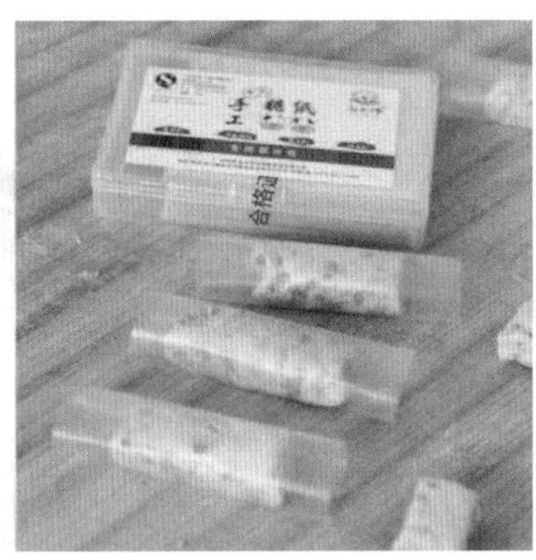

图 1-34　可食用的糯米纸

## 1.3.6　识别功能

在当今商业竞争非常激烈的市场环境下，一件商品要从品种丰富、竞争激烈的卖场货架背景中进入消费者的视线，其形象没有相当的识别力是很难的。而一旦失去被关注的机会，就意味着失去被选择的机会。因此，在现代商业背景下，包装的识别功能应受到商品生产者、销售商和包装设计师的极大关注。包装必须具有明显的辨别性，在琳琅满目的市场货架上使人们能够迅速地辨别出来。这不仅体现在对使用者的安全和便利上，还体现在商品的易辨识性和品牌的易记性方面。传达功能体现在准确地传达商品信息，内容包括：商品的类别、属性、档次和使用对象。如果这些内容没有充分体现，就会造成识别上的障碍，使商品在消费者的感性认知环节就被忽略。对消费者的说明，必须在包装设计方面有所体现，如果是进出口商品，其对国际信息的体现及信息业的知识也是必须具备的。

（1）一般根据各行业规定的规格和标准进行明确的表现。

（2）对于商品内容的信息，主要标明原产地、内容、容量、成分、等级等，图 1-35 所示为农夫山泉矿泉水包装信息展示。

（3）品质保存的信息，如生产时间、消费期限、保存方法等。

（4）安全性信息，如是否含有添加剂、副作用和异常表现等问题。

（5）卫生保健方面的信息，如热量、成分等方面的知识。

（6）环境保护方面的信息，如识别的标志或记号、环保标识等。

图 1-35 农夫山泉矿泉水包装信息展示

包装的商业机能

个性化包装设计

## 1.3.7 技术功能

包装的技术功能，主要体现在包装的科学技术性及包装结构的机械成型性。

（1）包装的科学技术性。要使包装结构设计得科学合理，不仅要运用数学、力学、机械学等自然科学知识，还会涉及经济学、美学、心理学等社会科学的知识。

（2）现代技术条件下包装结构的机械成型性。包装结构不仅要确保高速成型或高速灌装而不会出现生产故障或产品质量下降，而且还应考虑包装的卫生性、防盗性、呼吸性、排气性、低温性、防事故性、时间性、遮光性和多水分保存性等，如图 1-36 所示。

图 1-36 包装结构的机械成型性

防事故包装

### 1.3.8 使用功能

使用功能集中体现在包装结构设计的合理性。包装结构分为外形结构、开启结构、大小结构和设计结构。

（1）合理的外形结构——包装的外在形态。这种结构要和商品的形态相吻合，使两者构成有机的整体。目的是便于购买者携带，如图 1-37 所示。

图 1-37 众成设计的 WIS 面膜异型包装

（2）合理的开启结构——这方面的技术已相当成熟，要有效地利用这方面的技术手段并开发各种可能性，为消费者提供更多使用上的便利，图 1-38 所示为百事可乐瓶口开启结构设计。

（3）合理的大小结构——一次使用的和多次使用的商品，体现在大小结构上的不同特点是：一次使用的商品要简洁、方便；多次使用的商品要利于存放，图 1-39 所示为寨生活品牌设计的有机大豆包装。

（4）合理的设计结构——包装在使用过程中和使用后的结构设计。前者是指合理地按商品结构进行包装；后者是指在使用完商品后，使包装结构便于折叠、压缩，利于回收。

图 1-38 百事可乐瓶口开启结构设计

图 1-39 寨生活品牌设计的有机大豆包装

### 1.3.9 附加功能

商品是有价值的，而包装也是有价值的，包装的价值称作商品的附加价值。包装方面，特别是食品包装，人们还要求最大限度、感性、直观地了解产品，包装设计要充分地将有关的形象或信息显示在包装上。由于包装具有以上功能，因此对商品来说，其不是可有可无的，而是必不可少的。包装直接影响着商品的声誉和价值的实现，图 1-40 所示为各种蜂蜜的包装设计。优质的适度包装能给国家和企业带来巨大的经济效益。商品包装设计既是为了保护、美化、宣传商品，也是一种提高产品商业价值的技术和艺术手段。

图 1-40　各种蜂蜜的包装设计

## 1.4 包装的原则

### 1.4.1　品牌定位原则

品牌定位就是要明确企业和其品牌的核心价值观，如图 1-41 所示。进行品牌定位时，千万不可低估消费者的理解能力，要针对产品反复询问可能遇到的难题，诸如这是独特的价值定位吗？主要的产品优势是什么？是否能带来生活的便利？是否可帮助消费者获得便利？对一个新的品牌或老品牌在做产品延伸时，包装设计师需始终铭记，“吸引消费者的注意力”才是最重要的目标。

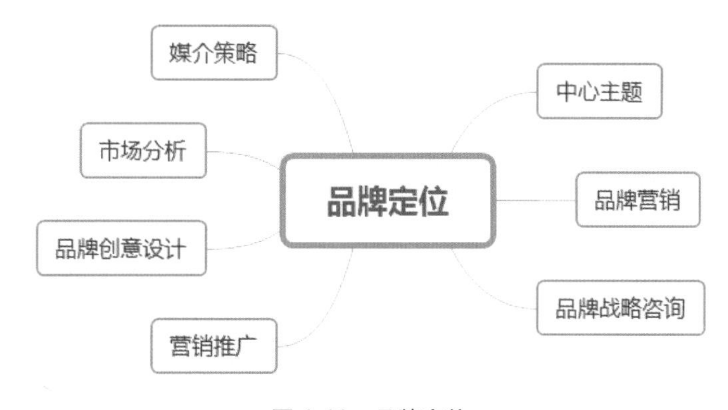


图 1-41　品牌定位

包装设计务必进行深入的产品与市场调研，尽可能地强化与表现内装产品的商品特色与信息，塑造特定商品真实、美好、可信的形象，准确、迅速地传达商品信息，吸引顾客正确消费产品，为树立商品品牌与企业形象服务。现代包装设计只有借助于群体智慧进行策划与设计研究，发挥主要设计师与高智能群体的合力，才能满足高水准设计时代的要求，充分利用商品包装的视觉艺术设计的传播和广告力，为企业的产品营销与扩大市场服务。

【案例】尚果酒业——星致果酒系列包装设计

## 1.4.2 竞争环境原则

探索竞争环境的目的，是在同类产品中使用差异化策略实现品牌和产品的推广，赋予消费者选择这款产品的理由。开始包装设计前，先要了解这款产品可“跻身”于怎样的市场，然后深入开展零售市场调研，从品牌商的角度提出问题，如图 1-42 所示。

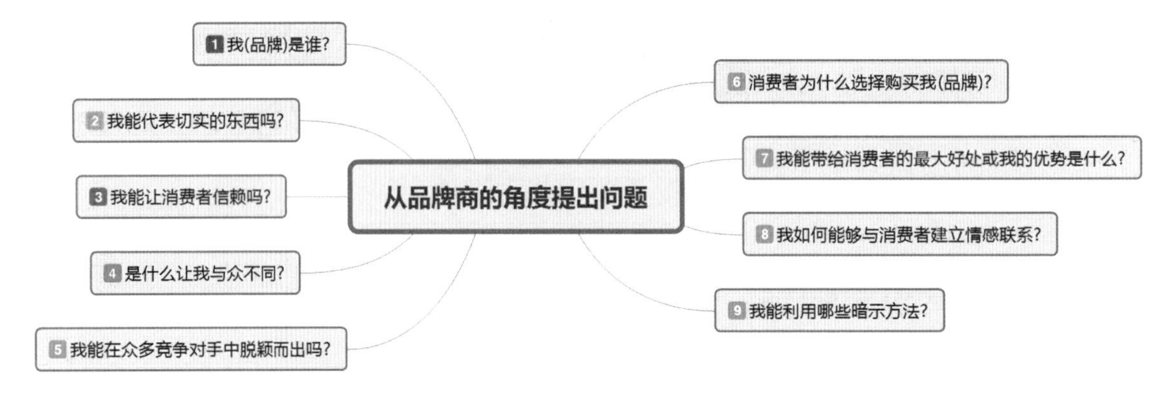


图 1-42　从品牌商的角度提出问题

现代商品的市场发展趋势是开放的，不受地域、民族和国界的限制。包装作为商品不可分割的构成部分和市场竞争的工具，与各类商品同时进入国内市场与国际市场，同各个地区和国家的商品在市场中竞争，优胜劣汰。因此，产品的包装设计和生产必须与国际接轨，要符合国际标准与环境保护要求，放眼不同的地区和国际市场，树立适应国际大环境设计的观念。

EPR 网络公关系统

## 1.4.3 资讯层级原则

信息的组织是正面设计的一个关键内容。

广义地说，资讯层级可以分为品牌、产品、品种、利益四级。进行包装的正面设计时，要分析想要传达的产品信息，并按其重要性排序。建立一个有序且一致的资讯层级结构，可以帮助消费者在众多产品中快速找到自己想要的产品，从而得到令其满意的消费体验。节约消费者挑选产品的购物时间，始终是包装设计师考虑的头等大事。

### 1.4.4 “元素焦点”原则

【案例】“三只松鼠”肉制品零食系列包装

即使具有足够个性的品牌，其产品也不一定能在市场中立足，因为还要明确产品想向消费者传达的最重要的信息。包装设计师必须要考虑，如果要使产品具备某些特质，那它是什么。然后，将突出产品特色的主要信息放在最醒目的位置，次要信息则在其下方按顺序进行排列。如果产品的品牌是设计的焦点，则要考虑在品牌商标旁加入品牌口号。但要注意，一个品牌口号的使用不是一朝一夕的，而是要长期使用的，因为重新去寻找灵感常常会使设计断裂，可以利用形状、颜色、插画及摄影图片强化品牌的焦点。最重要的是，让消费者下次购物时能够快速找到该产品。

### 1.4.5 “少即是多”原则

杜绝过度包装，图1-43所示为月饼过度包装。包装的语言表达和视觉效果要简洁，应确保包装上主要的视觉暗示都能为普通消费者理解和接受。成功的包装设计在享受一定自由的同时，也受到某些规则的限制。如包装正面的信息不宜过多，这就要删除冗余信息，限制营销宣传和优点描述的语言篇幅。因为一般情况下，超过两点或三点的描述，会出现适得其反的效果，过多的优点描述会削弱核心品牌信息，从而使消费者在选购商品的过程中对该产品失去兴趣。切记，大多数包装都会在侧面添加更多信息，这也是消费者想要了解更多产品信息时会去关注的地方，因此，设计时不可忽视包装的侧面位置。如果无法使用包装的侧面展现丰富的产品信息，还可以考虑添加吊牌让消费者了解更多的品牌内容。

图1-43 月饼过度包装

### 1.4.6 甲方期待原则

【案例】江西三景包装插画

若甲方想把所有信息或营销宣传内容都放在产品包装的正面，设计师就要提醒他们，“包装并不等同于广告”。设计师可以通过可重复的设计开发过程，对其进行合理的反驳，对该过程进行检验与监督，同时利用直观的辅助工具演示该过程，解释设计是如何扩展的，又是如何精简的。在设计开始前征得相关人员的同意很有必要，在提案中可快速设置 3 ～ 5 个可选方案，从而建立讨论目标的共同语言。开始设计前还要先预想一下甲方的问题和要求，并提前在脑海中准备好应对策略。

## 1.4.7 传达价值原则

通过在包装正面设置透明视窗可以展示内部的产品，如图 1-44 所示。子夕山品牌包装研究社设计的澳洲燕麦片散称透明包是一个明智的包装设计案例，因为消费者在购物时希望能获得视觉上的直观确认。除此之外，形状、图案、图形和色彩都具有无须借助语言就可实现沟通的功能，可充分利用那些可有效展示产品属性，刺激消费者的购买欲望，建立消费者的感情联系，以及突出产品质感的元素，创建有归属感的联结。建议使用的图片要含有能够体现产品特色，同时融入生活方式的元素。如今消费者在购买产品时，常常会考虑所选品牌的价值观与自己的价值观和生活方式的契合程度，因此创造出一种“有理由相信”的品牌，可以增加品牌其他单独售卖品的销量。

图 1-44　澳洲燕麦片散称透明包　子夕山品牌包装研究社原创设计

## 1.4.8 特有规则原则

注意各类商品都有其特有的规则，无论哪种零售商品，其包装设计都有自己的规则和特点，有些规则需要被一丝不苟地遵循；有些规则有时可以打破，是因为反其道而行之可能会让新兴品牌脱颖而出。然而，对食品来说，产品本身几乎总能成为卖点，所以，食品包装在设计和印刷上更要注重食品图片的逼真再现。相反，对医药产品来说，品牌和产品的物理特性可能是次要的，有时甚至是不必要的，母品牌标志可能无须出现在包装的正面，然而，强调产品的名称和用途是非常必要的，如图 1-45 所示。尽管如此，对于所有种类的商品，减少包装正面内容，避免因内容过多造成混乱，甚至采用十分简洁的正面设计，都是可取的。

图 1-45 各种滴眼液产品包装

## 1.4.9 可购买性原则

包装设计师在为某一品牌的特定产品进行包装设计时，首先，需要调查了解消费者是如何购买这类产品的，以保证消费者不会在产品样式或资讯层级上有疑问。始终需要铭记的是，不管是从认知角度还是从心理角度，色彩都是沟通的第一要素。其次，需要了解产品形状。文字固然重要，但其主要扮演辅助性的角色，文字和排版都是强化性要素，而非首要的品牌传播要素。可购买性是指包含颜色、形状、材料在内的一致性元素，或是包装正面不同层级信息的有序排列。例如，休闲零食百草味（百草味在本书策略篇中有详细解读），能够引导新顾客和回头客选购想要的特定产品。如果母品牌下有多条产品线，则要考虑制定更好的策略，这些策略能够清晰而又简洁地表明每个产品的价值定位。

## 1.4.10 品牌拓展原则

品牌若要长远发展，就需制订未来品牌拓展计划。一个品牌如果具有足够的可塑性而能拓展到其他产品类别中，那么，该品牌也就具有核心品牌认同性。之后，一个成功的品牌平台即可通过增加产品种类或拓宽产品线向其他领域发展。将平面设计应用到新产品或新商品类别中去，测试包装设计的多种功能，将着眼点放在大量的富有想象力的产品和延伸的产品类别上，而不是只局限于王牌产品，确保各类产品的包装具有相辅相成的效果，这样所有种类的产品综合来看，既是一个品牌，也很容易识别每个单独的产品，图 1-46 所示的宝洁公司旗下品牌的包装设计就是利用了品牌拓展原则。另外，还可以为核心产品线重新设计包装，但需注意的是，避免创建那些毫无延展性和可塑性的平台，以免限制品牌未来的发展。

图 1-46　宝洁公司旗下品牌

## 1.4.11　文化内涵原则

传统文化是人们在漫长历史中积淀下来的关于生产、生活的文化成果，是人类智慧的结晶。传统文化是维系一个民族生存和发展的精神纽带。优秀的传统文化是维系一个民族的生命线，具有鲜明的稳定性。以我国为例，我国是一个拥有 5000 多年文明历史的古国，我们的民族不断地创造文明和积累文化底蕴，同时也继承这份积累下来的财富。中华民族的传统文化带给我们很多与传统相关的产品，这些产品最能体现我们的传统文化，体现丰富的文化内涵，如民间剪纸、地方陈酿、笔墨纸砚等，然而，这些产品与传统包装是不能分割的。传达传统文化信息，体现传统风格，从而使传统文化与包装设计巧妙结合，也是如今的包装设计工作者应有的设计思维，如图 1-47 所示。

图 1-47　“我的家在东北”礼盒包装设计

## 1.4.12　经济法制原则

伴随包装设计的经济地位的提升，国家也越来越重视包装设计的立法及研究工作。包装设计的法律问题主要涉及商标权、专利权、版权、制止不正当竞争权及消费者权益保护、环境保护、产品质量标准等。

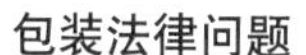
包装法律问题　　食品包装要求及相关法规

### 1.4.13　个性独创原则

独创性是商品包装设计的生命，抄袭、模仿不能使消费者对包装及商品产生认同。同时，商品也要追求真实性，否则会显得虚张声势。除此之外，商品包装设计在兼顾独创性和真实性的同时，还要有较高的艺术品位，符合目标消费者的欣赏标准。据统计，优质产品加上优质包装是产品畅销的两大根本要素，只有具备审美价值的设计才有可能带来更大的经济效益。独特的包装和以人为本的现代商品包装，既可以增强产品的竞争力，吸引消费者，为消费者提供便利，又可以为企业提升产品形象，拓展市场空间。

### 1.4.14　整体设计原则

包装整体系统化设计，要全面解决包装自然实用功能与社会精神功能的优化结合问题，涉及自然科学、社会科学、技术与艺术的许多领域；包装设计融包装的实用性、艺术性、工艺性、经济性、信息性为一体，全方位地解决保护商品，方便生产加工与储运消费，回收处理商品，美化与传达商品信息，提高商品附加值，能动地吸引消费产品的物质功能与精神功能等方面优化结合的问题。因而，包装设计集包装的工艺方式与材料的选用策划，包装造型、结构、视觉传达、包装附加物设计，应用现代科技新成果于一体，具有典型的综合应用性。现代包装设计的定义与内涵，充分说明包装设计是从产品包装的整体功能目标出发，包含包装工艺方式与包装类型特点的策划定位、包装材料的选用与设计、包装造型与结构设计、包装的视觉传达设计、防护技术处理等全方位的整体系统设计概念。包装设计强调实现包装的实用功能与社会审美功能尽可能完美地优化结合。包装的开发创新与改良设计，不断为人们提供更方便、更合理的生活消费方式，反过来又引导消费潮流，促进包装工业与社会经济的健康发展。显然，包装的视觉传达设计（包装装潢设计）包含在包装整体系统化的设计中，是包装整体设计中的一个重要的组成部分。

## 1.5　包装的分类

据不完全统计，在市场上流通的商品有几十万种以上。为了方便消费者购买，有利于商业部门组织商品流通，提高企业经营管理水平，需对众多的商品进行科学分类。包装是一个集合总体，它包括了种类繁多的包装产品和产品包装。这里主要讨论作为消费品的商品包装分类。接下来，从商品包装设计的实践角度出发，对包装的常见分类加以简要介绍。

### 1.5.1 按商品形态分类

（1）固体包装——粉状、粒状、块状包装。

（2）液体包装——液体、气体、半流体、黏稠体等包装。

（3）混合物包装。

### 1.5.2 按商品档次分类

按商品不同价值进行包装分类，可分为高档包装、中档包装、低档包装，如图 1-48 所示。

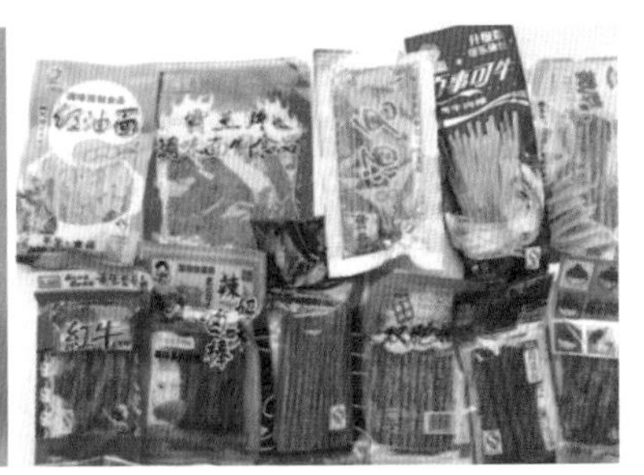

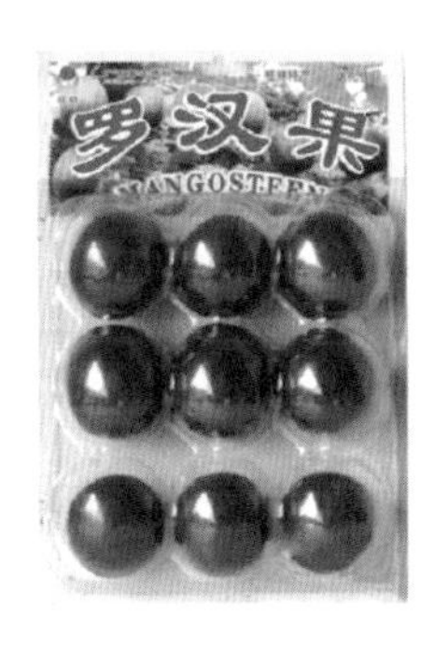

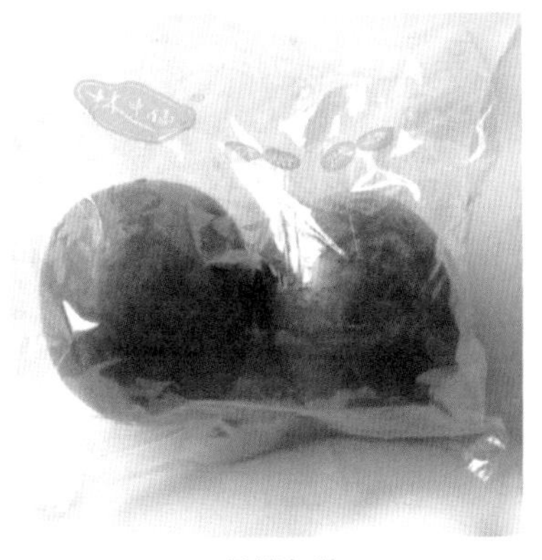

高档包装　　中档包装　　低档包装

图 1-48　高档包装、中档包装、低档包装

### 1.5.3 按工艺技术分类

包装技术处理是包装设计与商品生产中的重要环节。针对不同用途特性的产品，采用的包装技术有多种类型。

#### 1. 按包装技术方法分类

按包装技术方法分类，有防震包装、防湿包装、遮光包装、耐热包装、冷冻包装。防震包装技术，也称为缓冲包装技术或缓冲固定包装技术，主要是减缓内装物受到的冲击震动、保护物品免受损害而采取的防护手段。一般是采用缓冲包装材料隔离和缓冲固定结构等技术保护内装物，如图 1-49 所示，广泛应用于陶瓷、玻璃、工艺品、瓶装食品、酒类、精密仪器等产品的销售包装设计和各类运输包装设计。

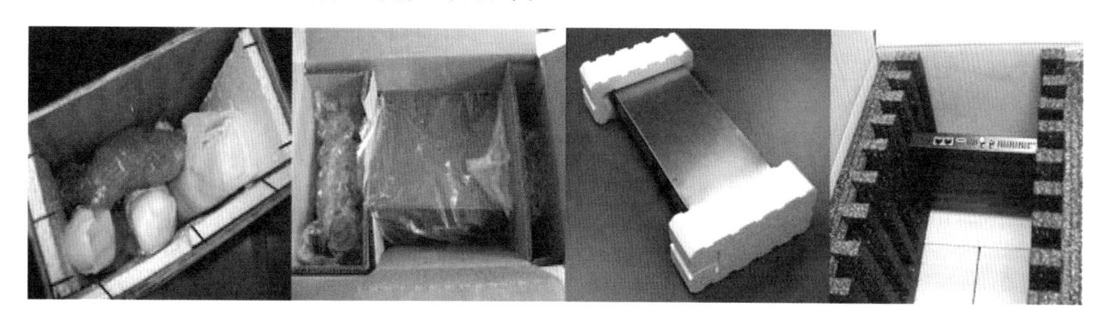

图 1-49 防震包装

### 2. 按包装技术的防护目的分类

按包装技术的防护目的分类，可分为防潮包装、通风包装、无菌包装、防漏包装、防水包装、防霉包装、保鲜包装、防虫包装、防锈包装、防腐蚀包装、防火包装、防爆包装、防盗包装、儿童安全包装、防气包装等。

### 3. 按包装技术的不同分类

按包装技术的不同分类，可分为缓冲包装、吸塑包装、喷雾气压式包装、真空包装、泡罩包装、真空充气包装、充气包装、灭菌包装、冷冻包装、透气包装、压缩包装、防伪包装、危险品（易燃易爆、放射性产品）包装等。图 1-50 所示为不同类型的包装技术。

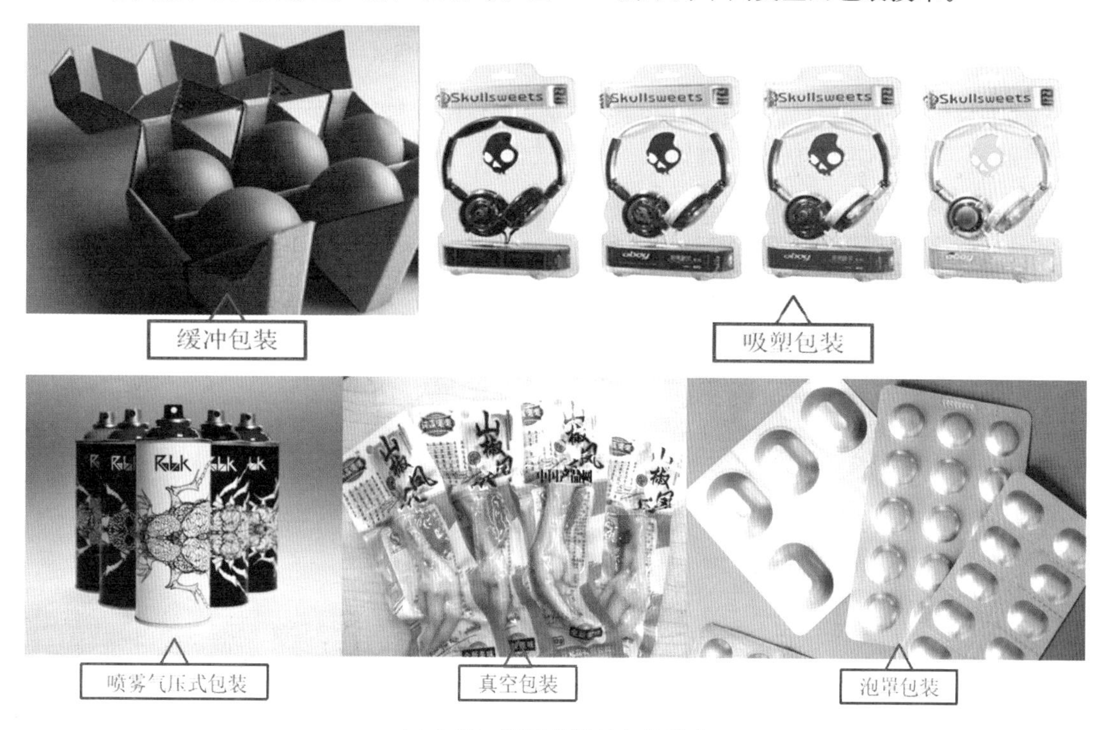


图 1-50 不同类型的包装技术

缓冲包装设计　　其他包装技术

## 1.5.4　按容器造型分类

按容器耐压程度区分，可分为软包装、硬包装、半硬包装，如图 1-51 所示。软包装就是填充或取出内装物后，容器的形状发生了变化或没有发生变化的包装，以管状居多。软包装保鲜度高，轻巧，不易受潮，方便销售、运输和使用，因此像食品调料、牙膏、化妆品等都可以采用这种包装。它使用的材料多是具有各种功能的复合材料，如玻璃纸与铝箔复合、铝箔与聚乙烯复合等。

图 1-51　软包装、硬包装、半硬包装

按造型特点区分，有固定包装、可拆卸包装、折叠式包装、便携式包装、易开式包装、开窗式包装、透明式包装、悬挂式包装、堆叠式包装、喷雾式包装、挤压式包装、组合式包装和礼品式包装等，如图 1-52 ～图 1-54 所示。

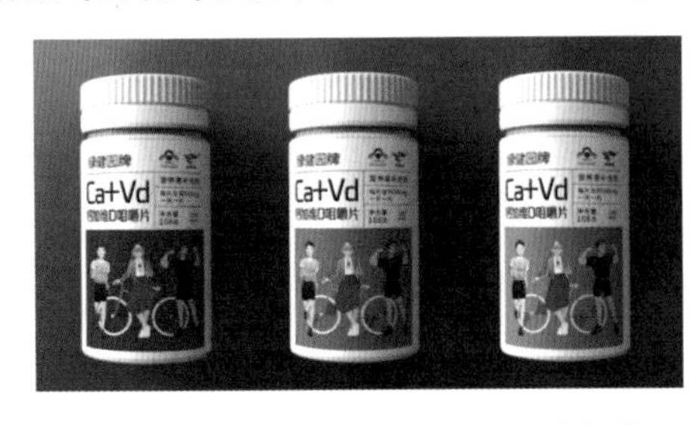

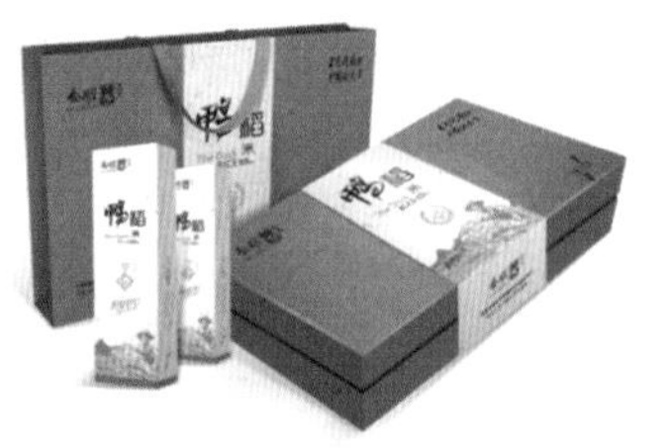
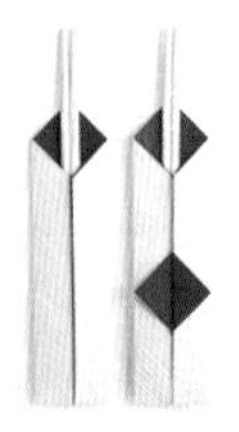

图 1-52　固定包装、可拆卸包装和折叠式包装

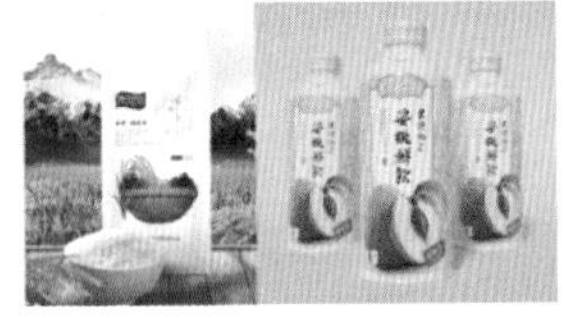

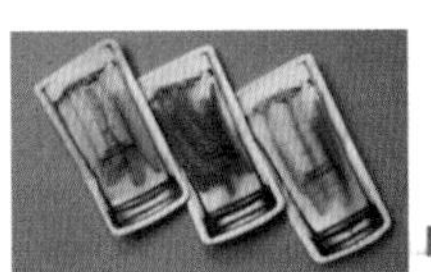

图 1-53　便携式包装、易开式包装、开窗式包装、透明式包装、悬挂式包装和堆叠式包装

图 1-54　喷雾式包装、挤压式包装、组合式包装和礼品式包装

## 1.5.5　按设计形式分类

按设计形式分类，可分为单件包装设计、系列包装设计和组合包装设计等。

### 1. 单件包装设计

单件包装是最普遍的包装形式，也是零售中最小的包装单位。单件包装也称基本包装，是指与产品直接接触的包装，图 1-55 所示为单件的食品包装袋。一般是用来防止产品受外部不良因素，如湿气、光、热、外力碰撞、侵蚀等的影响而损坏内包装物品。在装潢设计方面，画面构图简洁，色彩更需鲜艳、明快。单件包装设计突出强调自己独特的形象和个性美，使用的材料广泛，形态也不受拘束，如罐装饮料、瓶装酒的包装。

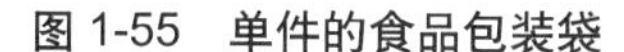

图 1-55　单件的食品包装袋

【案例】巧罗轻手工巧克力包装设计

### 2. 系列包装设计

系列包装又称为“家族式包装”，是一个企业或一个品牌的不同品种或不同规格的产品，利用包装的视觉设计，采用多样统一的视觉形象，形成多个包装相互间具有的共同特征或联系特色，且又各具独立特性的商品包装。系列包装设计的主要特点是为打造品牌视觉形象提供基本思想、基本理论及解决方法，注重挖掘包装的人文内涵，体现创新理念。从市场营销的角度来说，系列包装设计能够更全面地占领市场，锁定目标人群，并保持继续扩大市场份额的空间。从广告设计的角度来说，系列包装设计具有共性或相似性，因此，其设计方案往

往由一个成熟的方案延展至一整套产品的包装设计，这就减少了设计工作量，缩短了工作周期，提高了工作效率。同时，也为企业节省了部分设计费用，降低了成本。与单件包装相比，系列包装具有很好的宣传功能和展示效果。商品生产的过程中，如果有新产品，系列包装可以极大地缩短商品包装的设计周期并能降低成本。各种米的系列包装，如图 1-56 所示。

图 1-56　各种米的系列包装

### 3. 组合包装设计

在包装设计的工作中，有个较特殊的工作是组合包装设计。组合包装是包装的一种，指两个以上的产品或对象不能因运输而分开，或在陈列时需组合在一起。设计者只有对材料熟悉及对结构了解，才能设计出合适的组合包装。包装设计的目的是保护好此商品，任何设计手法、任何包装的材料，都以保护商品为中心，而组合包装设计的目的则没有那么单一。组合包装又叫成套包装，是将若干个小包装件组合成一个较大的包装件。此类包装设计形式一般是运用组合化原理，设计出主体造型优美的组合化包装系列，将一套产品或相近的产品先按一个个小单位进行包装，再把多个小包装单位组合成一个大包装单位。组合包装可以一起生产、一起陈列、一起销售、一起使用。例如，成套的儿童服装，成套的化妆品、洗涤用品，成套的快餐、糕点、糖果，包括现在节日期间的新鲜水果、海鲜、蔬菜、肉类套盒、大礼包等，成套包装可以扩大销售。图 1-57 所示为月饼礼盒手绘包装。

商品组合在一起，更能吸引顾客，增加销量。集合包装指将几种不同类型的商品组合装在一起的包装，能使各种商品组合集中，便于消费者一次购买多种商品，也便于商品陈列和加贴价格标签，一般多用热收缩薄膜把商品裹在一起，主要用于罐头食品和果汁饮料等。如饮料的组合包装，即将矿泉水、可乐、奶类、果汁等饮料组合包装后销售。集合包装属于组合设计的一种，应具备保护功能、方便操作功能并从设计阶段开始就必须考虑适当的包装方法。集合的方式有便携式集合、裹包式集合、托盘式集合等。

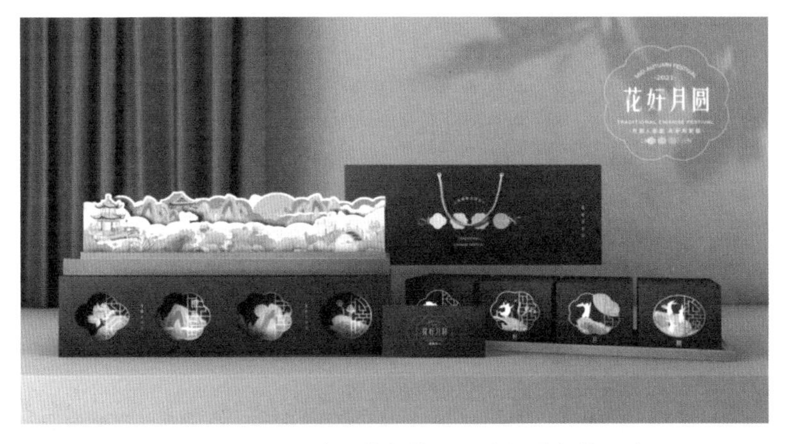

图 1-57 月饼礼盒手绘包装 上海橘猫包装设计

POP 包装

## 1.5.6 按生命周期分类

产品生命周期（product life cycle，PLC）是产品的市场寿命，即一种新产品从开始进入市场到被市场淘汰的整个过程。哈佛大学教授雷蒙德 • 费农认为，产品生命是指市场上的营销生命，产品和人的生命一样，要经历形成期、成长期、成熟期和衰退期四个时期，图 1-58 所示。就产品而言，就是要经历一个开发、引进、成长、成熟、衰退的阶段。商品的生命周期是包装设计定位的重要参照坐标，是制定包装设计策略的重要依据之一，如图 1-59 所示为可口可乐包装变化。处于新兴阶段的商品，市场中的同质竞争较少，所以在包装信息传达方面可以强化“新”的特色与优势价值，并以独特的包装风格让人耳目一新、印象深刻。而处于成熟期的商品，很可能业内竞争已经白热化且商品市场趋于饱和，并且因为同类型商品严重同质化，所以品牌形象通常会成为消费者选择的重点。

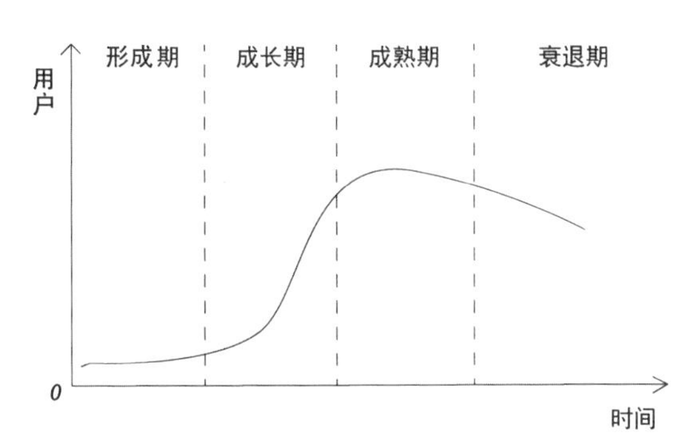

图 1-58 产品生命周期曲线

图 1-59 可口可乐包装变化

## 1.5.7 按流通方式分类

包装因用途和需要不同，可分成很多种，人们通常根据其流通方式，将其分为两种，一种是销售包装，另一种是物流包装。对包装的运输形式进行分类，有卡车、轮船、飞机等。对物品本身来说，各种运输形式应该都适合。

### 1. 销售包装

销售包装称为内包装，主要是为了在销售终端进行商品展示，获得消费者认可，在消费环节对商品进行保护并方便消费、使用的包装，如图 1-60 所示，以满足销售需要为目的，起着保护、美化、宣传商品及促进销售和方便使用等作用。销售包装通常随同商品一起出售给消费者，是消费者挑选商品时认识、了解商品的一个依据，对商品起着有效的促销作用。近年来，随着消费的发展，不少商品包装既是物流包装，也是销售包装，两者兼而有之，如图 1-61 所示。

图 1-60　三只松鼠销售包装

图 1-61　商品包装

### 2. 物流包装

物流包装又称运输包装，多指在产品的运输、储存等环节伴随着产品的包装，体积较大，更重视包装的保护功能，常在机械产品的外包装和轻型产品的批量外包装中见到，如托盘架、集装箱、外包装箱等，又称工业包装、大包装。其主要以满足运输、装卸、储存需要为目的，起着保护商品，方便管理，提高物流效率等作用。物流包装一般不直接接触商品，而是由许多小包装集装而成，通常不随商品出售给消费者。

## 1.5.8　按消费需求分类

### 1. 按消费者的购买决策划分

根据消费者的购买决策，可将商品包装分为感性消费品包装和理性消费品包装。按消费者购买决策的状态的不同，商品可以分成感性消费商品和理性消费商品。感性消费商品，指那些主要依赖情绪感染力影响消费者购买行为的商品，如休闲食品、饰品、小电子产品、休闲书籍等；理性消费商品，主要指消费者通常要进行理性的调查、分析与权衡后才会购买的商品，如房产、药品、健身器材、家电等。

（1）感性消费商品的包装设计。在某些情况下，人们主要根据自己的喜好来做出购买决策，我们称其为“情绪化消费行为”。典型的情形如选购休闲食品、休闲书籍和旅游纪念品，而这些商品也常称为情绪化消费商品或者感性消费商品。这类商品主要依赖情绪感染力影响消费者的购买行为，因此其包装设计通常需要在设计风格上多下功夫。那些设计风格富有新意，并且情绪感染力强的包装，往往可以营造浓厚的情绪氛围，得到良好的情绪促销效果。

（2）理性消费商品的包装设计。在另一些情况下，人们会从多个方面仔细了解商品再做出购买决策，如选购空调、笔记本电脑等耐用品及药品、杀虫剂等功能性产品，或者价值、价格都较高的商品。这些商品通常也称为理性消费商品。人们在选购这类商品时，理性的调查、分析与权衡起着更大的作用。在购买这类商品时，消费者通常需要对特性、功能、价值，甚至售后服务等因素进行了解，并对产品价值和支付能力进行一定的权衡，甚至反复考虑后才可能做出购买决策。因此，对这类商品进行包装设计时，除恰当的设计风格外，通常会更重视清晰准确的、有说服力的信息传达。

2. 按消费周期划分

根据消费周期的长短，可将商品包装划分为耐用品包装与快消品包装。耐用品即耐用消费品，指使用寿命较长，一般在1年以上，价格较高，并可多次使用的消费品，如汽车、家用电器、家具等。快消品即快速消费品，指使用寿命较短，消费速度较快的消费品，如食品、纸巾等。通常人们在选择耐用品时比较关注其质量、服务和价格等因素，相对而言，人们选择快消品时比较感性。而对快消品，人们在经过几次尝试性购买和使用后，通常会形成相对稳定的长期购买习惯。因此进行包装设计时，耐用品更重视品牌识别和关键信息的有效传达，快消品更重视包装的整体视觉识别和情绪感染力的强化。

3. 按消费者的购买用途划分

根据消费者的购买用途，可将商品包装分为自用商品包装、他用商品包装及礼品包装。自用商品的购买者与使用者为同一人或同一家庭或亲朋群体，如为自己或家人的旅行而购买的食品、水。这类商品的包装需要直接让购买者注意、认识甚至体验，产品、服务与价格都是能够被认同的。在此类商品上过度包装通常会适得其反。他用商品，是指自己并不用，买来给别人用的商品，如婴儿纸尿片等。最终使用者的感受和购买者的意见，会对此类商品的包装设计产生重要影响。礼品，指一种特殊的他用商品。购买者的目的是作为一种表达尊敬或者感谢的、为他人购买的商品。以有限的商品成本和销售价格，借助包装形象对商品特定的外延层价值及商品的礼仪价值进行提升，是礼品包装设计的重点。

### 1.5.9 按包装材料分类

现代包装容器的材料多种多样，常见的主要类型大致有纸张、塑料、金属、木材、陶瓷、玻璃、纤维材料、皮革、合成材料和天然材料等，如图1-62所示。其中纸张、塑料、金属、玻璃等材料是现代包装容器的常用材料。而每类材料中，又衍生发展出若干特性的品种，而且还在不断地创新。如纸类包装，便有成百上千种不同特性的纸张，如大家熟悉的恰恰瓜子包装袋，因为表层是再生纸、里面复合了PP材料而称为“纸塑包装”；伊利出品的常温液态奶，使用的包装是由铝箔、纸张、PE薄膜等多层复合材料构成，能很好地隔绝空气、光线并能方便印刷和利于消费者使用。由于这种被世界上乳品企业广泛使用的包装材料是利乐公司的专利产品，因此这种包装又称为“利乐包装”。商品包装的材料与技术，一直在不断地发展和丰富。

按包装材料分类

- 纸包装类，如包装纸、纸袋、纸盒、纸箱、纸桶、纸浆模塑包装等
- 塑料包装，如各种塑料膜，塑料袋、塑料瓶、塑料盒、塑料箱等包装容器
- 金属包装，如钢桶、马口铁罐、铝合金易拉罐、金属软管包装、铝箔袋
- 木材包装，如木箱、木桶、木盒及大型机械产品的木材框架包装等
- 陶瓷、玻璃包装，如陶瓷瓶罐、玻璃瓶罐等
- 复合材料包装，如纸塑复合材料，纸与塑膜、金属箔复合材料等制作的食品软包装、药品包装、化妆品与护肤品包装等
- 棉、麻、布、竹、皮革、藤草等其他材料的包装

图 1-62　常见包装材料分类

### 1.5.10　按包装产品分类

按包装产品可以分为 9 个类别，具体包括日用品类，如图 1-63 所示；食品类，如图 1-64 所示；烟酒类，如图 1-65 所示；化妆品类，如图 1-66 所示；医药类，如图 1-67所示；工艺品类，如图 1-68 所示；纺织品类，如图 1-69 所示；儿童玩具类，如图 1-70 所示；土特产类，如图 1-71 所示。

图 1-63　日用品类

图 1-64　食品类

图 1-65　烟酒类

图 1-66　化妆品类

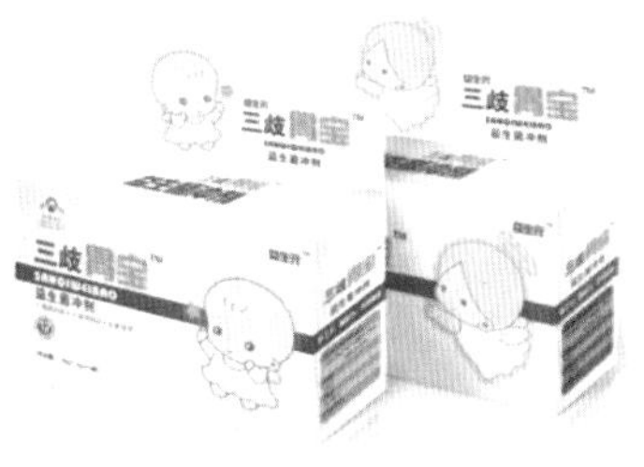


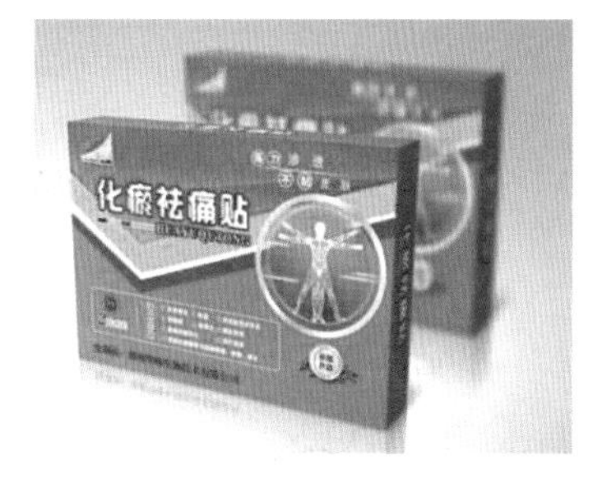


图 1-67　医药类

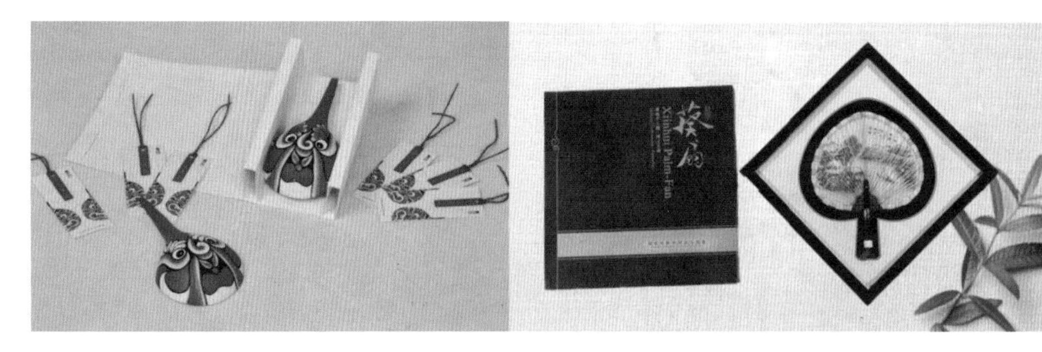


图 1-68　工艺品类

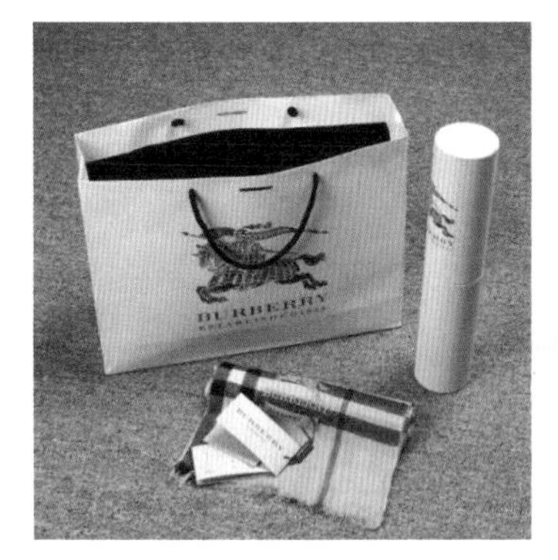

图 1-69　纺织品类

图 1-70　儿童玩具类

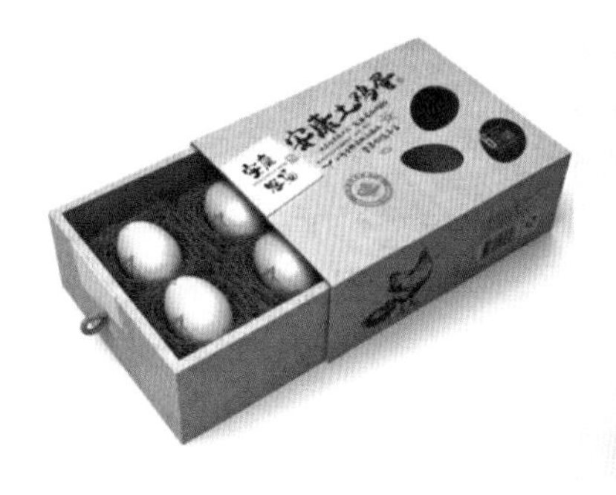

图 1-71　土特产类

## 1.5.11 按包装产业分类

按包装产业进行分类，如图 1-72 所示。

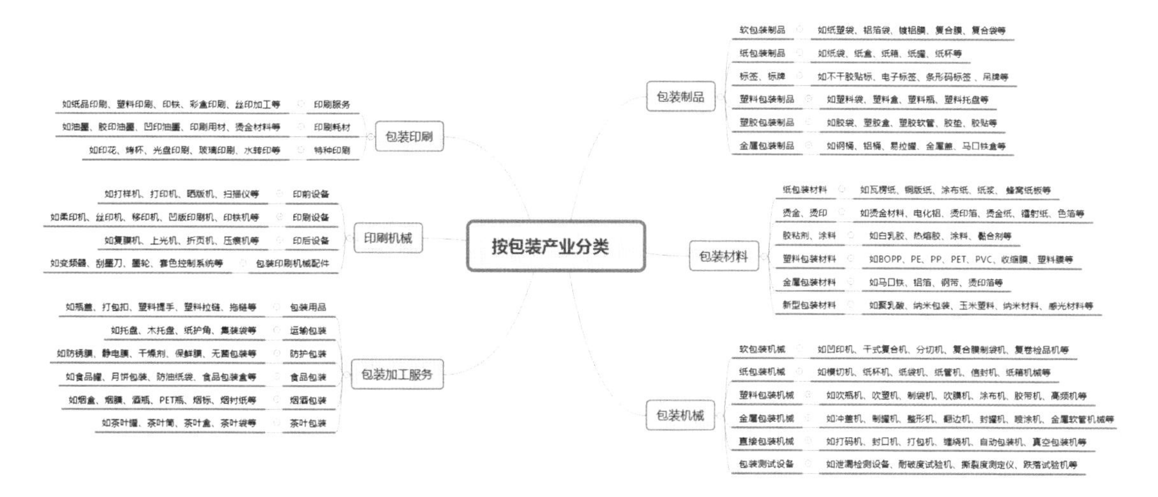


图 1-72 按包装产业分类

包装产业分类

## 1.5.12 按包装构造分类

按包装构造分类，可分为构架型包装、面板型包装、薄壳型包装及柔性型包装。

（1）构架型包装。此类包装多以木质包装箱为主，有框架型容器和桁架型容器。框架型容器包括订板箱和木托盘等；桁架型容器包括条板箱和集装架等。

（2）面板型包装。此类包装多以纸质包装和厚塑料包装为主，有平板型容器和楞板型容器。平板型容器包括纸盒和塑料盒等；楞板型容器包括瓦楞纸箱和蜂窝纸箱等。

（3）薄壳型包装。此类包装多以金属包装和薄塑料包装为主，有罐型容器和桶型容器。罐型容器包括饮料罐、塑料瓶及玻璃瓶等；桶型容器包括钢桶、方桶及塑料桶等。

（4）柔性型包装。此类包装主要以软包装、半软包装和集装袋容器为主，如塑料袋、纸袋、饮料盒、编织袋和集装袋等。

## 1.5.13 按商品品类分类

品类，是指在顾客眼中相关联的或可相互替代的商品或服务，简而言之，即商品按消费需求划分的种类。按照国际知名的 AC 尼尔森调查公司的定义，品类指“确定什么产品组成小组和类别，与消费者的感知有关，应基于对消费者需求驱动和购买行为的理解”，家乐福则认为，“品类即商品的分类，一个小分类就代表了一种消费者的需求”。

品类具有不同的层级和角色划分。

#### 1. 层级上

从层级上分，品类通常可划分为大类、中类、小类、细类等层级。例如，家电（大类）—厨房电器（中类）—微波炉（小类）—机械式微波炉（细类）；再如，食品饮料（大类）—休闲食品（中类）—巧克力（小类）—黑巧克力（细类）。

#### 2. 角色上

从角色上分，品类在市场活动中，因为消费需求、商品属性等的不同而扮演不同的品类角色。其主要包括以下 5 类：① 普遍性品类；② 特殊性品类；③ 偶发性品类；④ 季节性品类；⑤ 便利性品类。

此外，人们习惯按商品的不同品类名称来区别包装和包装设计，如日用品类、食品类、烟酒类、化妆品类、医药类、工艺品类、纺织品类、儿童玩具类、土特产类、五金包装、茶叶包装、日用品包装、化工建材包装、家用电器包装等。而且在长期的生活经验和市场生活中，人们对同一品类通常具有相当的共性期待，同时又需要对具体商品从形到意都获得某些独特性价值。商品包装设计需要在共性期待和独特性价值之间找好平衡。

### 1.5.14　按容器形状分类

现代包装容器的形态类型丰富。从形态上，容器可分为箱、瓶、包、筐、缸、罐、杯、盘、碗、桶、壶、碟、盒、管、袋、捆扎、坛等，如图 1-73 所示。

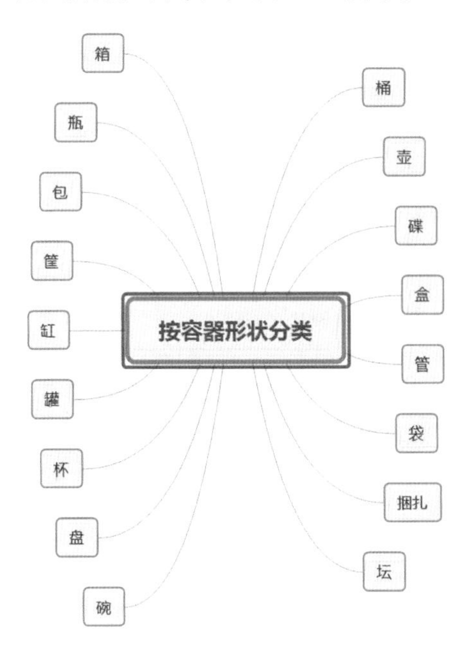


图 1-73　按容器形状分类

## 1.5.15 按相对位置分类

为了便于记忆，我们将包装按相对位置进行分类，分为小包装、个包装、中包装、外包装等。

小包装：也称内包装，指直接接触或紧贴商品的包装，如食用油瓶及瓶贴。

个包装：一个商品为一个销售单位的包装。

中包装：也称二次包装，指位于内、外包装之间的包装，瓷器配套包装中的杯、碟、碗、盘等产品的单项配套包装。如食用油瓶外面的包装纸盒，主要有塑料袋及瓦楞纸盒包装。如图 1-74 所示。

图 1-74 小包装与中包装

外包装：又称外装，是指商品的外部包装。外包装也称三次包装或大包装，多附带部分产品信息，为最外层的运输包装。它通常不与消费者直接接触，一般运用箱、袋、罐、桶等容器，或通过捆扎，对商品做外层的保护，并加上标识和记号，以利于运输、识别和储存，如装橄榄油盒的瓦楞纸箱。

## 1.5.16 其他分类方式

根据不同的标准，行业对包装还有很多分类方式。

按产品销售范围分，有内销产品包装、出口产品包装。

按包装使用次数分，有一次用包装、多次用包装。

按包装容器的软硬程度分，有软包装、硬包装、半硬包装，如图 1-75 所示。

软包装

硬包装

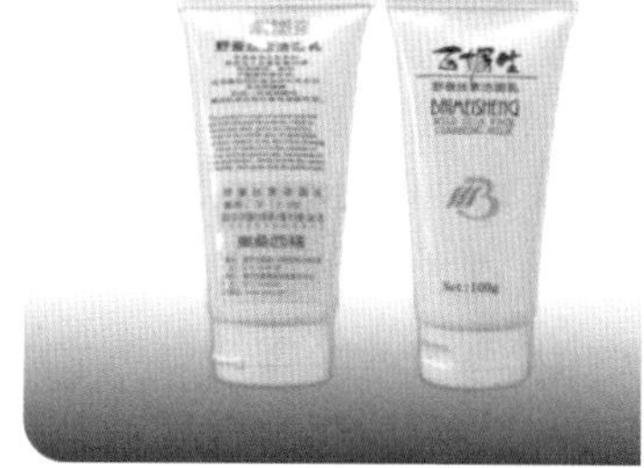

半硬包装

图 1-75 按包装容器的软硬程度分

按商品特殊用途分，有军用品包装、危险品包装等。

按包装的性质分，有工业包装、商业包装、特殊包装等。

按商品包装的陈列方式分，有立体包装与卧式包装。

按包装适应的社会群体不同，可分为民用包装、公用包装和军用包装。

按商品的大类分，有食品包装、农副产品包装、日用化工产品包装、家用电器产品包装、医药包装、文化用品包装、工艺品包装、纺织品包装等。此外，还有根据结构、风格等各种分类。

按包装的主要功能进行分类，有周转包装、运输包装、销售包装、礼品包装、集装化包装。

（1）周转包装：以在生产与销售环节反复循环使用的箱、桶、袋、筐等为包装容器的包装。

（2）运输包装：以保护物品安全流通、方便储运为主要功能目的的包装。

（3）销售包装：直接进入商店陈列销售，与产品一起到达消费者手中的商品包装。

（4）礼品包装：以馈赠亲友礼物表达情意为主要目的的礼品包装。

（5）集装化包装：也称为集合包装，是为适应现代机械自动化装运，将若干包装件或物品集中装在一起形成一个大型搬运单位的巨型包装。

包装的管理部门、生产部门、使用部门、储运部门、科研部门、设计部门、教学部门等，都可选择适合自己的特点和要求来进行分类，以利于商品的保护和销售。

流通包装的作用

随着人们需求的不断提高，设计师和企业在商品包装设计时也有不同的设计方法满足消费者需求。绿色、人文、系列化的包装设计反映了时代的潮流，符合消费者目前的消费需求。明确包装的定义，正确区分日常器皿与包装。学习包装的主要功能和特点，为日后包装设计奠定理论基础。清楚包装不同的分类方法。了解各个历史时期包装的特点。综观包装设计历史发展的全过程，可分为包装设计的萌芽时期、成长时期和发展时期。通过学习包装的发展历史，了解到各个时期各种包装形态及材料、包装技术的产生及发展，以及其是随着科技的进步、生活品质的提高、时代的发展而不断演变的。同时也要求学生在学习包装设计时用发展的眼光和宽广的视野来看待。包装设计，不是割离的单独门类，而是属于市场销售的一个环节，是与品牌的推广、产品的营销分不开的。通过学习包装的功能，使学生在进行设计时能时刻牢记包装的服务对象。

### 课题一:“超级市场与包装设计”的社会调查

(1) 内容:以“超级市场”为中心,从包装的分类、材料等角度对包装进行一定的分类研究,了解商品包装的地位和作用。

(2) 要求:将学生分成小组,围绕课题内容分别去当地的大超市进行相关商品包装设计的社会调查;了解大超市的现状与商品包装设计的关系。调查报告必须实事求是、理论联系实际;观点鲜明,脉络清晰;不少于500字,文字中附插图。

### 课题二:选取一件优秀的包装设计作品进行包装功能的分析与学习

(1) 内容:针对优秀包装设计作品进行分析总结,深刻理解包装的功能。

(2) 要求:选取一件优秀的包装设计作品,从包装的保护功能、销售功能、便利功能三个方面展开分析,加深对包装功能的理解。写出该包装功能设计的长处与短处,并结合自身经验提出改进的建议,要求内容全面、翔实,不少于1500字。

### 课题三:包装设计中再利用的课题

现代企业在制作包装材料时就要求从再利用的可能性方面进行表现和追求,这是社会对企业的要求和责任,特别是对于与生活密切相关的包装材料,其产生的大量废弃物增加了社会负担和开支,因此企业对社会责任的表现就应该体现在对包装材料的废弃物如何做好再利用。首先,企业对于包装材料的掌握及再利用的方法应该非常了解;其次,对于包装材料的使用和制作,相关企业应该互相联系和探讨;最后,包装材料信息应该公开,这样人们对于包装材料的利用和使用也就非常容易。从我们日常所接触到的包装材料中,就可以看到其中的再利用,如饮料金属罐,其再利用率非常高,将其做成铁屑之后,再回炉又可做成金属罐。包装材料的再利用对企业来说非常不容易,因为制作的投资巨大,但是从企业的责任、社会的责任方面来理解,包装材料再利用的效果就不仅是节约能源、物资的再利用,还是作为一种责任进行的一种对社会有益的表现。

请你说一说对包装材料再利用的理解。

# 第2章

# 构成篇

【学习要点】

- 掌握包装设计中品牌商标设计的重要性。
- 知道包装设计中文字设计的相关表现方法。
- 熟知包装设计中图形与版式的设计方法。
- 能够运用设计构成要素进行包装设计。

【教学重点】

设计构成要素——商标、文字、图形、色彩、版式。

【核心概念】

包装构成要素、商标、文字、图形、色彩、版式

## 本章导读

包装装潢是一门综合性科学，既是实用美术，又是工程技术，是工艺美术与工程技术的有机结合，并涉及市场学、消费经济学、消费心理学及其他学科。包装装潢设计也就是本章所涉及的内容，是以图案、文字、色彩、版式设计等艺术形式，突出产品的特色和形象，力求造型精巧、图案新颖、色彩明朗、文字鲜明，装饰和美化产品，以促进产品的销售。本章中品牌内容涉及品牌建设、商标形成、商标类型、商标符号等；文字内容涉及文字的作用、文字的分类、文字设计原则、文字设计方法、包装文字信息设计；图形内容涉及图形分类和包装插图；色彩内容涉及色彩的基础知识、视觉心理；版式内容涉及版式设计要素、版式设计类型、设计原则等。

一个优秀的包装设计，是包装造型设计、结构设计、装潢设计三者的有机统一。而且，包装设计不仅涉及技术和艺术两个领域，还在各自领域涉及许多其他相关学科，因此，做一个好的包装设计，是需要下一番苦功的。

## 2.1 品牌

包装设计与包装装潢设计是不可分割的关系。包装装潢设计是包装设计不可分割的重要构成部分。它是利用品牌、色彩、文字、图形、版式和外观造型等，通过艺术手法传达商品信息的创意与视觉化表现过程，即包装的视觉传达设计。它贯穿于包装设计的整体形式与风格，涉及包装材料、包装机械、包装工艺、造型结构、文字、图形、色彩等设计的全过程，但主要是从审美与有效传达商品信息的角度，解决产品包装的审美精神功能问题。这一点与包装结构设计相同。包装装潢设计具有艺术性与商业性、艺术性与科学性、艺术性与功能性、艺术性与时效性并侧重传达功能和促销功能，符合引人注意、易于辨认、具有好感、恰如其分四项基本要求。

## 2.1.1 品牌建设

### 1. 品牌定义

品牌起源

品牌，是指消费者对产品及产品系列的认知程度。广义的品牌指具有经济价值的无形资产；狭义的品牌是一种拥有对内、对外两面性的标准或规则，是通过对理念、行为、视觉、听觉四个方面进行标准化、规则化，使之具有特有性、价值性、长期性、认知性的一种识别系统总称，即CIS（corporate identity system）体系。“现代营销学之父”菲利普·科特勒在《市场营销学》中定义，品牌是销售者向购买者长期提供的一组特定的特点、利益和服务。品牌是给拥有者带来溢价、产生增值的一种无形的资产，增值的源泉来自消费者形成的关于其载体的印象。包装是品牌理念、产品特性、消费心理的综合反映，它直接影响消费者的购买欲。包装是建立产品与消费者亲和力的有力手段。经济全球化的今天，包装与商品已融为一体。包装作为实现商品价值和使用价值的手段，在生产、流通、销售和消费领域中，发挥着极其重要的作用，是企业家、设计师不得不关注的重要课题。

### 2. 品牌设计

品牌设计是在企业自身正确定位的基础上，基于正确品牌定义的视觉沟通，它是一个协助企业发展的形象实体，不仅协助企业正确把握品牌方向，而且能够使人们正确地、快速地对企业形象进行有效、深刻的记忆。品牌设计就是对一个企业或产品进行命名、标志设计、平面设计、包装设计、展示设计、广告设计及推广、文化理念的提炼等，从而使其区别于其他企业或产品的个性塑造过程。品牌形象是企业与消费者之间的一个重要桥梁，是企业发展的基石。所以，完善的企业品牌形象必须通过完整、正确的品牌设计来具体体现，从而去告知企业的客户“我是谁”“我是做什么的”，这就是品牌设计的最终目的。

### 3. 品牌营销

一提到品牌营销，人们就会想到商场里的促销场景，各种叫卖、讨价还价。但是消费者因消费习惯更加理性，他们对这种促销的热情并不太大。因此，品牌营销还是应该放在品牌宣传、完善销售链和人员培训等方面，如图2-1所示。

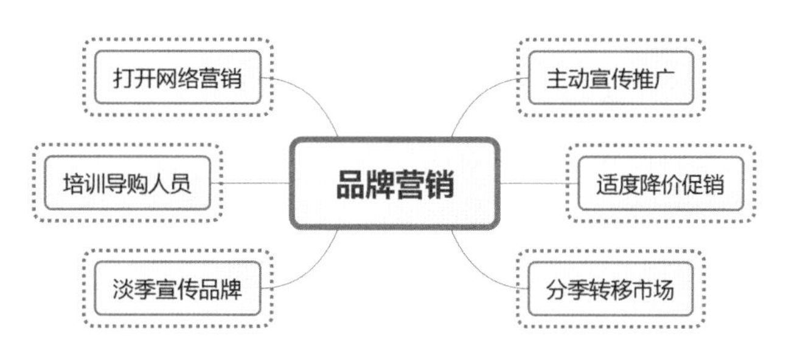


图2-1 品牌营销

### 4. 品牌形成

对现代企业或者想经营成功的企业来说，没有什么事情比建立企业的品牌形象更重要，如今社会的企业竞争是品牌的竞争。由此可见，企业品牌建设十分重要，更多的企业开始注重品牌塑造和品牌营销，更有企业会选择寻求与专业品牌运营公司合作，通过专业的品牌包装、品牌策划、线上推广，进行更有广度、更有深度的品牌宣传，以便进行更好的品牌建设。品牌建设步骤，如图 2-2 所示。

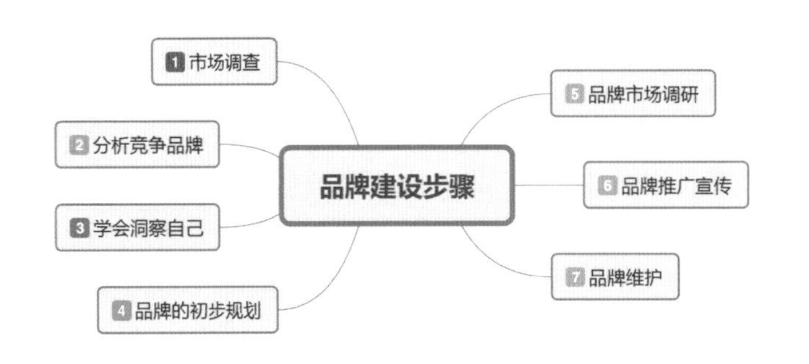


图 2-2　品牌建设步骤

全球品牌价值排行榜

## 2.1.2　商标形成

### 1. 商标的定义

商标（trade mark）是品牌的核心要素，是工商企业各种意向的结合体，是指生产者、经营者使自己的商品或服务与他人的商品或服务相区别，而使用在商品及其包装上或服务标记上的由文字、图形、字母、数字、三维标志和颜色组合以及上述要素的组合所构成的一种可视性标志，是一种符号。设计师应当具有商标的品牌法律保护意识，包装设计也应通过商标的合理表达来塑造品牌，为营销沟通提供更为直接有效的途径。文字、图形、字母、数字、三维标志、颜色组合和声音等，均可作为商标申请注册，如图 2-3 所示。商标通过保障商标注册人享有用以标明商品或服务，或者许可他人使用以获取报酬的专用权，而使商标注册人受到保护。

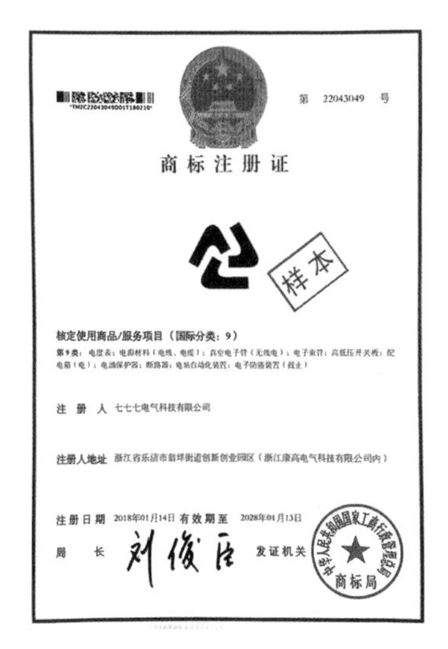

第 22043049 号

商标注册证

样本

核定使用商品/服务项目（国际分类：9）

第9类：电度表；电源材料（电线、电缆）；真空电子管（无线电）；电子束管；高低压开关板；配电箱（电）；电涌保护器；断路器；电站自动化装置；电子防盗装置

注 册 人　七七七电气科技有限公司

注册人地址　浙江省乐清市翁垟街道创新创业园区（浙江康高电气科技有限公司内）

注册日期　2018年01月14日　有效期至　2028年01月13日

局　　长　刘俊臣　　发证机关　中华人民共和国国家工商行政管理总局商标局

图 2-3　三只松鼠商标和商标注册证（样本）

2. 商标的注册流程

商标的注册流程，如图 2-4 所示。

图 2-4 商标的注册流程

商标初审公告期限为三个月。在这三个月内，在先权利人、利害关系人可以向公告的商标提出异议。若商标三个月公告期满，没有收到异议，则该商标申请予以注册公告。这时商标才真正注册成功。

## 2.1.3 商标类型

商标一般可分为纯文字商标，如图 2-5 所示；纯图形商标，如图 2-6 所示；纯字母商标，如图 2-7 所示；纯数字商标，如图 2-8 所示；图文组合商标，如图 2-9 所示；三维标志与颜色组合商标，如图 2-10 所示。

图 2-5 纯文字商标

图 2-6 纯图形商标

图 2-7 纯字母商标

图 2-8 纯数字商标

图 2-9 图文组合商标

图 2-10 三维标志与颜色组合商标

### 2.1.4 商标符号

商标符号是商标设计、注册、使用过程中使用的标志，一般包括 ™ 标、℠ 标、© 标、® 标等。它们通常位于商标的右上角或右下角。

1. ™ 标

商标符，TM 商标，是 Trade Mark 的缩写，美国的商标一般都加注“TM”。在我国，商标上的“TM”也有其特殊含义，“TM”表示该商标已经向国家商标局提出了申请，并且国家商标局也下发了受理通知书，该图标已经进入异议期，这样就可以防止其他人重复提出申请，也表示现有的商标持有人有这个商标的优先使用权。

2. ℠ 标

SM 是英文服务商标，指商标注册申请，以及申请注册或服务商标持有人（服务商标）的缩写。℠ 有声明的权利；℠ 也属于商标符号，但没有任何法律意义和法律效力。这种商标符号，利用它们的公益行为是“作为商标使用”的商标。

3. © 标

© 标指版权，又名著作权，指作者或其他人（包括法人）依法对某一著作物享有的权利，受法律保护。

4. ® 标

注册符，® 商标的英文是 registered trademark 或 registered sign，® 商标是“注册商标”的标记，如图 2-11 所示，说明该商标已在国家商标局进行注册申请并已经商标局审查通过，成为注册商标。《中华人民共和国商标法》明确规定，商标注册人有权标明“注册商标”或者注册标记 ®，没有获准注册的商标如果标注 ® 的话，便属于假冒注册商标，且有可能构成商标侵权。注册商标具有排他性、独占性、唯一性，因此，一旦为商标注册人独占便会受法律保护，任何企业或个人未经注册商标所有权人许可或授权，均不可自行使用，否则将构成侵权。

图 2-11　注册符

5. ℗ 标

℗ 指的是已经申请专利（patent）。专利从字面上讲，是指专有的利益和权利。未经专利权人许可，采用其专利，即侵犯其专利权，引起纠纷的，由当事人协商解决；不愿协商或者协商不成的，专利权人或者利害关系人可以向人民法院起诉，也可以请求管理专利工作的部门处理。

专利申请信息确认表

# 2.2 文字

在包装设计中，文字是传达商品信息的重要载体。细心的消费者会发现，如今的很多包装上不再只是简单的文字或图案，而是图文并茂的。当一种产品的包装可以用图形或者文字来和消费者进行思想交流，或者引领消费者去消费时，这个包装无疑是非常成功的。文字是交流思想、传递信息并能表达包装主题的符号，文字本身也是设计图案中不可缺少的视觉形象。成功的包装往往善用文字来传递商品信息，引导消费者购买行为。

## 2.2.1 文字的作用

文字在视觉传达设计中的作用主要有两个。一是文字是信息记录和传达的最重要载体。文字是记录语言、传达思想、表达情感的符号系统，只有文字才能完整、准确、清晰无误地传达信息。二是文字又是一种能产生视觉效果及视觉传达作用的造型符号。不同文字，如汉字、拼音字母、拉丁字母及其他种类文字，其本身的造型差异很大，在同一种文字中也存在着不同的书写字体或印刷字体，即使是同一种字体还有大小、粗细、方圆等方面的变化，所以字体设计也会影响包装设计的最终效果。文字是传达思想、交流感情和信息的重要手法，是表达某一主题内容的符号。商品包装上的牌号、品名、说明文字、广告文字及生产厂家、公司或经销单位等，均反映了包装的本质内容。设计包装时必须把这些文字作为包装整体设计的一部分来统筹考虑。商品包装上可以没有图形，但绝对不能没有文字。商品的许多信息内容，唯有通过文字才能准确传达，如商品名称、容量、批号、使用方法、生产日期等。

## 2.2.2 文字的分类

### 1. 从设计角度进行分类

从设计角度分析，文字有三种类型，即品牌形象文字、说明文字、广告宣传性文字。

(1) 品牌形象文字。其主要内容有品牌名称（牌号）、商品名称、企业标识名称及企业名称，如图 2-12 所示。主要代表产品品牌形象的文字，应容易识别，符合产品内在特点且有感染力。尤其是品牌名称和商品名称，要精心设计，使其富有鲜明的个性、丰富的内涵和视觉表现力。包装的品牌形象文字主要展示在包装较醒目的位置。就包装主视图的版面来说，最多采用三种字体。品牌名称与商品名称是最重要的信息，可以选择艺术字体，使之独创性、寓意性更强，同时，在包装版面上所占面积及字号都应是最大的，与背景色彩的对比也应最强，这样才能使消费者容易辨认且印象深刻。

(2) 说明文字。其涉及产品成分、容量、型号、规格、产品用途、用法、生产日期、保质期、注意事项等。说明文字要注意简明扼要，一般选择规则的印刷字体。说明文字一般位于包装的侧面或背面等次要位置。

(3) 广告宣传性文字。包装上的广告语，是宣传商品特色的促销性宣传口号，通常根据产品销售宣传策划灵活运用，内容应真实、简洁、生动，并遵守相关的行业法规。广告宣传性文字的视觉表现力度不应超过品牌名称，以免喧宾夺主，一般位于主要展示面上，位置多变，如图 2-13 所示。各种广告性的促销文字，如“新品”“买一送一”“鲜香松脆”“有奖销售”等，也要经过设计，形象要求比较活泼、醒目，但在大小、色彩的对比上应弱于品牌名称与商品名称。这部分文字特别注重气氛情感的渲染和强化，以打动消费者。

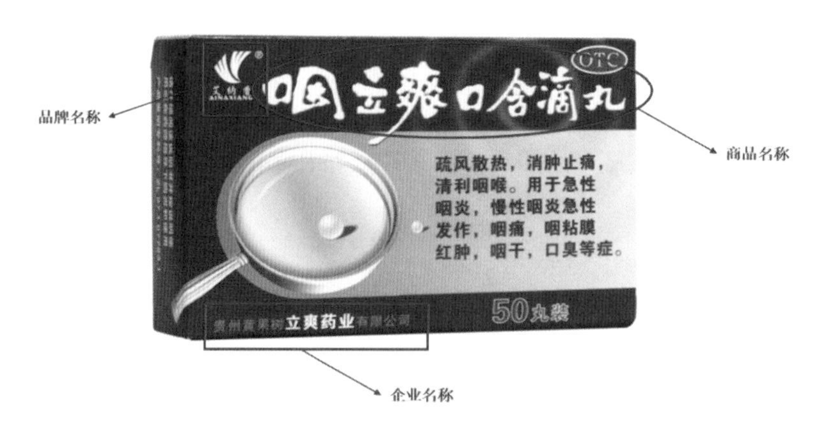


图 2-12　品牌形象文字类型

图 2-13　广告宣传性文字

品牌名、品名的字体设计

## 2. 根据包装不同位置、特点和功能进行分类

根据包装的不同位置、特点和功能，我们可将包装的文字分为基本文字、资料文字、装饰文字、广告文字、说明文字五种类型。

1）基本文字

基本文字包括牌号、商品名称、生产厂家及地址名称、企业标识名称。这些是包装的主要文字，一般安排在包装的主要展示面上。生产厂家及地址名称也可以编排在侧面或背面，文字的选用一般也比较规范。重点是对牌号、商品名称做造型变化设计。它是传递商品信息最直接的因素。比如可口可乐包装就是以文字为主题的设计，采用商品名称做造型变化设计，很好地体现了品牌的活力、动感。

2）资料文字

资料文字主要包括：产品成分、容量、型号、规格、批号、使用方法、功能效用、适用范围、生产日期、保质期、生产厂家及联系方式等说明性文字。资料文字对商品的信息作出更为详细的说明，使消费者了解商品并方便使用，从而建立信任感。这类文字主要体现在信息资料的功能上，资料文字的设计要求简洁、明了，不宜花哨。选用字体时，常采用可读性强的印刷体，其位置编排较灵活，一般安排在侧面和背面，容量或商品标准号也可安排在包装的主要展示面的次要位置，但要注意构图的整体关系。

3）装饰文字

在现代包装设计中，文字已经不仅是传递信息的载体，还是追求个性化、风格化的形式语言。包装上的装饰文字，以间接的方式传递商品的艺术气息和艺术风格，感染消费者。

4）广告文字

广告文字是宣传商品内容特点的推销性文字，有时可以起到强大的促销作用。这类文字内容应真实、简洁、生动。字体设计及编排部位较自由灵活，并不一定是包装上的必要文字。一般要求精心设计，而且要具有个性，通常被安排在包装的主要展示面，以醒目、便于识别的文字告诉消费者商品的名称和属性。文字的内容及字体的设计比其他文字类型更为灵活、多样，一般可根据需要，选择楷体、综艺体、广告体、凌波体等富有变化的字体，甚至可直接采用硬笔手写的形式，使之流露出自然、亲切之感，拉近商品与消费者之间的距离。广告文字是为加大促销力度而存在的一种附加信息，是为商品定做的推销性文字。

5）说明文字

说明文字包括产品用途、用法、生产日期、保质期、注意事项等。这些文字内容应简明扼要，字体应用规则的印刷字体，一般不编排在包装的正面。说明文字的字号应是最小的，只要能够清楚识别即可，不需要再采用个性字体，以免喧宾夺主，影响商品的品牌。

## 2.2.3 文字设计原则

在包装设计中，文字是传达商品信息必不可少的组成部分。有的包装装潢设计可以没有图形形象，但不可以没有文字说明。好的包装都十分重视文字的设计，甚至完全由文字变化构成画面，十分鲜明地突出商品品牌及用途等，以其独特的视觉效果吸引消费者。

### 1. 文字的识别性

文字为商品和消费者建立信息通道，帮助消费者了解产品，影响消费者的购买行为，因此，包装上的文字要易读、易认、易记。在满足文字的识别性的前提下，可以对文字进行适当的美化。另外，文字要主次分明。主题文字在最佳视域，字号较大。说明性文字的位置、大小、色彩、形状都应该小于、弱于主题文字。字体的设计、选择、运用、搭配要从整体出发，既有对比，又要和谐，使消费者的视线能遵循一个自然、合理的流程进行阅读。文字设计多在笔画上进行变化，字体结构一般不做大的改变，使之能保持良好的识别性。文字最基本的功能就是进行信息交流与沟通。在进行字体设计时，出于装饰美化的需要，往往要对文字运用不同的表现手法进行变化处理。但这种变化装饰应在标准字体的基础上，不可篡改文字的基本形态，如图 2-14 所示。包装上的所有文字要求简明、清晰，有利于消费者识别，不会引起误解或误读。

图 2-14　包装上文字的识别性

2. 信息的统一性

包装上的文字信息与商品的实际信息应该具有统一性。包装上的字体设计应该凸显商品的个性。例如：卡通字体适合表现儿童类商品，稳重儒雅的字体适合表现老年商品；食品包装可以选用柔润的字体；工具包装可以选用硬度感较强的字体。不同的商品有着不同的特性，字体具有情感诉求功能，设计要突出商品属性。包装文字的设计应和商品内容紧密结合，并根据产品的特性来进行造型变化，使包装设计更典型、生动、突出地传达商品信息，树立商品形象，加强宣传效果。如五金用品包装要采用刚健、硬朗的直线型字体，女性化妆品则要用纤巧、精美的字体等，以强化宣传效果。字体的不同风格与商品的功能特征是否符合，字体选择应用是否恰当，对一件包装设计的视觉传达效果的好坏起到十分明显的作用。选择字体时，要注意内容与字体在风格上的吻合和象征意义上的默契。设计者要注意视商品内容选择字体，视销售对象选择字体，视造型与结构选择字体。

3. 文字间的协调性

字体选择要美观和谐，风格统一。包装上不宜采用过多的字体，而应从整体出发，以增强字体的表现力和感染力。在同一个包装中，会有多个内容需要使用文字表达，因此，不同形式的字体会出现在一个包装面上，这就需要做好字体间的协调。汉字字体不宜过多，控制在三种以内为宜，如图 2-15 所示，风格要统一。中文和英文搭配时，应注意两种文字之间的对应关系。例如，宋体搭配英文中的衬线体，黑体搭配英文中的无衬线体。还应注意的是，不同字体之间的字重搭配。

4. 品牌文字的创新性

同类商品的竞争十分激烈，想要在众多品牌中脱颖而出，设计、使用有创新思维的品牌文字是达到这一目的的有力手段。通过设计，使品牌文字具有鲜明、独特的个性和较强的视觉冲击力，提高消费者的阅读兴趣，加快被识别、被记忆的速度，从而增加销售额和增强品牌影响力。特别是主体文字，是产品个性或企业精神的高度浓缩，它能使受众在接触商品包装时，立即知道它是卖什么产品或宣传什么样的企业精神，极富亲和力和感召力，如图 2-16 所示。文字设计不仅需要字体和画面配合好，而且颜色和部分笔画也要加工处理，这样才能使品牌文字设计达到更完整的效果，因此，品牌文字设计的一些细节的处理，需要一定的耐心和设计功底。

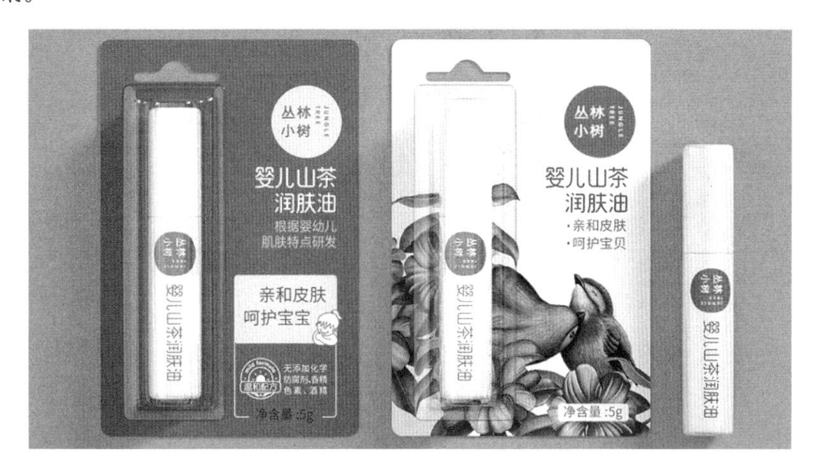


图 2-15　包装上文字字体控制在三种以内

## 5. 文字设计的艺术性

包装文字设计的目的是传达商品信息，使之具有识别性和审美的艺术性。在设计中，应善于运用美的形式法则，使文字造型以其艺术魅力吸引和感染消费者。对包装中的主体文字（品名、牌名）进行合理设计应用，是增强商品个性的首要条件，是传递商品信息必不可少的工作，品名文字选择得当，可提升商品的文化内涵，给人美的感受，如图 2-17 所示。例如：土特产品包装用书法体标明品名，不仅提高了产品的文化品位，还表现了民族特点；儿童用品的包装字体设计，要符合儿童的好奇、活泼、好动的心理。另外，还要注意字体“图”的视觉传达特征。

图 2-16　海苔卷休闲食品原创包装设计

图 2-17　猫粮包装

## 6. 彰显内涵的文化性

无论是中文字体，还是英文字体，都有丰富的字体风格和民族特色。因此，包装上的文字不仅要具备形象美感和传达信息的功能，还要通过鲜明的个性体现各民族的文化内涵，从民族文化方面深深地触动消费者的审美情结。例如，书法常被运用在传统产品和具有民族特色产品的包装上，从笔墨韵味中透出民族的文化特色和民族气质，如图 2-18 所示。

图 2-18　黄豆包装设计

中国经典包装设计

## 2.2.4　文字设计方法

### 1. 品牌形象文字的设计方法

在包装设计中的文字设计应注意合理安排视觉流程，字体种类不宜过多、搭配得当，同时注意可读性、创新性、字体优美、恰如其分及排列组合。品牌形象文字的设计方法主要有以下几种。

（1）使用路径绘制字形：容易变化，字形干净，如图 2-19 所示。

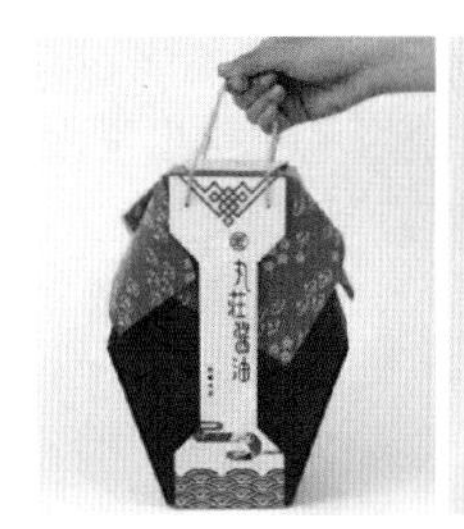

图 2-19　使用路径绘制字形

简要步骤：在软件中绘制路径，描边后转换为图形，再做细节调整、填充颜色等处理。

黑体再设计，黑体变形：有力量，较稳重，如图 2-20 所示。

图 2-20　黑体再设计

简要步骤：设定基础笔画形态，搭建结构，增加特征，再做细节调整、整体调整等处理。

宋体变形：古典、质朴，如图 2-21 所示。

图 2-21 宋体变形

简要步骤：设定基础笔画形态，搭建结构，再做细节调整、整体调整等处理。

（2）手写字：洒脱、不受约束，如图 2-22 所示。

简要步骤：在白色纸张上写好字后，把电子档导入 Photoshop（PS），调整阈值，得到纯黑色文字，去掉背景即可使用。在进行字体设计时要运用不同的表现手法进行变化处理，或做特殊的装饰美化。这种变化装饰字体在包装设计中的应用最为丰富多变，是在印刷字体的基础上，根据具体文字内容进行装饰加工而成的。

（3）卡通字：氛围轻松、活泼，如图 2-23 所示。

图 2-22 手写字

简要步骤：设定基础笔画形态，搭建结构，再做细节调整、整体调整等处理。

（4）变体美术字：千姿百态，变化万千，如图 2-24 所示。变体美术字在一定程度上摆脱了字形和笔画的约束，可以根据文字内容与视觉效果的不同需要，运用丰富的想象，灵活地重新组织字形，在艺术上做较大的自由变化，以增强文字的感染力。

简要步骤：设定基础笔画形态，搭建结构，接着改变笔画，改变结构，使其整体形象变化，然后添加装饰，再做细节调整、整体调整等处理。进行变体美术字设计时，可以考虑外形变化、笔画变化、结构变化、形象变化与装饰变化。

图 2-23　卡通字

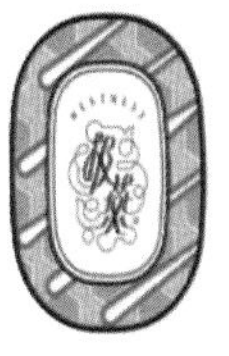


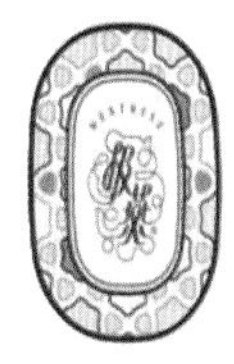

图 2-24　变体美术字

## 2. 说明性文字的设计方法

在说明性文字的编排中，不仅要注意字体的粗细、字距、面积的调整，还要注意字与字、行与行、组与组之间的关系。包装上的文字编排是在不同方向、位置、大小的面上进行整体考虑。通过形式和位置的处理，使文字合理、清晰地引导视线。

1）字体、字号

一般来说，在说明性文字的整体编排中，选用 2 ～ 3 种字体比较合适。内文从常用的宋体、黑体、仿宋、楷体四大种类中选择常规字体即可，小标题或重要文字可适当加粗。但是，需要注意的是，当文字字号偏小时，过度加粗会使文字变得模糊，辨识度降低。内文的字号一般为 5 ～ 7 点，如图 2-25 所示。

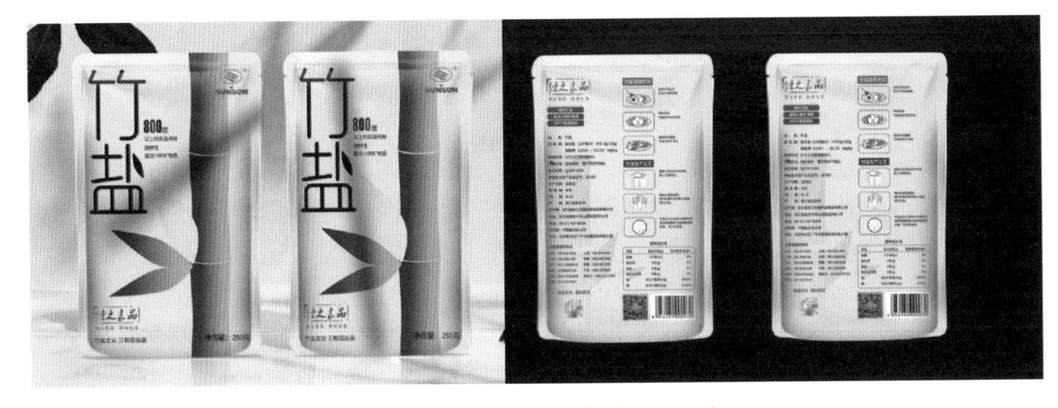


图 2-25　内文的字号一般为 5 ～ 7 点

2）字距与行距

中文排版中，字距一般是字宽的1/12，行距一般是字宽的1/4。在具体的设计实践中，可以根据具体情况适当加大或缩小字距与行距，如图2-26所示。

图2-26 字距与行距

3）视觉层次和文字信息分组

有些包装容纳信息的空间即使太小，但文字层次分明，分组得当也会便于消费者阅读和理解这些信息。设计师要清楚哪些信息是重要的，哪些信息是次要的，哪些信息可以编为一组，通过字体颜色、大小、行距及其他平面设计要素，用色带、符号、图标、条纹来引导消费者阅读信息，如图2-27所示。

图2-27 视觉层次和文字信息分组

广告宣传性文字的设计方法

字体性格

## 2.2.5 包装文字信息设计

### 1. 信息设计

“信息设计”一词源自英文“information design”，是为了使人们能更有效地使用信息，而对其内容进行筹划，对其视觉样式进行设计的科学与艺术处理。信息设计通常将复杂的数据转化成特定场景中的目标人群易于识别和解读的二维视觉形式，目的在于使信息有效交流、记录和保存。

需要注意的是，文案设计对包装设计来说尤为重要，所有品牌和性质的商品，都必须在其销售包装上印有相关的说明文字，包括品牌名称、产品名称、主要说明文字、辅助说明文字、配料单、生产商和代理商详情、生产日期、保质期、价格、法律法规信息等。文字作为语言符号有明确的语义传达作用，文案设计即为了实现语义传达。这些必不可少的文字要经过反复核对，确保准确无误，使消费者在选择时能做出正确的判断，使产品获得良好的信誉。

包装信息要素有商标信息、品牌信息、产品信息、生产者信息。包装信息设计的内容主要有核心信息、引导信息、规范信息。核心信息是第一时间吸引消费者并引起其关注的信息，通常包括品牌名称、品项名称和卖点信息等；引导信息是在消费者开始关注商品后，能及时有效引导其购买的信息，通常是对商品特色的较详细的文字介绍；规范信息主要指那些按照国家法律法规或者行业惯例要求，必须展示在包装上的信息，通常是为了便于商品管理，保障商品安全，保护消费者权益或者介绍商品储存方法的强制信息，如包装净含量、产品配方、条形码、国家主管机构的许可认证信息等，也包括需要在包装上展示出来的建议信息，如在速冻食品包装上出现的多种烹饪、食用方法建议。农夫山泉矿泉水包装上的信息设计如图 2-28 所示。商品包装上的信息设计，对于引起消费者关注及说服消费者接受商品，具有重要作用。而信息的表达形式，即信息以何种风格样式进行设计，对于商品包装如何从纷繁复杂的信息背景中脱颖而出并引起消费者关注，具有重要意义。

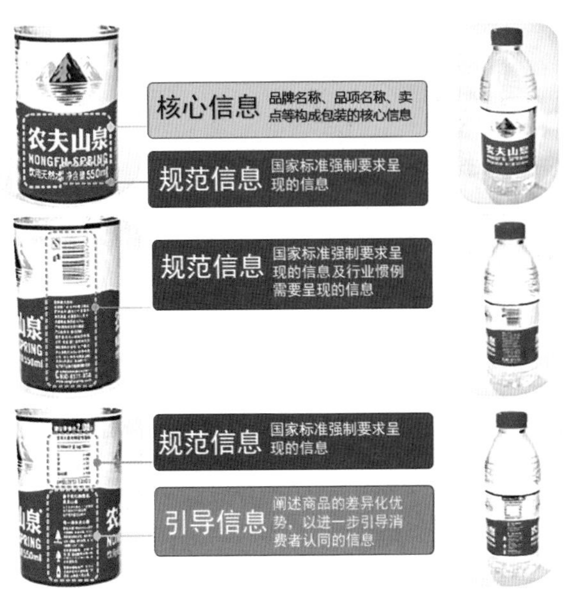


图 2-28 农夫山泉矿泉水包装上的信息设计

### 2. 包装信息收集

收集充分的相关信息是做任何设计非常重要的准备工作。与设计相关的信息通常通过客户告知、市场调查、网络搜索、图书资料查询等途径获得。可以从 6 个方面来收集这些信息，即产品的自身信息、产品的目标消费群信息、产品的企业信息、产品的竞争对手信息、产品的行业背景信息和产品的“销售渠道和终端陈列方式”信息，如图 2-29 所示。

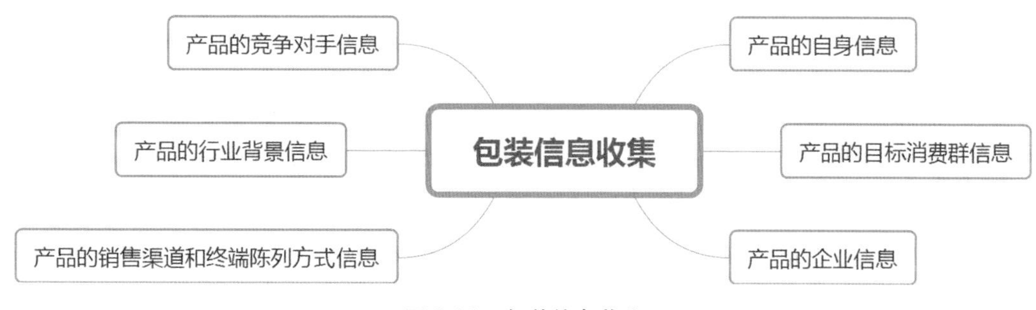


图 2-29　包装信息收集

### 3. 包装信息提炼

包装信息提炼是一个用关键词对收集到的庞杂信息进行概括，并按信息的重要程度进行排序优化的过程。详细、全面地收集到的设计对象的相关信息包括产品信息、产品的企业及行业文化背景、产品的销售渠道信息、产品的消费人群信息和产品的主要竞争品牌信息等，我们把这些信息合称为“基础信息群”。众所周知，在面对消费者进行信息传播时，他们很难耐心听取和记住这些繁杂的基础信息群。只有当基础信息群条理清晰，主次分明，并且有着某种恰当的外在形式时，消费者才会容易关注，并乐于接收和理解这些信息。因此，接下来，应该从这些基础信息群中，提炼出那些能体现产品特色，具有市场竞争力并易于被消费者接收的重要信息，这些信息我们称为“特征信息”，通常也是包装设计的主要着力点。

### 4. 信息分类设计法

商品包装的体积、面积都非常有限，因此其上面的文字甚至一个标点符号，都应认真设计。一包玉溪香烟上面的文字在 100 字左右，一个飞利浦灯泡的包装说明文字有 500 多字，一盒念慈庵止咳糖浆的包装可承载千字。这还不计插画、图标和品牌 logo 等图形信息。如此众多的信息，要在面积有限的包装上加以呈现，并让消费者能够清晰、高效地识别、识读，就必须在进行包装设计时对信息加以分类。哪些是介绍商品常规属性的，哪些是介绍商品独特优势的，哪些是介绍商品品牌的，哪些是标示常见信息的，都要进行明确梳理。通过字体、字号、间距、色彩或者其他设计技巧，将经过分类梳理的信息进行相对独立的编排，使同类型的信息有相同或者类似的编排设计规律，而不同类型的信息在一定程度上有明显的区别。对信息进行分类设计，是让消费者能更有效识别、识读包装信息的重要基础设计。如果这个工作没有做好甚至没有做，往往使人们对包装信息的识读低效甚至产生困惑，从而产生不良的消费体验。

### 5. 信息设计评价原则

对一件事情的评价原则，关乎做事目标、流程与方法的导向性问题。包装上的信息设计评价原则，可以从以下 5 个方面来把握，即客观诚信、目标明确、重点突出、简明易懂、全面规范。

（1）客观诚信。客观诚信是指包装上呈现的信息一定要有客观依据，并以诚信的方式来表达。比如，人工合成的葡萄口味饮料在包装上一定是依据客观真实情况，标明“葡萄口味饮料”或“葡萄味饮料”等字样，而不能说是“葡萄汁饮料”；与此同时，在标明“葡萄味饮料”时，不能将“葡萄饮料”放大却将“味”字缩小，从而误导人们解读。这是企业和设计师的基本诚信品质之一。

（2）目标明确。目标明确是指包装上的信息从总体上要有明确的诉求目标，而各个不同部分的信息也应该有各自的分目标，并通过分目标落实，最终聚力于总目标。例如，有机大米的包装正面展示了“有机”字样，这是把“有机”作为核心诉求凸显与其他普通大米的差异化优势，“有机”概念的传达成为包装信息设计的总目标。而在包装背面，将本产品在土壤水源、选种耕作、培植管理、收割加工、包装储运等各个环节是如何按照“有机”的标准执行的情况加以呈现，是信息设计总目标的落实，也是分目标向总目标的聚力。

（3）重点突出。重点突出是指包装上信息内容的编辑要有显著的重点，而信息的形式设计要凸显重点信息。包装上的信息设计，必须考虑消费者在购买商品时对信息的解读方式与状态，同时考虑商品的货架竞争背景。这些要求都使包装上的信息设计一定要重点突出，而不能面面俱到。使用条形码进行表现现已普及，这也是现代包装中非常重要的存在。如果是进出口商品，就更要满足国际标准对于货物要求的表现，如物品的运输要求、劳动安全、国际通用语言的使用、原产地、安全规格、检疫卫生方面的信息。

（4）简明易懂。简明易懂指包装上的信息要能使绝大多数目标消费人群可以在很短时间内快速、准确地解读。这需要信息的内容精练，形式简洁，并且使用大众易于解读的语言方式。易懂、易读的文字和语言的运用，如对文字的大小、字体的选择，或者是运用插画的补充方法来表现等，都可以多方一起运用。

（5）全面规范。全面规范指包装上的各类信息既要符合相关法规与国家标准，也要符合印刷工艺的规范要求，还要符合基本的阅读规范或习惯。如此包装上所传达信息的可信度和解读效率才会更好。① 商品的可查询处。如有一些相关商品的问题需要与企业联系的信息表现，这一点非常重要。② 面对社会的弱者的信息。例如，运用盲文进行表现，对盲人来说，这是非常重要的，同时注意包装上的凹凸方面的表现。

## 2.3 图形

在包装装潢设计中，图形要为设计主题服务，为塑造商品形象服务，要注意准确传达商品信息和消费者的审美情趣。常用图形有两种：一种作为主体形象，以表现设计主题；另一种作为辅助形象来装饰、渲染设计主题，以增加艺术气氛。

产品包装上的图形设计主要分为：品牌标志图形、包装商品名称图形、商品宣传促销图形、包装商品展示图形、商品使用说明图形、商品资料信息图标、行业认证标志图形、环保提示图形，如图 2-30 所示。在每一件包装上，都存在着多种图形要素，不同产品包装的要求不同，所表现的侧重点也各不相同。

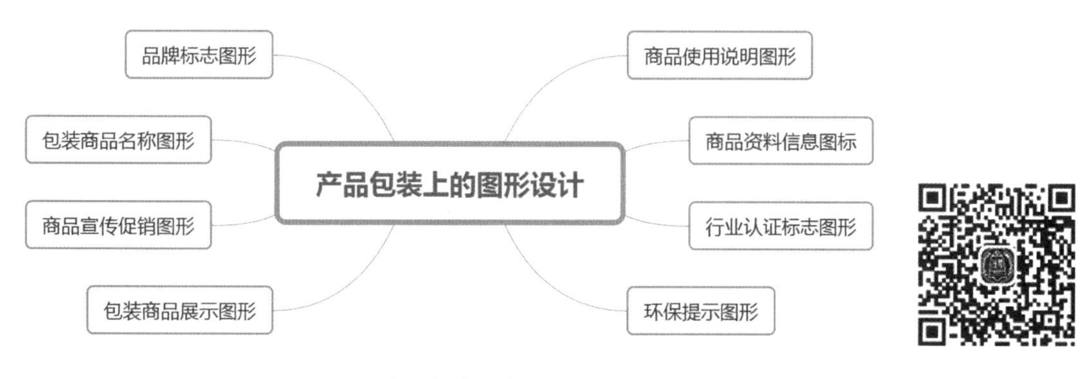


图 2-30　产品包装上的图形设计

图形特征

## 2.3.1　图形分类

包装的视觉传达设计的图形主要指产品的形象和其他辅助装饰形象等。图形作为设计的“语言”，就是要把形象的内在与外在的构成因素表现出来，以视觉形象的形式把信息传达给消费者。要达到此目的，图形设计的准确定位是非常关键的。定位的过程即是熟悉产品全部内容的过程，包括商品的性能、商标、品名的含义及同类产品的现状等，对这些因素都要加以研究。图形的表现形式受到艺术绘画思潮的影响，因而在图形的外观上通过视觉传达形象。包装图形因其表现形式可分为具象图形和抽象图形。

### 1. 具象图形

具象图形是客观对象的具体塑造形态，在包装设计中一般采用绘画、摄影等形式，或电脑合成等方法予以表现。具象图形的主要表现手法如下。

（1）绘画。采用写实绘画、插画来直接真实地表达对象，如图 2-31 所示。既可有整体组合形象，也可有局部特写形象，同时还要注意造型的完美和特征的表达。

图 2-31　啤酒包装设计：屋顶上的猫

（2）摄影。采用产品摄影直接真实地表达对象，如图 2-32 所示。

（3）归纳简化。在写实的基础上做概括性处理，归纳特征，简化层次，使形象得到更为简洁、清晰的表现，如图 2-33 所示。

图 2-32　产品摄影

产品摄影的制作

图 2-33　具象图形的归纳简化

（4）夸张变化。在概括的基础上，强调变形，对形象的特征加以夸张变化，使之达到生动、活泼、幽默、富有情趣的艺术效果，如图 2-34 所示。

图 2-34　具象图形的夸张变化

## 2. 抽象图形

抽象图形，是指经过概括提取、人工雕琢的图形样式。它通过对原有物象的分析解剖，利用各种构成形式将其本质特性概念化、视觉化。这种图形样式虽然外在形式已经脱离了原有物象的外在相貌，但其本质上仍具有明显的相关性与暗示性。抽象图形是现代包装设计的一种流行趋势，多用于医药、日化、电器等产品的包装。包装的视觉传达设计中的抽象图形大体可以分为文字符号、几何图形两种。

（1）文字符号。在现代包装中，单纯运用文字符号作为主要的图形设计元素很多。从象形文字到意形文字，从甲骨文到篆书，从古体字到印刷字，人类使用过的文字符号体系几乎贯穿了人类文明的发展史。文字符号在现今的包装装潢设计中，不仅起到直接传达信息的作用，而且增强了商品的精神内涵，提升了商品的文化品位。

（2）几何图形。几何图形通常是指利用点、线、面的构成形式，进行理性规划和感性排列，进而形成有规律或无规律的图形样式。相比而言，这种图形样式更为概念化，通过一种简洁手法将设计者的意图表现出来。几何图形有三种表现形式：一是运用点、线、面构成各种几何形态；二是利用偶然纹样，如纸皱纹样、水化油彩纹样、冰裂纹样、水彩渲染效果等；三是采用电脑绘制各种平面的或立体的特异几何纹样，表达一些无法用具象图形表现的现代概念，如电波、声波、能量的运动等。

## 2.3.2 包装插图

### 1. 手写板工具

插画分为两种：一种是在各种纸张上绘制的，叫手绘；另一种是使用手绘板工具在电脑上绘制的，叫手写板插画。

（1）手绘。手绘的风格有很多种，如素描、线描、油画、水粉、水彩、中国画、彩铅等。手绘的图如果应用到包装上，需要先扫描或者拍照，再到电脑上进行对比度、饱和度之类的处理，然后应用到包装中。现在，做插画风格的包装设计很少用到手绘，因为手绘最大的缺点是不方便修改，哪怕是局部有改动，也都需要整张画重新绘制。但是有些手写板插画达不到需要的效果，还是需要手绘，比如，彩铅和素描是手写板很难模拟的画风。

（2）手写板。手写板有许多品牌。大部分插画师使用的品牌是和冠（Wacom）。通常初学者买600元左右的手写板就完全够用了。

（3）绘画软件。绘画软件有很多种，常用的是 Easy Paint Tool SAI（SAI）和 PS。

（4）绘画笔刷。软件自带的笔刷不能满足绘画所需。不同的画风需要不同的肌理和质感。形式多样的笔刷，可以在网上搜索下载，进行安装。手写板插画的风格有很多种，与纸上手绘的插画相比，其可以分图层，方便后期修改。

### 2. 插画种类

（1）肌理微立体薄涂画风。

（2）纯色块扁平画风。

（3）小清新画风，如图 2-35 所示。

（4）手绘素描画风。

图 2-35　小清新画风

## 2.4 色彩

色彩设计在包装设计中占有重要的地位。色彩是美化和突出产品的重要因素。包装色彩的运用是与整个画面设计的构思、构图紧密联系的。同时，包装的色彩还受到工艺、材料、用途和销售地区等的制约。包装装潢设计中的色彩要求醒目，对比强烈，有较强的吸引力和竞争力，以激发消费者的购买欲望，促进销售。例如，食品类常用鲜明丰富的色调，以暖色为主，突出食品的新鲜、营养和味觉；医药类常用单纯的冷暖色调；化妆品类常用柔和的中间色调；小五金、机械工具类常用蓝色、黑色等深色系，以表现其坚实、精密和耐用的特点；儿童玩具类常用鲜艳夺目的纯色和冷暖对比强烈的各种色块，以符合儿童的心理和爱好；体育用品类多采用鲜明、明亮色块，以增强活跃、运动的视觉冲击力……不同的商品有不同的特点与属性。设计者要研究消费者的习惯和心理及国际、国内流行色的变化趋势，不断增强色彩的社会学意识和消费者心理学意识。消费者的文化程度、性别、年龄、风俗习惯，以及地理环境等对产品包装色彩设计都有影响。本节主要涉及色彩基础知识，关于包装的配色技巧请见本书的配色篇。

### 2.4.1　色彩基础知识

色彩基础知识包括色彩的形成、色彩的类型、色彩的属性、颜料的三原色、颜料中的间色与复色、色彩的对比，如图 2-36 所示。

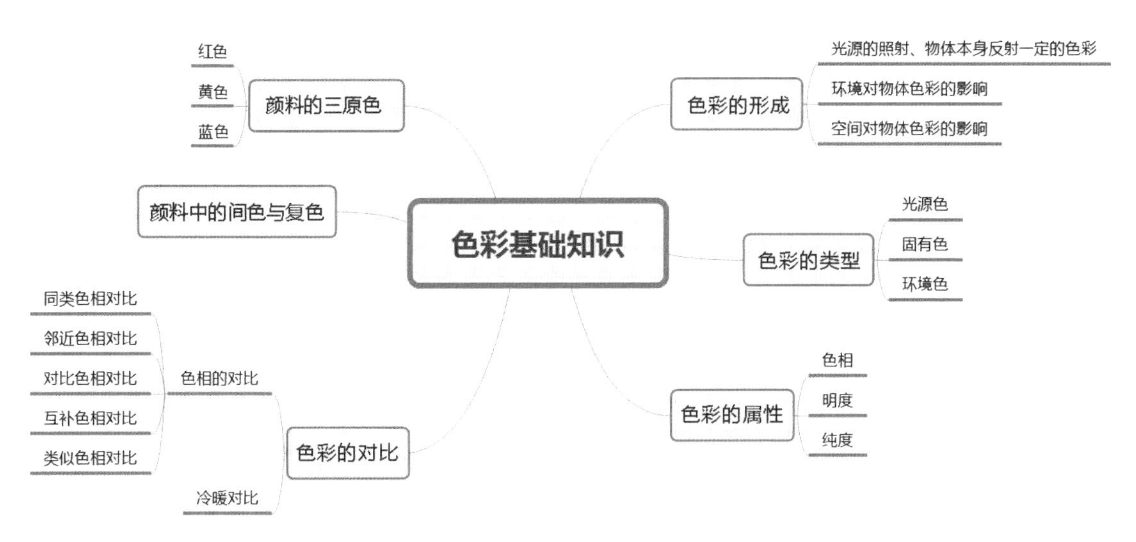


图 2-36　色彩基础知识

## 1. 颜料中的间色与复色

颜料中的原色按一定比例混合可以调配出不同的色彩，而颜料中的其他颜色则无法调配出原色，如图 2-37 所示。当然，目前市面上有丰富的颜色成品，作画时应该充分利用现成的颜料，以节省调色时间，但其中的原理还是必须知道的。三原色中任何两种原色等量混合调出的颜色，叫作间色，亦称第二次色。如果两个原色在混合时的分量不等，又可以产生其他颜色。例如，黄色和红色混合，黄色成分多则产生中铬黄、珞黄等的黄橙色。任何两种间色或一个原色与一个间色混合调出的颜色称复色，亦称再间色或第三次色。（黑色的深灰黑色，所以任何一种颜色与黑色混合得到的都是复色，即凡是复色都有红色、黄色、蓝色三原色的成分。）

## 2. 色彩的对比

色彩的对比，需要重点掌握，包括：色相对比、冷暖对比。其中色相对比又分为：同类色相对比、邻近色相对比、对比色相对比、互补色相对比、类似色相对比，如图 2-38 所示。

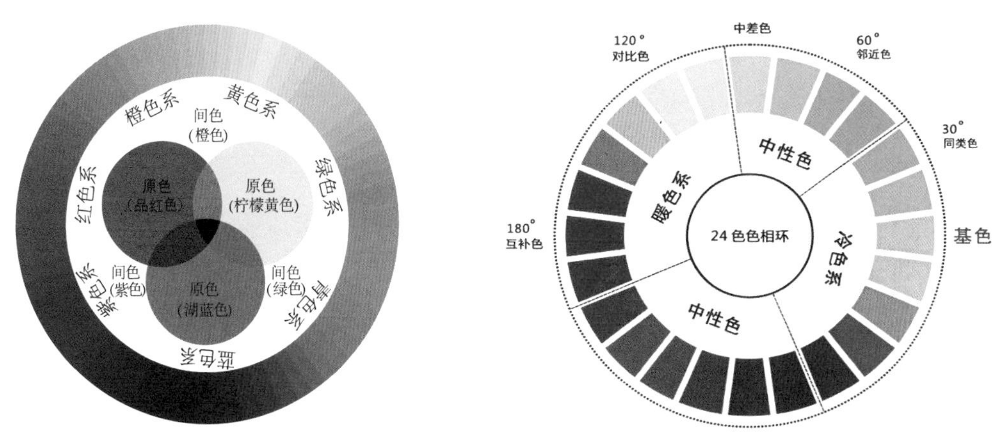


图 2-37　色环

图 2-38　色彩对比色环

1）同类色相对比

同类色是在色相环上，色相差在 15° 以内的颜色。色相差基本不存在，明度、纯度差别优先。积极的效果：单纯、柔和、协调、格调统一、高雅、文静。消极的效果：平淡、单调、无力。其常用于突出某一色相的色调，注重色相的微妙变化。

2）邻近色相对比

邻近色是在色相环上，色相差在 45° 以内颜色。这一类型的色相对比关系中有相互渗透的现象，有明显的统一调性：或为暖色调，或为冷色调，或为冷暖中调，具有更明显、活泼，又能保持统一、协调、单纯、雅致、柔和、耐看的优点。

3）对比色相对比

对比色是在色相环上，色相差在 120° ～ 180° 的颜色。原色对比：红色、黄色、蓝色表现了最强烈的色相气质，没有偏向性，独立存在。产生极强烈的色彩冲突，没有一种原色能征服对方。间色对比：橙色、绿色、紫色的色相对比关系柔和、活泼、鲜明，具有天然美。虽然具有同时对比的作用，但在对比色相对比关系中，任何一种色彩都不具有主动性。

4）互补色相对比

互补色是在色相环上，色相差在 180° 的两个颜色，若它们混合则产生中性灰色。补色并置时，对方色彩更加鲜明，互为对立又互为需要。一对补色总是包含三原色，同时也包括全部色相，是最有美感价值的配色关系，如红色与绿色、蓝色与橙色、黄色与紫色互为补色。补色相减（颜料配色时，将两种补色颜料涂在白纸的同一点上）时，就成为黑色；补色并列时，会引起强烈对比的色觉，会感到红的更红、绿的更绿，如将补色的饱和度减弱，即能趋向调和。

5）类似色相对比

类似色是指色相环上相邻的三个颜色。在色相环上 90° 角内的颜色统称为类似色，如红色—红橙色—橙色、黄色—黄绿色—绿色、青色—青紫色—紫色等均为类似色。

色彩设计法则

## 2.4.2 视觉心理

色彩也是有感情的，不同的色彩传递不同的感情。

### 1. 冷暖感

冷色调：蓝色、绿色、紫色，如图 2-39 所示。

暖色调：红色、橙色、黄色，如图 2-40 所示。

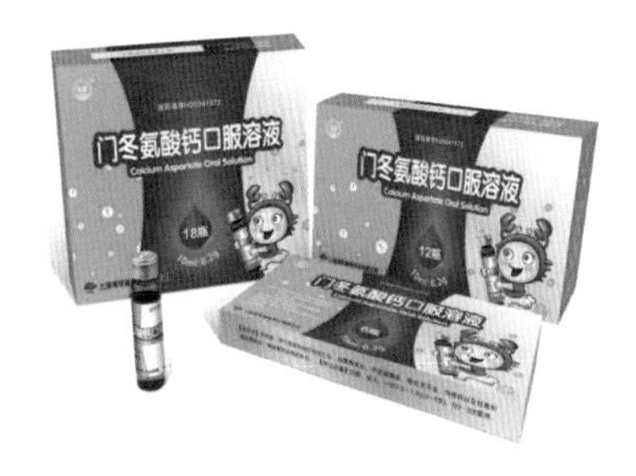


图 2-39　冷色调包装

图 2-40　暖色调包装

### 2. 奋静感

红色、橙色、黄色等颜色称为兴奋色，如图 2-41 所示。

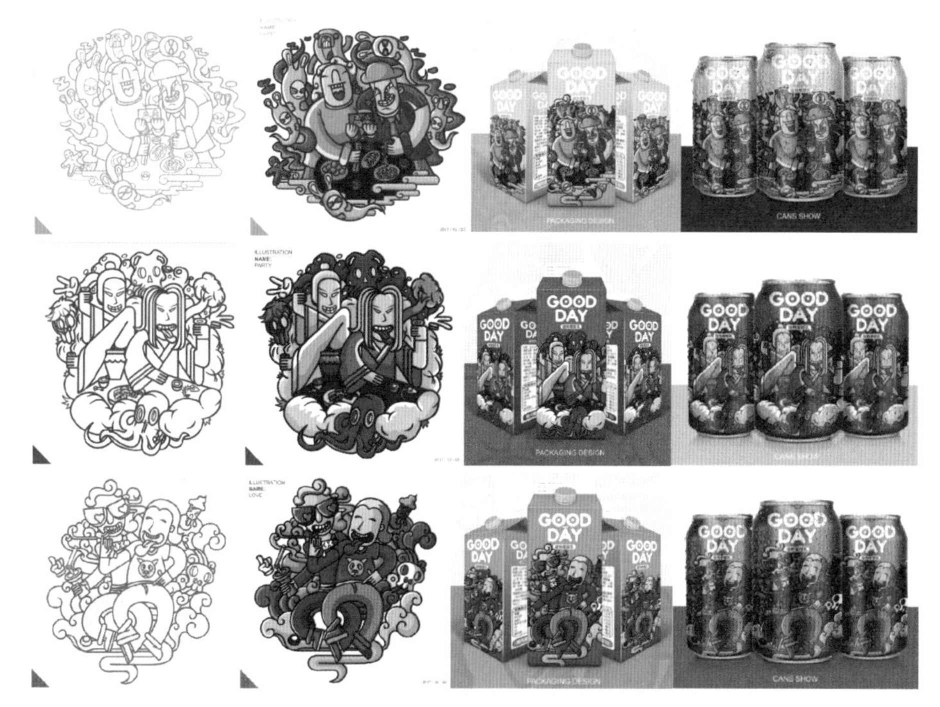


图 2-41 以相聚、恋爱、快乐为主题的 GOOD DAY 饮品包装设计 王龙飞品牌设计师作品

冷色、低纯度色、灰色给人沉静的感觉，称为沉静色。

### 3. 进退感

暖色、亮色、纯色称为前进色，如图 2-42 所示。

图 2-42 暖色、亮色、纯色称为前进色 野蜂设计品牌设计师作品

冷色、暗色、灰色称为后退色，如图 2-43 所示。

图 2-43　冷色、暗色、灰色称为后退色 野蜂设计品牌设计师作品

4. 柔硬感

明度与彩度有关：亮色、灰色具有柔和感；暗色、纯色具有坚硬感。

例如，针对药品之类且让人心生厌恶与畏惧的商品，虽然人们都知道良药苦口利于病，但是每当面对药品时，人们还是难免会心生畏惧和抵制情绪。首先，包装设计者可以大量运用暖色系的色彩，通过一些颜色的搭配，减少消费者对药品的厌恶感。如图 2-44 所示，小儿化痰止咳颗粒的外包装设计就给人一种很温暖的感觉，不会让人产生抵触心理。商品的包装尽量选用那些能够刺激兴奋神经系统的颜色，如橙色、大红色、绿色等，在面对琳琅满目的商品时，色彩的刺激强度直接影响商品的受关注率，从而也影响着商品的被选择率。但是如果长时间接触颜色过亮的商品，会产生审美疲劳，因此，设计者也需要在这个方面进行合理调整。另外，在商品的包装设计中，设计者不仅需要掌握当下流行色彩，同时更需要掌握色彩的一些象征意义、暗示意义，挖掘色彩背后潜在的商业价值，如果一味地只关注时下流行的色彩，那么一旦该色彩不流行了，商品的销售量就会下降，这样不利于企业可持续发展。因此，只有将色彩基础知识融会贯通，才可能为商品设计出最具有视觉刺激感、最利于销售的包装。

图 2-44　小儿化痰止咳颗粒的外包装设计

## 2.5 版式

编排是一种探究形式语言的设计活动。它的本质是把设计元素通过一定的专业技术及合

理、悦目的组织和排列，来更好地展现主题，并将信息传达得清晰、明确，最终得到最佳的诉求效果。包装设计中的编排是以设计定位确定好的风格为基调，把需要表达的文字、图形等不同元素按一定规律加以整理和组合，产生一个有序的画面，将产品的形象、性格及精神气质用完整的视觉语言传达给消费者，从而得到最佳的视觉效果。

包装由商标、文字、色彩、图形、结构几大要素构成。包装盒的主面是版面的关键位置，通常安排最引人注目的文字、图形和色彩，如品牌形象、商标、厂商名称等一般要安排于此。另外几个面的文字和色彩与主面形成连贯、呼应之势，确立版面的整体风格。

## 2.5.1 版式设计要素

### 1. 文字

1）商品名称

商品名称是包装版面上要传达给消费者的首要信息，不可设计太小或太模糊。

2）品牌标准字

品牌标准字指经过注册的品牌专用字体，是不能随便更改的。

3）使用说明及成分说明

使用说明及成分说明也是对商品包装硬性的规定和要求，文字设计对提高商品包装的格调和品位起到关键作用。

4）出品人

出品人即生产厂家。在商品包装上，出品人及其地址、电话、邮编等都是缺一不可的。

### 2. 图形

1）注册商标及符号

注册商标是国家工商行政部门认定的商品标志。它既代表商品的形象，也代表企业的形象，注意已注册商标符号的使用规范。

2）商品照片、创意插图等图形元素

商品包装中，经常出现照片或插图，可以完整或配以其他辅助性物品的方式呈现于包装外观上，使商品的形态视觉化，如包装设计时附上二维码。

3）条形码

条形码是商品的“身份证”，由一组规则排列、尺寸和颜色有一定规定的“条”“空”及对应数字字符“码”组成，表示一定信息的商品标识。“条”“空”分别由深浅不同，并且满足一定光学对比度要求的两种颜色表示。后面讲包装规范知识时会涉及条形码知识。

4）注意事项

注意事项是表示防震、防潮、勿倒置、勿重压等提示性图形符号，也是版面的要素，注意处理好各要素间的主次关系。

## 2.5.2 版式设计类型

包装版式设计的类型，主要有分割式、倾斜式、徽标式、自由式、垂直式、中心式、边框式、边角式、跨面式、组合式 10 种。

### 1. 分割式

分割式利用分割线使画面有明确的独立性和引导性。当制作的图片有多个图片和多段文字时可以使用分割式排版。分割式排版能使画面中的每个部分都是极为明确和独立的，观看时能有较好的视觉引导和方向；通过分割出来的体积大小也可以明确当前图片中各部分的主次关系，有较好的对比性，并使整体画面不单调和拥挤。分割式排版把视觉要素分布在一定的线性规律分割的空间中，从而产生复杂多变的空间效果，主要有：上下分割式，又叫水平分割，如图 2-45 所示；左右分割式，又叫垂直分割，给人崇高肃穆之感，基于视觉原理，图片宜配置在左侧，右侧配置小图片或方案，如果两侧明暗对比强烈，效果则更加明显。此外，分割式还有斜形分割、十字分割和曲向分割。

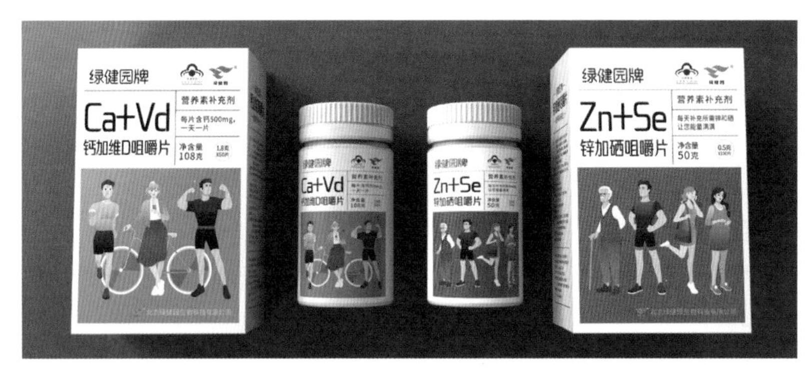


图 2-45　上下分割式

### 2. 倾斜式

倾斜式将文字、图片、图形、标识等元素倾斜放置，或将画面斜向分割。倾斜式排版较上下分割式排版更为生动活泼和有律动感，因为斜线可以产生动感，如图 2-46 所示。

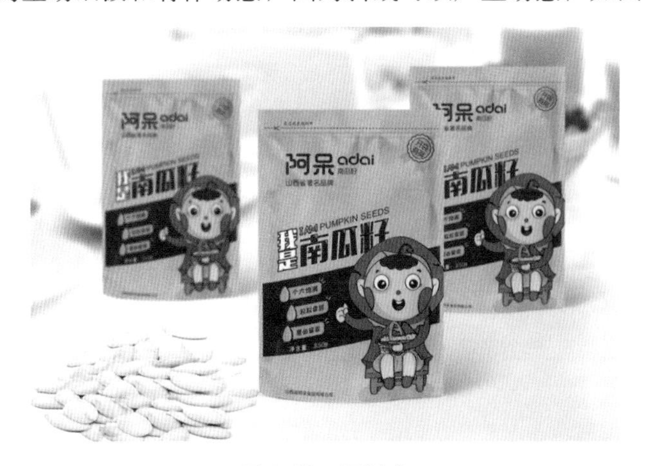


图 2-46　倾斜式

### 3. 徽标式

因为徽标式具有复古、高贵属性，所以得到很多设计师和客户的青睐，徽标式即把画面的主视觉设计成一个类似徽章的图形。很多进口产品的包装都喜欢用这种表现形式。

## 4. 自由式

自由式是指没有规则的构成方式，或是用几种版式综合统一地进行表现。自由式虽然无定式，但须遵循多样统一的形式法则，使之产生个性强烈的艺术效果，图 2-47 所示为正宗椰树牌椰汁的自由式产品包装。

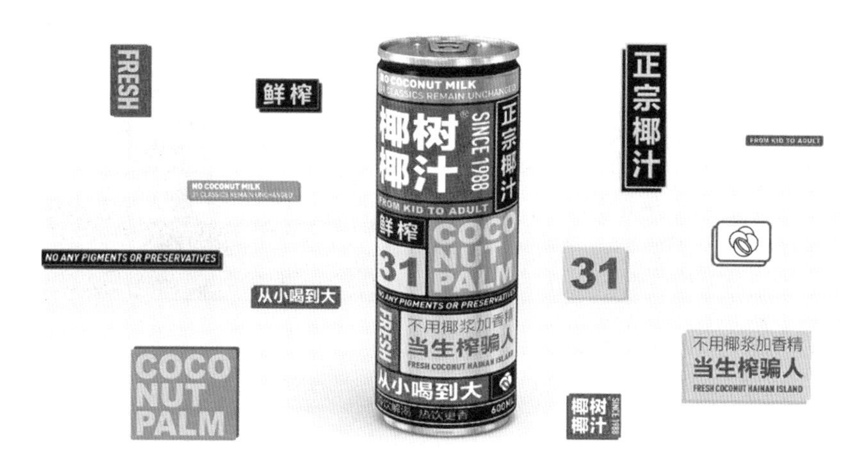


图 2-47　自由式

## 5. 垂直式

垂直式把各视觉要素摆在一个垂直的空间，给人挺拔之感，有向上的运动感或下落感，是比较常用的形式。其将版面分成垂直或水平的几部分，并在这几部分中放置不同的元素。垂直式排版给人严肃、理智、力量之感，如图 2-48 所示。

## 6. 中心式

中心式是将主要的视觉要素集中展示的中心位置，四周有大面积的空白或辅助图形的排版方法。以中心为重点的编排，人的视线往往会集中在中心部位，产品图片或需重点突出的景物配置在中心，起到突出的作用。如果由中心向四周放射，可以得到统一的效果，并形成主次之分，如图 2-49 所示。

图 2-48　垂直式

图 2-49　中心式

### 7. 边框式

边框式又称包围式，是指设计师为了突出包装上的主要文字信息，用众多图片元素把主要文字信息围绕起来，这种做法能够凸显产品名称或标志。包围的元素一般采用花纹，文艺清新风格十足。装饰风格较强，具有典雅稳重之感，如图 2-50 所示。

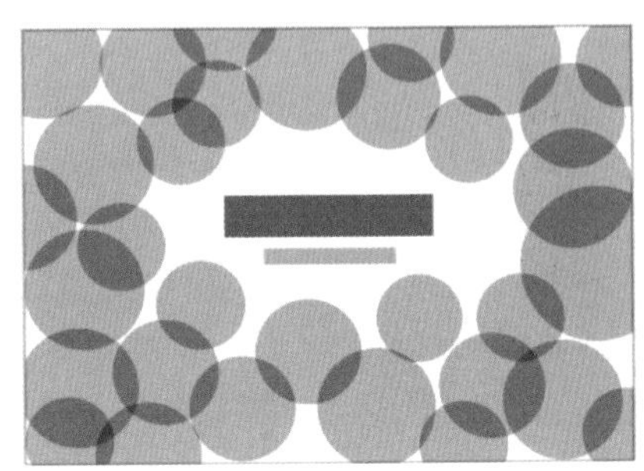

图 2-50　边框式

### 8. 边角式

边角式是将关键的视觉要素安排在包装展示面的一边或一角，其他地方留出大面积的空白，以烘托主题，渲染气氛，突出个性。这一违背传统的排版方式既能增加消费者的好奇心，也有利于吸引消费者的注意力，但要注意，视觉要素所处的边角位置及实与虚的对比关系，如图 2-51 所示。

图 2-51　边角式

### 9. 跨面式

跨面式是一种特殊的包装版式，其把主体形象扩大到两个面或多个面，一般多用于体积较小的立式包装，以期在陈列展示时扩大宣传效果，增强视觉张力。每个小商品包装可以没有图形，但不能没有文字。注意各个展示面的主次关系、跨面转接关系，如图 2-52 所示。初学者注意以形象、文字、图形和色彩跨面排列，把几个面联系为一个主体、一个大的“主视图”，而每个面的画面仍是完整的。这种设计在商店陈列时，利用不同面的组合，形成一个大的广告画面，产生强烈的视觉效果，从而起到很好的宣传作用。

图 2-52 跨面式

### 10. 组合式

组合式指将单个包装的图形元素通过组合摆放拼合成一个整体画面。这种方法往往运用在系列包装中，如图 2-53 所示。

图 2-53 组合式

## 2.5.3 设计原则

包装是立体物，人们看到的包装是多角度的，设计时应该考虑整个包装的整体形象，可以通过文字、色彩、图形之间的连贯、重复、呼应和分割等手法形成构图的完整效果。同样的图形、文字、色彩等元素，经过不同的编排设计，可以产生完全不同的风格特点。编排在塑造商品形象中是不可忽视的形式，它依据设计主题的要求，借助其他形象要素，共同作用于整体效果。 构图是将商品包装展示面的商标、图形、文字和色彩组合排列在一起的一个完整画面。这四个要素的组合构成了包装装潢的整体效果。商品设计构图要素——商标、图形、文字和色彩，运用得正确、适当、美观，就可称为优秀的设计作品。包装装潢的构图，侧重装饰效果方面。为了使构思的包装形象在构图中得到充分表现，应多次应用小草图做探索，从中进一步丰富、发展构图，使之更加充实、完美。所以，构思、编排与构图有相辅相成的作用，可同时交错进行，求大同存小异。

### 1. 设计要素的整体性

商品的色彩、图形、商标和文字等视觉要素均体现在包装上，因此包装构成设计尤其需要强调构图的整体性，使画面形成一种大的趋势，主次兼顾。在包装设计诸要素的整体安排时，主要部分必须突出，次要部分则充分起到衬托主体的作用，给画面制造气氛，增强主要部分的效果。而要得到主次呼应、整体协调的效果，需要我们精心地反复推敲。三维立体结构的整体协调性，要考虑多个面的整体视觉效果。例如，系列包装的版式设计，必须既使系列包装具有共性，又使个体包装具有个性。

### 2. 视觉语言的协调性

在进行包装视觉要素的整体安排时，应紧扣主题，突出主要部分，使次要部分充分起到衬托主体作用，这样各局部之间的关系就能取得协调、统一的效果。包装上除了文字，还有其他的色彩、图形等，这意味着各元素之间的关系同样需要相互协调。最容易理解和运用的协调法，就是在所有构成形态中找出它们的差异。

### 3. 画面效果的生动性

在构成时增加一些变化，打破过于单调的局面，使构成关系生动活泼、新鲜明朗。构成时可利用对比性原则，如形的对比（曲直、方圆、大小、长短）、色的对比（冷暖、明暗、鲜浊）、量的对比（多少、疏密）、质的对比（松紧、软硬）及空间的对比（虚实、远近等）。对比的应用应有所侧重，不可面面俱到地强调各种对比。

### 4. 远观效果的可视性

成功的包装设计往往能达到三种效果：远效果能够令人瞩目，近效果可以引人入胜，长时间观看则能印象深刻。

### 5. 产品信息的传达性

准确传达产品信息的最有效的办法是真实地传达产品形象，可以采用全透明包装；也可以在包装容器上开窗展示产品；还可以在包装上绘制产品图形，做简洁的文字说明，印刷彩色的产品照片；等等。

### 6. 文字信息的真实性

文字具有传播信息的作用，商品文字信息的真实与否不仅会影响消费者对品牌的认知度，还会直接影响商品的销售状况与消费者的自身利益。

### 7. 突出主题的形象性

由于包装装潢设计是在很小的空间做文章，因此需要设计者在所有需要表达的各种要素中，用一个或一组要素来发挥主题的作用，这一个或一组要素就是主要形象。

### 8. 秩序表现的层次性

秩序的表现是把各个面和各个形象要素统一、有序地联系起来，除了把握好各形象要素之间的大小关系，还要确定它们各自所占的位置并使各要素相互之间产生有机联系。处理各形象要素之间的有机联系，一个比较有效的方法是以主面的主体形象和主要文字为基础向四面延伸辅助轴线到各个次面上，次面上各形象要素的位置安排在这些延伸的轴线上，然后通过次面确定的形象要素再延伸辅助轴线到各个次面上，从而确定各个形象要素的位置。

包装版式形式法则

## 本章小结

构成篇主要讲述了品牌建设、商标形成、商标类型和商标符号等；文字的作用、文字的分类、文字设计原则、文字设计方法、包装文字信息设计；图形分类、包装插图；色彩基础知识、视觉心理；版式设计要素、版式设计类型、设计原则等。了解包装装潢设计的要素主要是由文字设计、图形图像设计、色彩设计和版式设计等几个方面构成的，其设计的合理与否直接影响到包装的整体视觉效果的好坏。

## 实训课题

### 课题一：为少儿艺术培训机构“豆狮艺术”设计品牌形象文字

训练目的：掌握包装品牌形象文字的设计方法。

训练内容：为“豆狮艺术”做字体设计，使其符合现有包装的风格，注意文字的产品定位及版式编排、图形、颜色、风格不同的产品定位。

### 课题二：分别以具象图形、抽象图形设计两款中国糕点的包装

训练目的：掌握图形的表现方法。

训练内容：以具象图形、抽象图形设计两款中国糕点的包装。包装设计数量不限，但要有两种不同风格的体现，设计完整、全面，能够较好地表达思想。

### 课题三：“陈麻花”土特产品包装盒设计

训练目的：了解本土文化并为自己家乡的土特产品设计包装。

训练内容：从图形、配色、版式三个方面进行训练，另外，还建议考虑品牌的字体设计。

首先，包装图形设计——“陈麻花”土特产品包装盒装饰图案设计。

训练内容：包装图形设计——“陈麻花”土特产品包装盒装饰图案设计。

训练目的：掌握包装装饰图案设计的要点。

其次，包装色彩设计——“陈麻花”土特产品包装盒配色设计。

训练内容：包装图形设计——“陈麻花”土特产品包装盒配色设计。

训练目的：掌握包装色彩设计的方法。

最后，包装版式设计——“陈麻花”土特产品包装盒版式设计。

训练内容：包装版式设计——“陈麻花”土特产品包装盒版式设计。

训练目的：掌握包装版式设计的方法。

### 课题四：自选一种食品，进行食品的系列包装设计

训练目的：掌握系列包装设计的特点。

训练内容：设计过程中结合本章所学内容分别从文字、图形、色彩及版式的设计等方面进行某食品品牌的系列包装设计。

### 课题五：研究包装的分类及功能，收集各种包装

训练目的：培养市场调研能力。

训练内容：多观察生活及网上的各种包装结构和设计方法及风格，结合本章内容，研究包装的分类及功能，收集包装盒、包装袋，并拆开进行观察。

# 第3章 结构篇

【学习要点】

- 掌握包装结构相关概念、分类、结构样式。
- 了解容器设计原则、设计规律、设计要素和设计方法。
- 熟知容器制图规范与设计步骤。

【教学重点】

包装结构、纸包装、塑料包装。

【核心概念】

包装结构、纸包装、玻璃包装、金属包装、塑料包装、陶瓷包装、木制包装

本章导读

任何一种包装，都要先体现为一定的具体形态，通过造型呈现出来，进而再考虑局部的构造与因素。造型是为产品服务的，有利于强化包装的实用功能与方便功能，促进商品的销售，而造型又是包装装潢的载体，因此造型在整个包装体系中占有重要的位置，是设计的关键。造型的性能将直接影响包装件的强度、刚度、稳定性和使用性。容器造型设计归属包装设计范畴，包装容器造型的功能实质就是包装设计的功能。包装容器的作用是包容和限制被包装物，服务于商品流通、储运和销售环节。一个优良的产品包装结构设计，应当以有效地保护商品为首要功能；然后应考虑使用、携带、陈列、装运等的方便性；还要尽量考虑能重复利用并能显示内装物等功能。直到科技发达的今天，我们仍然以生活的需要为根据，以自然为师，创造着人类文化。因此，容器设计与人类生活的关系是相互依存发展的，容器设计的创作源泉来自生活的体验。

在包装设计里，视觉随造型而定，造型也不能离开视觉。如再深入厘清则是，视觉是二维设计，而结构是属于三维的设计，三维一定是构建在二维之上的，有了三维，二维才有依附的标的。一个包装的基本功能大部分包装材料依附在结构及包装材料的形式上，因结构不同，在陈列或运输中就可能使产品变质；而包装材料的不同，也可能使产品变质。一个好的包装结构设计是应市场的需求而创造出来的；而一个好的包装材料，它涉及包装材料的生产技术、材料的化学变化、产品与包装材料的生产设备及国际规格等问题。

## 3.1 包装结构

### 3.1.1 包装结构基础

#### 1. 包装结构定义

包装结构是指包装设计产品的各个有形部分之间相互联系、相互作用的技术方式。广义的包装结构包括材料结构、工艺结构和包装容器结构。材料结构是指材料的组合方式；工艺

结构是指为实现某一特定的保护性功能或目的而确定的包装形式，如缓冲包装结构、防震包装结构等；而包装容器结构则是狭义的包装结构，是本书的主要研究对象。

包装结构设计是指从科学原理出发，根据不同包装材料、不同包装容器的成型方式，以及包装容器各部分的不同要求，对包装的内、外构造进行的设计。可见，包装结构设计是从包装的保护性、方便性、复用性等基本功能和生产实际条件出发，依据科学原理对包装的外部和内部结构进行具体考虑的设计。包装结构设计涉及被包装的商品、包装体及包装产品所处的环境等方面，因而在设计时就必须考虑包装物、包装容器材料及流通环境条件。

### 2. 结构设计要求

商品包装结构设计主要解决科学性与技术性的问题，从设计的功能上主要体现容装性、方便性、保护性，如图 3-1 所示。除此之外，其还要辅佐包装造型与装潢设计，体现辨别性与陈列性，如图 3-2 所示。

图 3-1　包装结构的保护性

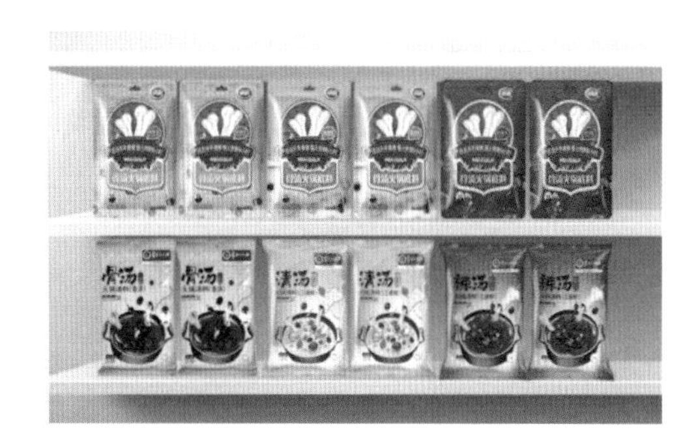

图 3-2　包装结构的陈列性

### 3. 结构设计原则

各种新材料的不断涌现、技术的进步和工艺的完善，都为包装结构设计创意的批量化生产提供了可能和创意的空间。但是，包装设计是实用性的设计，受制于经济、社会的发展，因此，包装结构设计并不是漫无边际的，而是在充分展开发散性思维的基础上，坚持一定的设计原则和立场。这种设计应注重科学性、可靠性、美观性原则，如图 3-3 所示；注重使用的便利性和经济性原则，如图 3-4 所示。

图 3-3　宠物汉登奶粉

图 3-4　关注环境因素的包装设计

### 4. 结构设计方法

日常生活中的许多商品除去外面的纸盒包装，里面都是由容器盛装的，或者容器本身就是销售包装。这类商品很多，如酒类、化妆品、洗涤用品、调味品等。在所有容器中，塑料、玻璃和金属等都是最常见的容器包装材料。在进行容器造型设计时，除了要考虑空间、造型、材料、触觉、商品特性及审美等诸多因素，还要满足包装应起到的基本作用。容器造型有筒体、方体、锥体、球体四种基本形状，造型的变化是相对以上的基本形状而言的，没有基本形状，变化也就失去了依托。单纯的基本形状比较单调，因此，设计师常用或多或少的变化来加以充实、丰富，从而使容器造型具有独特的个性和趣味。而容器造型设计方法多种多样，如图 3-5 所示。

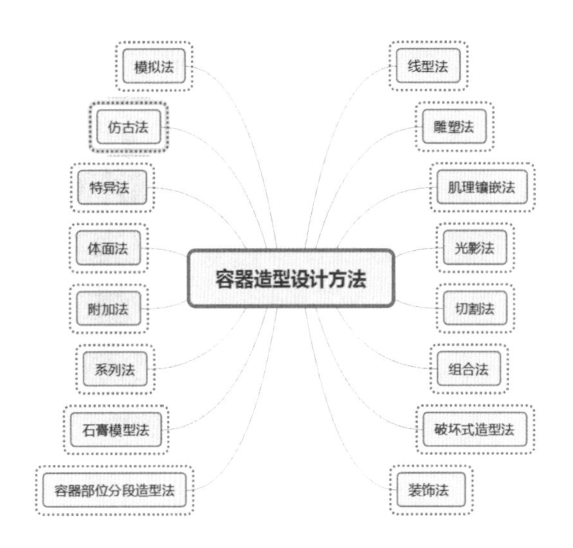


图 3-5　容器造型设计方法

纸制鸡蛋盒包装

### 5. 包装结构类型

设计产品包装的造型结构，是以不同产品、不同包装材料和生产工艺技术条件为依据的。一般有以下几种结构类型。

1）便于运输储存的包装结构

为了方便运输和储存，销售包装一般都要排列组合成中包装和运输包装，而运输包装多为方形，因此不规则造型的外面要加上方形包装盒，方便包装箱盛放，如酒类包装和化妆品包装等。也可以通过两个或两个以上不规则的造型，组合成方形。这样装箱时就不会有空隙，可以充分利用运输包装内的空间，既便于运输储存，又符合科学原理。设计造型时，要结构牢固，具有较好的耐冲击和抗压性能，不易被外力击破压坏，保障商品安全运输。

2）便于陈列展销的包装结构

为适应商场和超级市场里陈列展销的特点，便于陈列展销的包装结构一般有以下几种形式。

（1）堆叠式包装结构。为节省货架上的货位，一般要把同类产品堆叠起来展销。在金属包装或玻璃包装上部与底部分别有两条凹凸槽，或在顶部加一个特别的塑料盖，使盖的圆圈突边与上面容器的底部内沿相吻合，这样就可以上下堆放。有些高明的设计师把不同容量的容器顶部统一在一个尺寸内，或把几种规格尺寸统一为国际同类产品包装结构的标准尺寸，这样使不同国家生产的不同品种和容量的包装容器，都能在货架上堆叠展销，而不至于滑倒，同时由于堆叠，商品具有了更大的视觉冲击力。

（2）可挂式包装结构。可挂式包装结构作为展销手段既能突出商品，成本也比较低。一些小五金、小文教用品及部分食品、药品、纺织品，可采用这种结构的包装形式。按其包装方法，又分为热成型、盒型、袋型、套型和卡纸型等几种。热成型挂式包装是用透明的塑料薄膜或薄片覆盖或罩在背后衬有纸板的产品上，使产品和纸板组成一个整体。盒型、袋型、套型挂式包装，一般采用塑料或者纸做成盒、袋、套，其上开有挂孔和挂钩，包装正面用透明材料或开窗。卡纸型挂式包装，根据产品的形状，在纸板上开若干卡孔，把产品卡在上面。卡纸型挂式包装开孔很多，而且产品占据较大版面，因此要注意版面文字和图形的安排，以免破坏版式的完整性。

（3）展开式包装结构（POP 包装）。这是一种特殊结构的摇盖式包装，打开盒盖，利用包装盒展示商品，增强了整体感和陈列效果。设计时，必须同时考虑展开和不展开的画面。

（4）习惯性包装结构。有些产品的包装已经逐渐形成某种习惯性的（传统型的）造型，不看文字，也能基本鉴别某类产品。例如：饮料罐头的造型一般为长圆筒形；火腿罐头大多是马蹄形；水果类罐头多用瓶装。

（5）系列型包装结构。利用包装的统一形式把某一企业的同类或不同类的产品组成一个形式统一的群体系列型包装，形成一种有序排列的视觉效果。同一企业的种类繁多的商品会引起散乱的视觉效果，人们的视线喜欢落在统一、和谐，具有整体美的商品上。商品系列化陈列展现的群体性，使消费者便于辨认和记忆。

3）便于消费者使用的包装结构

包装是直接与消费者接触的，它的造型结构要便于消费者使用。同时要特别注意功能的科学合理与结构的牢固。常见类型有携带式包装结构、易开式包装结构、喷雾式包装结构、礼品包装结构、配套包装结构、桶状结构等。

## 3.1.2 包装结构类型

包装结构设计实际上是对包装容器进行结构设计，结构设计的重点是保护产品。商品的包装结构有多种样式：一方面基于商品对包装的需要，包括保护性需要、销售性需要和展示性需要等；另一方面也基于包装材料的特性，包括其优越性和可塑性等。

包装结构有多种结构类型，如盒（箱）式结构，罐（桶）式结构，瓶式结构，袋式结构，管式结构，泡罩式结构，碗式、盘式结构，复合式结构，便携式结构，易开式结构，喷雾式结构，配套式结构，礼品式结构、盖部式结构、软包装结构、方便型小包装结构、食品快餐容器结构等，如图 3-6 所示。结构形式都基于以下三个方面的目的：一是商品的保护需要；二是有效促销，增强良好的展示性；三是所选材料的特性制约。所有包装结构的形式都是以有利于商品销售为前提的。

### 1. 盒（箱）式结构

盒（箱）式结构多用于包装规则状商品，既能保护商品，也利于叠放运输，是常见的包装结构。盒式结构介于刚性包装和柔性包装之间，多用于固体状态的商品。箱式是刚性包装中的主要类型，其整体性强，抗外力能力强，包装容量大，多以瓦楞纸、木材为材料，适合于运输包装、外包装等。包装结构可以是规则几何形状的立方体，也可以裁制成其他形状。包装操作一般采用码入或填装后关闭封口装置，是一种常见的包装结构。它多以纸材料制成，除复合材料外，还可用塑料、木材、金属等材料制成。

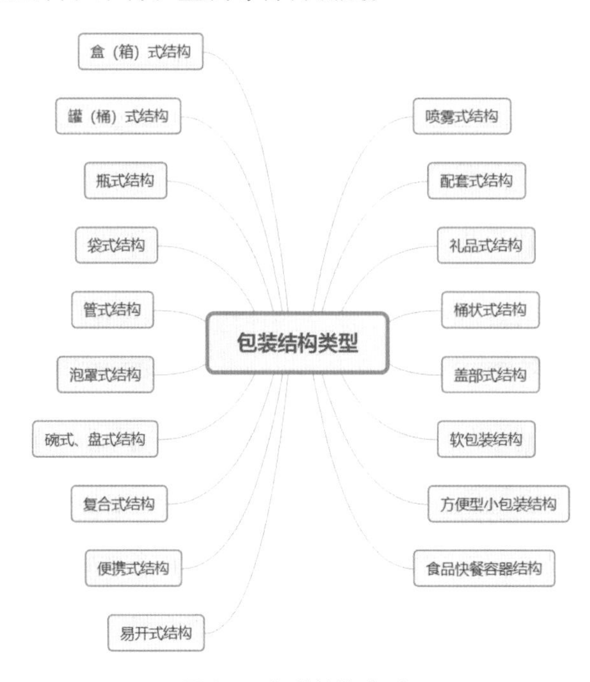


图 3-6　包装结构类型

## 2. 罐（桶）式结构

罐（桶）多用于盛液体和液体、固体混装的商品，如图 3-7、图 3-8 所示。它们可以密封，利于保鲜，是常用的包装结构。罐式包装是刚性包装的一种，多用于液体、气体、固体混装的商品。其密封性好，包装材料强度较高，多选用铁、铝、合金等材料，罐体抗形变能力强。

图 3-7　两片罐成型工艺

图 3-8　三片罐成型工艺　GALAIT 品牌奶粉

## 3. 瓶式结构

瓶多用于盛液体商品，并加以金属瓶盖或玻璃瓶盖，具有良好的密封性。它多以玻璃、陶瓷或塑料制成。常见的如化妆品瓶、药瓶、酒瓶、饮料瓶等。它作为容器可以有多种多样的造型，是包装容器应用较多的一类，多与盒配套使用。瓶式包装按其使用材料分为刚性包装与柔性包装。刚性包装坚挺，质感好；柔性包装以塑料制作，多用于盛装液体商品，受到外力时，一定程度上易变形，但减除外力后，即可恢复原状。

### 4. 袋式结构

袋多用于盛固体商品，用柔韧性材料（纸、塑料薄膜、复合薄膜、纤维编织物等）制成的袋类容器，形体柔软。其优点是方便制作加工，适用于运输包装、销售包装、内装、外装，因而应用较为广泛。容积较大的有布袋、麻袋、编织袋等；容积较小的有手提塑料袋、铝箔袋、纸袋等。其优点是便于制作、运输和携带。

### 5. 管式结构

管式结构多用于半液体状（黏稠状）商品包装，使用时以挤压的方式进行，用金属软管或塑料制成，封闭结构较复杂。多带有管肩和管嘴，并以金属盖或塑料盖封闭，广泛应用于药品、化妆品、化工产品等领域包装。不少管式结构的封闭盖采用特殊结构。

### 6. 泡罩式结构

泡罩式通常也称为透明式，以透明塑料片与硬纸板将商品覆在其中，既可透视商品，又能在纸板上进行文字与图形设计，是小商品及五金小件最适用的包装结构。将产品置于纸板或塑料板、铝箔制成的底板上，再覆以与底板相结合的吸塑透明罩。既能通过塑料罩透视商品，又能在底板上印制文字和图案，适用于药品、玩具、五金工具零配件等包装。

### 7. 碗式、盘式结构

碗式、盘式结构多用于食品包装，以小容量物居多。大部分选用涂布硬纸、薄塑料片基材料，成型便捷，加工方便。

### 8. 复合式结构

复合式结构的研发与创造较为困难，因为它要符合材料应用学、工业制造学、成本经济学、人体工学，重要的还是要符合美学。这么复杂的系统，有些企业无力投资，最后会从包装材料的供货商那里创造出来，虽然开发出的是新式复合结构，但大多数皆欠缺美学，让人遗憾不已，这就是包装材料供应界的现状。然而要创造一个新机能的包装并不容易，若要全创新就更需要企业长期地投入研发，以及包装材料生产单位的配合，企业端的生产流程及设备也需全面地更新。这样规模的投资看似付出很大，但成功后其回报也是很可观的。这里要注意符合人体工学和仿生学的一些包装设计。例如，符合人体工学的牙膏包装设计，在瓶盖周边设计一些凸起的点或线条，可以增加摩擦力便于开启，尤其是在手掌出汗湿润时也能比较容易打开，如图 3-9 所示。再例如，模仿甲壳虫的仿生钳子的包装设计，如图 3-10 所示。

### 9. 便携式结构

便携式结构是为便于消费者携带而考虑的，设计时，长、宽、高的比例要恰当。例如，正面稍凸、背面稍凹的小酒瓶设计，它可放在裤子后袋里。有些体积大的包装可以增加手提的结构，合理使用原材料，便于制作和生产。同时要考虑手提的功能性，要能收能放，便于在运输中装箱。

图 3-9　符合人体工学的牙膏包装设计

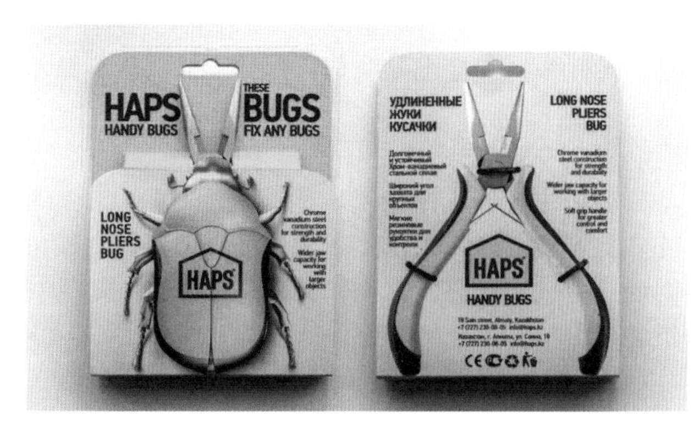


图 3-10　仿生钳子的包装设计

## 10. 易开式结构

易开式结构是具有密封结构的包装，如纸制、金属、玻璃、塑料的容器，在封口严密的前提下，要求开启方便。易开式包装有易开罐、易拉罐、易开盒等几种。牛奶、饮料等包装容器基本上都采用这种方法。它包括拉环、拉片、按钮、卷开式、撕开式、扭断式等。易开式纸盒和易开式塑料盒都在盒的上部设计一个断续的开启口或一条拉链似的开启口，用手指一按或一撕即可打开盒子，如袋装咖啡盒就采用了拉链式开启口。

## 11. 喷雾式结构

越来越多的产品，特别是液体状的，如香水、空气清新剂、杀虫剂等都采用了喷雾容器包装。它是产品的重要载体，采用这种包装结构，虽然增加了成本，但由于使用方便，因此具有很强的销售力。

## 12. 配套式结构

配套式结构是把产品搭配成套出售的销售包装，配套包装的造型结构主要考虑把不同种类但在用途方面有联系的产品组合在一起销售的包装，如不同花样的毛巾、餐巾配香皂，五金工具配套等。利用产品包装造型的巧妙设计，把这些产品组合在一起，方便顾客一次购买多种规格的商品。

## 13. 礼品式结构

专门作为送礼用的包装为礼品包装。礼品包装的设计要求华美名贵，因此其造型结构一般追求较强的艺术性，同时具有良好的保护产品的性能。为增加商品的名贵感、新鲜感、亲切感，其一般会运用吊牌、彩带、花结、装饰垫等。

## 14. 盖部式结构

盖部式结构设计包括固定式与活动式两类。固定式指造型部位或材料之间的相互扣合、镶嵌、黏接等组合形式，以富有变化和极其巧妙的特点来表达结构设计的技术美和形式美。活动式主要指容器的盖部结构，也是包装结构设计的关键部分。

1）螺纹旋转式盖

螺纹旋转式盖以连续螺纹旋转扣紧，盖内另加衬垫物，是最常见的一种盖形。

2）凸纹式盖

凸纹式盖内沿有凸纹，从容器口部外侧非连续螺纹空缺处旋入。螺纹转数对应于旋转式盖。在罐头和食品容器设计中较多应用。

3）摩擦盖

摩擦盖的本身无螺纹或凸纹，内侧有一层弹性垫圈，盖上容器口以垫圈包住容器口部形成密封，多用于化学和医药品容器包装。

4）机轨式盖

机轨式盖用延展性强的薄铝在容器口部加以机械轨而成，类似旋转式盖，多用于医药容器包装。

5）扭断式盖

扭断式盖是机轨式盖的发展形式，盖下部有一圈齿孔 ，使用时扭断盖子而沿齿孔断开可旋下盖部，广泛用于酒类、医药及食品包装容器设计中。

6）撕裂式盖

撕裂式盖类似扭断式盖，盖下部有两圈齿孔，使用时只需撕开两齿孔的中间部分，盖部自然脱落，在医药及食品容器设计中广泛应用，如图 3-11 所示。

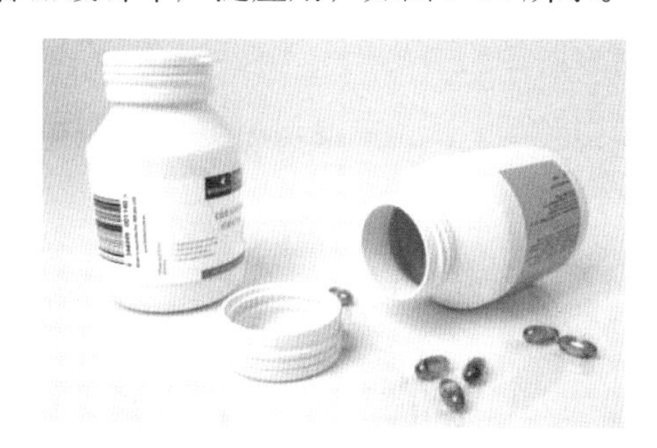

图 3-11 撕裂式盖

7）易开式盖

易开式盖在盖部设计一个可翻和可拉的结构，并打上一圈齿孔 ，使用时只要把可拉结构翻过来，沿齿孔方向拉开，就可打开盖部。许多饮料及罐头的盖部设计多用此结构。

8）冠帽式盖

冠帽式盖沿边缘压制一圈齿形扣边，扣住容器口部凸边，盖口也有衬垫，形如冠帽，如啤酒的瓶盖和香槟酒的瓶盖。

9）障碍式盖

障碍式盖是针对儿童安全的新式设计，它依靠智慧而不是力量来开启，这种盖需要在旋转的同时按压瓶盖开启，多用于药品及保健品的包装容器，这样可以防止儿童擅自开启发生意外。例如，美林儿童退烧制剂的下压后旋转式的盖封设计，需要在旋转的同时向下按压瓶盖才能开启，否则，无论如何旋转也打不开，这样就可以防止儿童擅自开启发生意外，如图 3-12 所示。障碍性容器设计是最具人性化的设计之一，充分体现了设计的人性化意义，表达了对人的终极关怀。

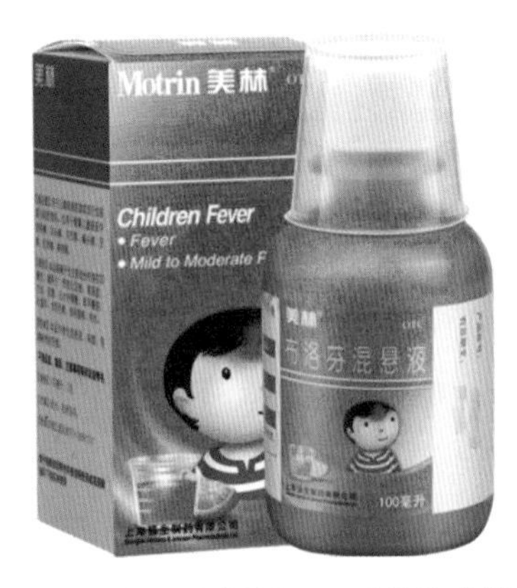


图 3-12　美林儿童退烧制剂下压后旋转式的盖封设计

### 15. 软包装结构

软包装，就是在填充或取出内装物后，容器的形状发生了变化或没有变化的包装，以管状型居多。软包装具有保鲜度高，轻巧，不易受潮，方便销售、运输和使用等优点，因此，食品、调料、牙膏、化妆品等都可以采用这种包装。它使用的材料很多是由具有各种功能的复合材料制成的，如玻璃纸、铝箔与聚乙烯等。

### 16. 方便型小包装结构

方便型小包装结构，也可以称为一次性商品使用包装。其体积小，结构简单，便于打开，如星级宾馆使用的一次性肥皂包装、茶叶的一次一包、洗发膏一次一袋、淋浴帽一次性包装等。

### 17. 食品快餐容器结构

食品快餐容器是随着快餐的发展而快速发展起来的包装。它具有清洁、轻便、方便和随时可以直接用餐等优点。例如：肯德基、麦当劳的汉堡包装盒；冰激凌冷饮类包装盒、杯；品种造型繁多的方便面碗、杯容器；各种咖啡随身杯、饮料纸杯；等等。

# 3.2 纸包装

## 3.2.1　纸盒

### 1. 纸盒类型

纸盒（彩盒）在包装材质中占的比重很大，设计人员接触最多的材质便是纸。纸材的可塑性相当高，加上目前世界各大纸厂对商品的研发不遗余力，让纸材整体朝着稳定的方向发展。但只有好的材质是不够的，还需要有高超的印刷技巧及后续加工的配套，才能使一种材质产生多样的变化与应用，并同时让其能更普遍地被接受。纸制品包装是包装工业品中用量最大的。随着运输方式的改变和销售方式的变革，纸箱、纸盒的样式日趋多样化。

（1）按纸的种类分，有瓦楞纸盒、白板纸盒、卡板纸盒、茶板纸盒等。

（2）按材料厚度分，有厚板纸盒和薄板纸盒。

（3）按纸盒的形态分，有方形纸盒和特殊异型盒。

（4）按制作结构分，有插口或锁口式折叠盒、粘贴式折叠盒、组装式折叠盒等。

（5）按形式分，有抽屉式、摇盖式、套盖式、手提式、开窗式、陈列式、组合式等。

（6）按用途分，有食品用纸盒、纺织品用纸盒、化工产品用纸盒、药品用纸盒、化妆品用纸盒等。

（7）按几何形状分，有方形、圆形、圆柱形、三角形、球形等。

（8）按模拟形态分，有桃形、金鱼形、车形、飞机形等。

（9）按结构分，有折叠纸盒、固定纸盒（硬纸盒）和软包装纸盒。

（10）按外观特征分，有纸盒、纸箱、纸袋、纸罐、纸杯和纸浆模塑制品等。

需要注意的是，包装造型与结构设计主要解决包装的承受、容纳、排列、固定、储运、开启、消费需求等问题，是包装设计中涉及面宽、难度较大、关键性的一个环节。

### 2. 纸袋

纸袋具有便利性、经济性、审美性和传播性。纸袋的通用袋型有如下几种。

（1）缝合开口袋。袋底缝合，袋口张开，填充物品后缝合，或用黏合剂结扎，或用U形钉钉合等方法，此袋可用于包装颗粒状产品。

（2）缝合阀式袋。袋底和袋顶预先缝合，袋顶角部设阀门，填充物品和倒出物品都通过阀门，通常用于包装小颗粒的产品。

（3）黏合开口袋。袋底采用折叠和黏合方法，填充方式与缝合开口袋相同。

（4）黏合阀式袋。袋底和袋顶采用黏合封闭阀门进行填充，填充后形成长方体结构。

（5）扁底开口袋。底端的每层材料逐层黏合，填充后将袋顶折叠，然后用黏合剂封闭。

（6）手提袋。手提袋为购物者提供装东西的方便，因此，商家可以借机推销自己品牌。从手提袋包装到手提袋印刷再到手提袋使用，商家可以借机多次推销产品或品牌。设计精美的手提袋会令人爱不释手，即使手提袋印有醒目的商标或广告，顾客也会乐于重复使用，手提袋已成为目前最有效率且物美价廉的广告媒体之一。

① 手提袋按用途的不同，可分为纪念型、广告型、专用型、礼品型几种。

② 手提袋的作用有保护商品、方便购物者携带、附加价值和广告传播等。

③ 文字的合理应用。运用文字是手提袋设计的一种重要形式，因此在手提袋设计中文字可分为三种：品牌形象文字；广告宣传性文字，宜简明扼要、生动形象，并遵守相关的行业法规；功能性说明文字，通常编排在手提袋的背面或侧面，其编排的形式变化不宜过多。

④ 手提袋的材料通常有纸张、无纺布、塑料三种。

⑤ 手提袋规格尺寸。手提袋制作的尺寸一般是根据客户的具体要求而定制的。设计手提袋尺寸时，一般是根据手提袋展开的纸张大小进行设计，这样既能达到理想的效果，又控制了手提袋的制作成本。

超大号手提袋尺寸：430mm（高）× 320mm（宽）× 100mm（侧面）。

大号手提袋尺寸：390mm（高）× 270mm（宽）× 80mm（侧面）。

中号手提袋尺寸：330mm（高）× 250mm（宽）× 80mm（侧面）。

小号手提袋尺寸：320mm（高）× 200mm（宽）× 80mm（侧面）。

超小号手提袋尺寸：270mm（高）× 180mm（宽）× 80mm（侧面）。

### 3. 纸箱

纸箱主要属于储运包装，其应用范围很广，几乎包括所有的日用消费品，如水果蔬菜、食品饮料、玻璃陶瓷、家用电器、自行车及家具等。随着社会消费需求的增加，越来越多的商品利用纸箱作为销售包装。纸箱设计对标准化的要求是严格的，因为它直接影响货场上的整齐码放、货架上容积的有效利用，以及集装箱的合理运输。同时还要充分考虑运输过程中的保护功能，如封口开裂、鼓腰、接合部位破损等问题，都与纸箱结构的设计有关。在全世界的纸制包装中，瓦楞纸包装箱占 50% 以上。瓦楞纸箱又称大包装、运输包装、第三次包装、外包装等。

瓦楞原纸是以木浆、草浆、废纸浆中的一种或两种混合搭配搅制而成。瓦楞原纸的质量直接影响瓦楞纸箱的抗压强度。因此采用高强瓦楞原纸，可以制造出坚挺而富有弹性的瓦楞纸箱。瓦楞纸是一种成本低、重量轻、隔热、缓冲性能好、用途广、制作简易的环保纸。它的缓冲性能能承受搬运过程中的碰撞摔和跌。瓦楞纸板是至今常用不衰并呈现迅猛发展趋势的制作包装容器的主要材料之一。

根据楞型的不同，瓦楞纸板可分为蜂窝纸板、重型瓦楞纸板、“3A”型特种瓦楞纸板、增强夹心瓦楞纸板（瓦中瓦）、微型瓦楞纸板（超细瓦楞纸板）。通常楞型较高、较宽的瓦楞纸板，其边压性能较强，适用于制作较大的纸箱；楞型越细小的纸板，其平压强度越好，多用于制作小型纸箱甚至纸盒。两层、三层、五层、七层瓦楞纸板是比较常见的，图 3-13 所示为常见的瓦楞纸板结构及术语。除此之外，还有 E 瓦楞、F 瓦楞、五层瓦楞之分。设计时，应根据不同瓦楞纸板的特性用于制造不同重量、类型和等级的包装。随着时代的发展，也出现了瓦楞纸箱定制服务。

瓦楞纸箱定制服务

两层瓦楞纸板　三层瓦楞纸板

五层瓦楞纸板　七层瓦楞纸板

| 瓦楞波形 | 波形名称 | 波形特点 |
| --- | --- | --- |
|  | V 形 | 平面抗压力值高，使用中节省黏合剂用量，节约瓦楞原纸，但这种波形的瓦楞做成的瓦楞纸板缓冲性差，瓦楞在受压或受冲击变霰后不容易恢复 |
|  | U 形 | 着胶面积大，粘贴牢固，富有一定弹性。当受到外力冲击时，不像 V 形楞那样脆弱，但平面抗压力强度不如 V 形楞 |
|  | UV 形 | 目前已普遍使用综合 V、U 两者优点制作的 UV 形瓦楞辊。加工出来的波形瓦楞纸，既保持了 v 形楞的高抗压力能力，又具备 U 形楞的黏合强度高，富有一定弹性的特点。目前，国内外的瓦楞纸生产线的瓦楞辊均采用这种 UV 形状的波形瓦楞辊 |

图 3-13　常见的瓦楞纸板结构及术语

## 3.2.2　纸盒制图

纸盒包装常常是作为销售包装或是运输的大包装出现的，包装的尺寸非常重要。一般来说，一个产品放到纸盒里，纸盒必须比产品大，但要大多少呢？这就必须有正确的尺寸观念，盒子过大，纸盒堆叠时容易被压坏、变形、破裂。从这个方面来说，纸盒尺寸要使产品放进去后能紧靠盒墙，如此才安全可靠。要根据商品的特性、尺寸、销售环境、成本预算等确定纸盒包装的外形及尺寸大小，合理设计形态空间的利用率，不能在商品的前后左右留太多的虚空间，既要保护商品，又要避免浪费。

### 1. 纸盒构造

纸盒的基本构造包括插舌、摇盖、摇翼、盒身、盒底、壁板、襟片，如图 3-14 所示。

纸盒的平面展开图包括：粘贴区（糊口）、摇盖（又分为底盖和顶盖）、上舌和下舌、防尘翼、正面、后面、侧面等，如图 3-15 所示。

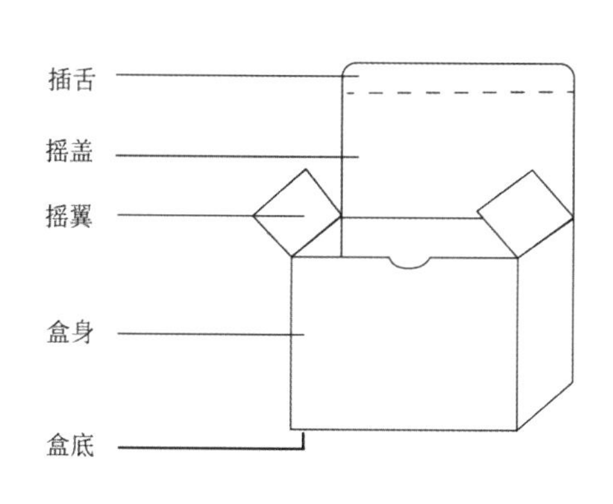


图 3-14　纸盒的基本构造

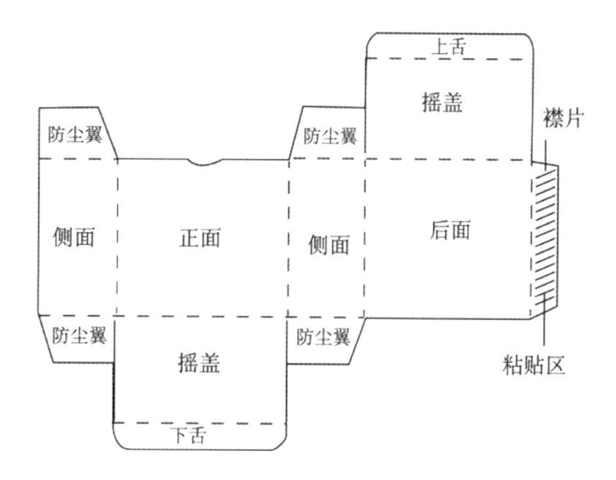


图 3-15　纸盒的平面展开图名称

### 2. 尺寸

1）长、宽、高

纸盒的高，在国际上通称盒深（D），意思是纸盒装物品的深度，但习惯上都叫作盒高。一般人总是把盒子最长的尺寸称为长（L），然后是宽（W），最后是深，如图 3-16 所示。如何检查纸盒尺寸？最理想的检查方式是在纸盒的上下、前后、左右都有全平的面，包围这个盒子，然后摇动它，看看里面的产品是否会摇动，但这种情况是不容易办到的。还可以用一块大三角板，按对角线放在盒子上，用手指在纸盒上轻轻地推按三角板，检查每个部位，看看会不会凹下去或凸起来。盒子的正面、反面、上下、左右都用此方法测验。如果发现误差过大或过小，就需要重做一个小样，直至尺寸合适为止。

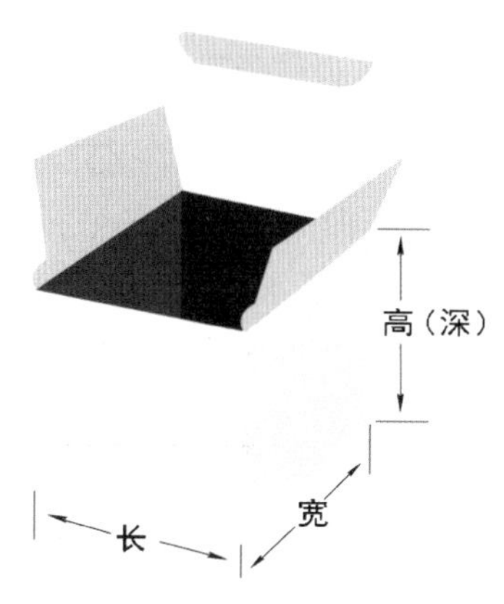


图 3-16　纸盒的长、宽、高

2）纸盒尺寸标注的三种类型

（1）制造尺寸。纸盒的加工制造尺寸，标注在结构设计展开图上，直角六面体纸盒、纸箱的内尺寸用 L×W×D 表示。

（2）内尺寸：纸盒成型构成内部空间的尺寸。内尺寸一般由包装物的数量、形状、大小，或内包装的形式、大小决定，是纸容器结构设计的重要组成部分。在纸盒设计过程中，制造尺寸要依据内尺寸计算确定，以使按照制造尺寸加工的容器，成型后满足内尺寸，即容积量的要求。

（3）外尺寸：纸盒成型构成的外部最大空间尺寸，反映容器所占空间体积的大小。外尺寸是外包装、运输包装、储运、堆码及货架的设计依据。

3）纸盒设计图标注方法

（1）纸盒设计图的尺寸线、尺寸界线、尺寸数字的线型、画法、标注方法的标准与国家机械制图标准一致。尺寸界线从裁切线或中心线（槽中心线）引出，也可把裁切线、中心线当作尺寸界线标注。

（2）印刷文字、图案以稿样为准，在设计图上不必画出，只需按比例标出尺寸范围，用点画线画出，并在技术要求中注明印刷涂油的要求即可。

（3）立体图样应标注内尺寸，如需标注外尺寸，应在尺寸前加注“外”字。

（4）纸板名称、规格、厚度可在技术要求中予以规定。

（5）折合线。一个纸盒的组合是靠折合线来完成的，不同的折合刀模产生不同的折合线，也有着不同的用途。适当、正确地使用折合线，能使盒子更容易达到较高品质。图 3-17 所示为各种折合线的样式与功能。

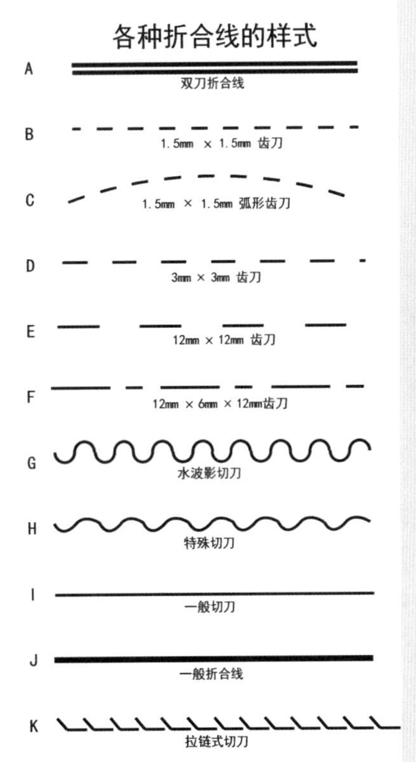


**图解说明:**

A. 当我们希望纸盒有一个较窄的厚度时，如卷宗、电脑磁碟片等，就要用到双刀折合线。这种折合线有两种做法：一是用两片普通厚度的折线刀片，中间留有我们要的宽度，就可达到目的；二是如果只需要稍多于一般折合线的宽度，可用一片较厚的一般折线刀或两片紧靠在一起，来增加它的厚度，如此经轧盒后，自然会得到一条比普通折合线还要宽一点的折合线。

B、C、D、E、F、G、K都可称为齿刀或齿刀折合线。齿刀是在一条折合线中，有若干的切穿、若干的保留或普通折痕。假使有一张 10cm 长的纸需要折合，我们用 0.5 mm 的切穿、0.5 cm 的保留，当折合时，其折的困难度已减半，也等于我们在折合一张 5cm 长的纸。因此，刀切的部分越多，其折合时的难度越小，但纸的强度也跟着减弱。齿刀除能减少折合时的难度外，也有供撕破的功能，如卫生纸盒的开口上很密的齿刀就是用来方便撕开的。在大部分情况下，齿刀也有易于反折的功能。到底多大的齿刀才适当，完全取决于设计上的需要。

H. 不是很常用的切刀，有点像一种剪布板用的剪刀，剪后有“波浪”形的边，每个“波浪”形之间约有 0.8mm 的保留。

I. 其功用是将纸切断。

J. 是一片没有刀锋的圆口钢片，冲轧后，产生一条约 2mm 宽的压线，也就是一般折合线。

K. 是拉链式的切刀，分左右两个方向而成为一对，保鲜膜盒或一些食品包装都采用此类切刀。但必须注意方向，用错时根本撕不开。

图 3-17 各种折合线的样式与功能

4）管型折叠纸盒的结构与尺寸规范

粘贴翼倒角角度：10mm×15mm。

切缝锁合 / 封口主摇翼宽度缩减量，一般为 0.8mm 或为纸板的厚度。

切缝锁合 / 插舌翼片缩进量，一般为 0.8mm 或纸板的厚度。
切缝锁合 / 防尘翼（封口副翼）肩：根据纸盒尺寸和（或）纸板厚度而变化。
切缝锁合 / 主防尘翼（封口副翼）角度：一般为 45°。
切缝锁合 / 次防尘翼（封口副翼）角度：一般为 15°。
防尘翼（封口副翼）缩进量：一般为纸板的厚度。
摩擦锁合 / 插舌翼肩：根据纸盒尺寸和（或）纸板厚度而变化。
摩擦锁合 / 主防尘翼（封口副翼）角度：一般为 15°。
制造接头缩进量：一般为 0.8mm 或为纸板的厚度。
完全或部分交叠密封盒底 I 防尘翼（封口副翼）肩：根据尺寸变化。
完全或部分交叠密封盒底 / 主防尘翼（封口副翼）角度：一般为 45°。
完全或部分交叠密封盒底 / 次防尘翼（封口副翼）角度：一般为 45°。
完全或部分交叠密封盒底 / 可选防尘翼（封口副翼）细节：一般为 15°。
部分交叠密封盒底一般为宽度的 1/2 加 9 ~ 10mm。

### 3. 纸盒制图符号

为了使图纸规范、清晰、易看、易懂，轮廓结构要分明，必须使用不同的规范的线形来表示。主要的线型有以下几种。

(1) 粗实线：用来画造型的可见轮廓线，包括剖面的轮廓线。宽度为 0.4 ~ 1.4mm。

(2) 细实线：用来画造型明确的转折线、尺寸线、尺寸界线、引出线和剖面线，宽度为粗实线的 1/3 或更细。

(3) 粗虚线：用来画造型看不见的轮廓线，属于被遮挡但需要表现部分的轮廓线，宽度同粗实线或更细。

(4) 点划线：用来画造型的中心线或轴线，宽度为粗实线的 1/3 或更细。

(5) 波折线：用来画造型的局部剖视部分的分界线，宽度为粗实线的 1/3 或更细。

纸盒制图符号主要涉及线型，如表 3-1 所示。

表 3-1 纸盒制图符号主要涉及线条

| 线　型 | 线型名称 | 宽　度 | 用　途 |
|---|---|---|---|
| ———————— | 粗实线 | b | 裁切线 |
| ———————— | 细实线 | 1/3b | 尺寸线 |
| -------------- | 粗虚线 | b | 齿状裁切线 |
| - - - - - - - - - - - | 细虚线 | 1/3b | 内折压痕线 |
| · · · · · · · · · · · | 点划线 | 1/3b | 外折压痕线 |
| ∧∧∧∧∧ | 波折线 | 1/3b | 断裂处界线 |
| //////////////// | 阴影线 | 1/3b | 涂胶区域范围 |
| ←→　↕ | 方向符号 | 1/3b | 纸张纹路走向 |

### 4. 纸盒设计图纸

纸盒的设计图纸，一般由效果图和平面展开图组成。效果图模拟包装的成品效果，主要用于提案讨论。平面展开图主要用于包装的印刷，通常包括平面总图（含出血尺寸）、拆色稿（标准的四色印刷不需要制作拆色稿）、钢刀版等内容。固定纸盒的尺寸设计主要考虑设计需要，一般不用特别考虑印刷拼版问题。纸盒的平面展开图，主要考虑以下内容。

（1）上下、左右、前后六个基本面，即六视图。

（2）上顶面的上方和下顶面的下方加折叠翼。

（3）左右面的上下加防尘翼。

（4）在背面的左边加粘贴翼。

（5）上顶面的高 = 下顶面的高 = 左侧的宽 = 右侧的宽。

（6）防尘翼的高度小于或等于顶面宽度的 1/2。

（7）除上下、左右、前后六个基本面外，其他的辅助面都可以画成梯形。

（8）折叠线用虚线。

（9）上顶面的图要垂直翻转 90°。

需要注意的是，在申请包装外观专利的时候，需要包装设计师提供六视图及一张立体效果图。六视图就是包装的六个基本面：前后、左右、上下，具体指主视图、后视图、左视图、右视图、俯视图和仰视图，如图 3-18 所示。

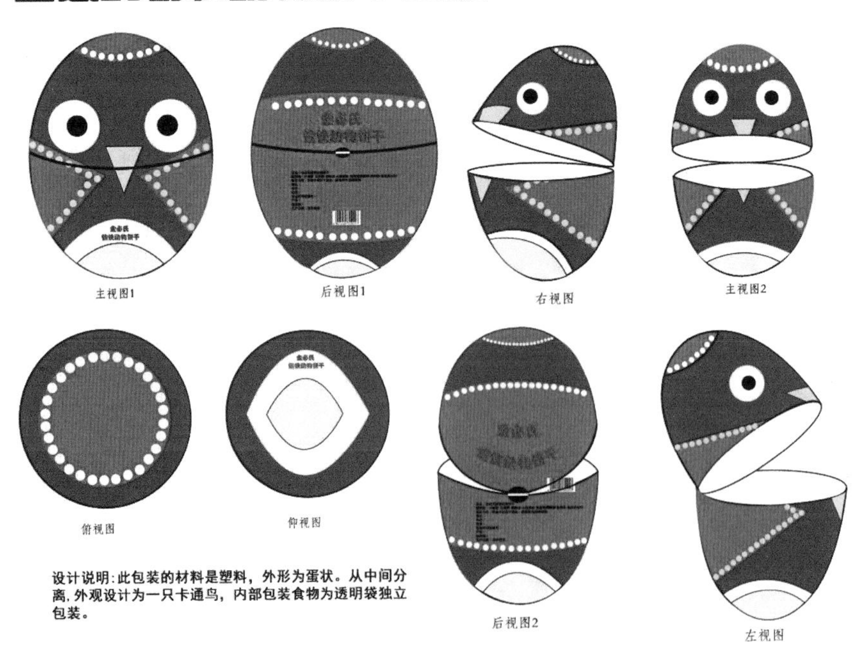


图 3-18　六视图

### 5. 纸盒模切版

（1）刀模线的绘制是在展开图的基础上完成的，实际上就是在一个含有出血位的版面画上实际成品的尺寸线条和折叠虚线（不用填颜色）。刀线设置：虚线为折叠线，实线为模切线。

（2）出血。出血出在刀线之模切线以外的 3 ～ 5mm。带出血位的成品刀模图，如图 3-19 所示；不带出血位的刀模图，如图 3-20 所示；不带出血位的成品图，如图 3-21 所示。

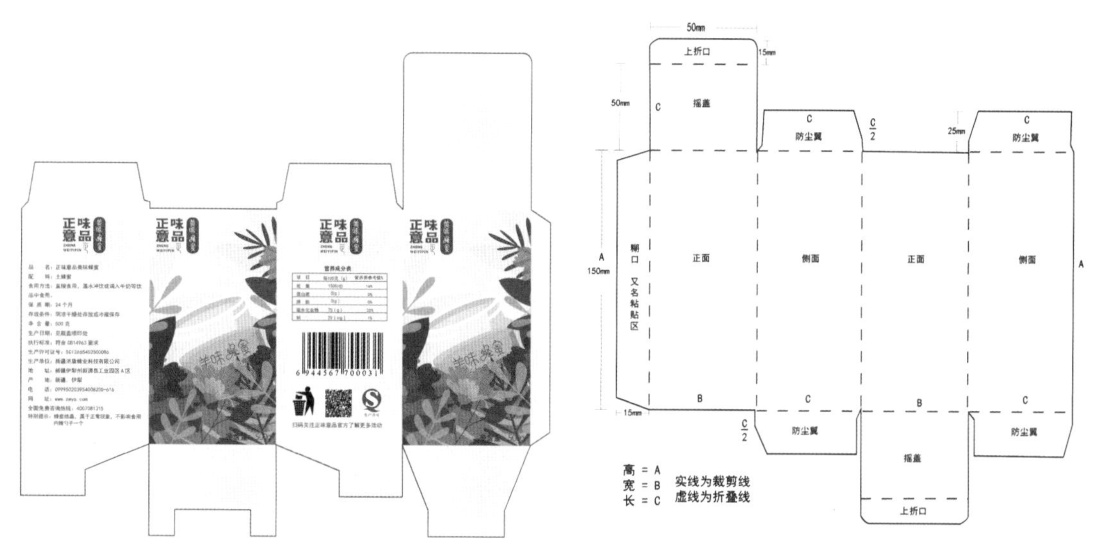


图 3-19　带出血位的成品刀模图

图 3-20　不带出血位的刀模图

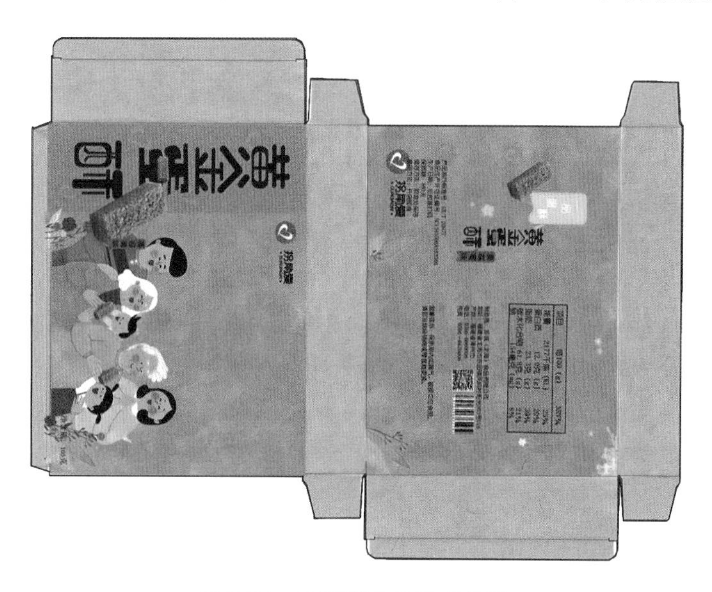

图 3-21　不带出血位的成品图

## 3.2.3　纸盒结构

我们日常接触的各种各样的纸盒大致可分为成品不能折叠压放的硬纸盒和成品可折叠压放的折叠纸盒两大类。折叠纸盒常见类型有管式折叠纸盒、盘式折叠纸盒和异型折叠纸盒三种，如图 3-22 所示。异型纸盒结构类型与常见的基本纸盒结构类型有明显的不同，其主要通过压痕、切口、折叠时线型的变化创新，使纸盒形成奇特的体形与构造。再配以新颖工艺、精巧制作，给人眼前一亮的感觉。它的结构造型本身增强了商品包装的艺术观赏性和实用方便性，并为多种形态的商品提供多功能的包装方式。折叠纸盒在进行纸盒结构设计时一般习惯按其构造方法与结构特点细分其基本的结构变化方式，主要分为盒体结构、间壁结构、盒底结构、锁口结构和盒盖结构。

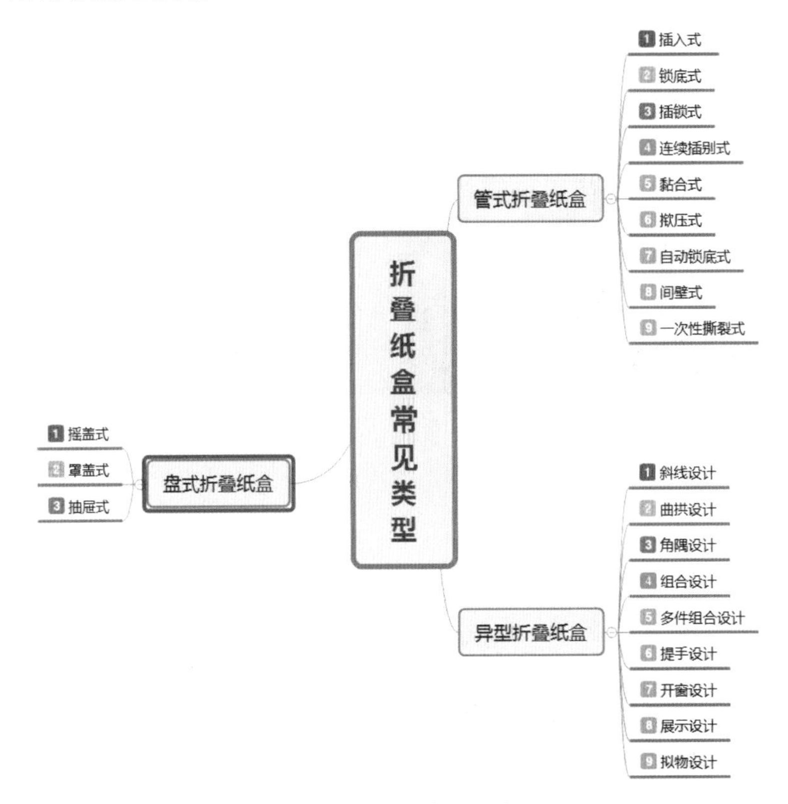


图 3-22 折叠纸盒常见类型

### 1. 盒体结构

盒体结构是折叠纸盒应用最多，也是分类最多的种类。盒体结构的变化从外观上直接决定了纸盒的造型特点和设计个性。因此，在设计中盒体的变化就显得格外突出，盒体结构的主要形式有直筒式和托盘式两大类。直筒式纸盒的最大特点是呈筒状，盒体只有一个粘贴口，可形成套筒用以组合、固定两个或两个以上的套装盒；或由盒体两头的面延伸出需要的底、盖结构。而托盘式纸盒呈盘状，它的结构形式是在盒底的几个边向上延伸出盒体的几个面及盒盖，盒体可选用不同的拴接形式锁口或黏合，使盒体固定成型。

盒体结构包括常态折叠盒和特殊形态折叠盒。常态折叠盒又包括摇盖式纸盒、套盖式纸盒、开窗式纸盒、陈列式纸盒、手提式纸盒、姐妹式纸盒、方便纸盒及趣味纸盒。特殊形态折叠盒是借助纸张的特点，在纸盒包装结构设计上进行一些折叠、绘图等处理，使纸盒给人新的视觉感受，使其在竞争中占有优势。盒体的变化方式，在很多情况下并不是以单一的方式出现，常常是以两种或三种方式的组合体现，应该根据需要灵活地处理。常见折叠纸盒盒体形式多达几十种，如图 3-23 所示。只要设计师善于思维创新，就能开发设计出更多新颖、实用的纸盒形状。

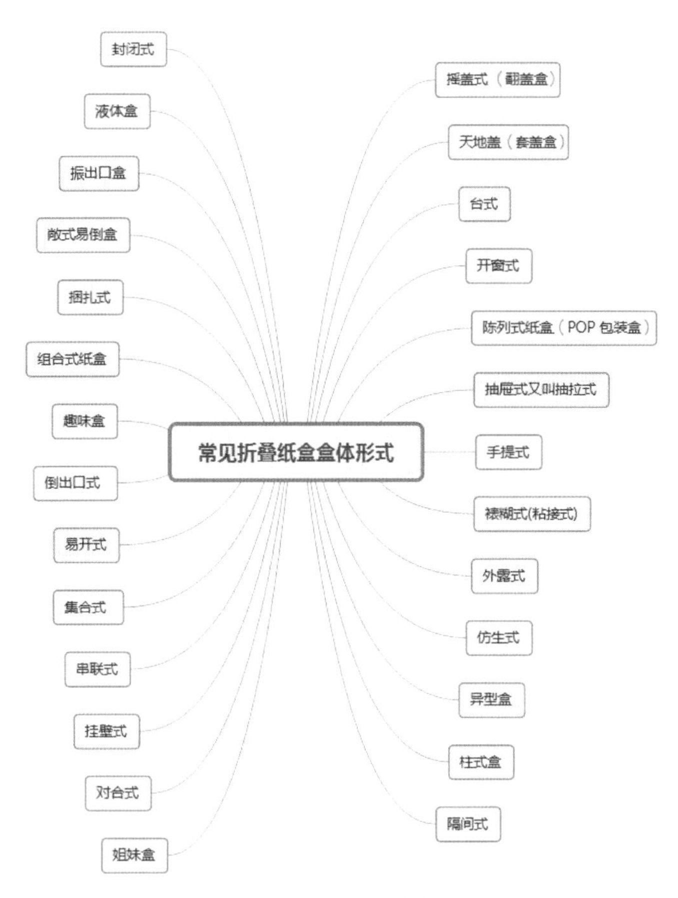


图 3-23　常见折叠纸盒盒体形式

### 2. 间壁结构

间壁结构直接与盒体连接，也有辅助配件入内，主要功能是固定商品，形成组合整体形象，也称为附加间隔结构。这种结构保护商品的主要原理是隔离各类易于破损的商品。例如，陶瓷、玻璃类的包装以防破损为主要目的，其间壁结构能有效地缓冲碰、撞、摔等。与此同时，对于有数量限额的商品，这种纸盒也可以进行有条理的安排。例如，糕点和其他食品组装时，间壁起到了固定商品位置的作用。间壁结构包装形式用于礼品包装显得更加重要，其原因在于两个方面。一方面，礼品大多为高档或较高档的商品，通过间壁结构可以有效地得到保护。同时，间壁结构也可以提供一定的空间余地，更好地展示商品，给商品以“说话”的空间，从而提升商品的附加值。另一方面，礼品包装有不少是将两种或两种以上的商品组合在一起的，商品的质感、尺寸、外形各不相同，通过间壁结构的协调，可使不同的商品产生一种内在的默契。另外，用于间壁的纸板还可以与纺织品等材料配合出现，以满足提高档次的要求。同时，对于数量限额的商品，这种纸盒也可以作出有条理的安排。为了满足不同的商品及不同数量、排列的要求，演化出多种间壁结构形式，但总括起来有整体式间壁结构和分体式间壁结构两种，如图 3-24 所示。通过合理排列，盒子与内衬垫间以一纸成型，减少附件，有效地保护商品。这种把运输包装与销售包装结合在一起的结构设计是很有发展前景的。

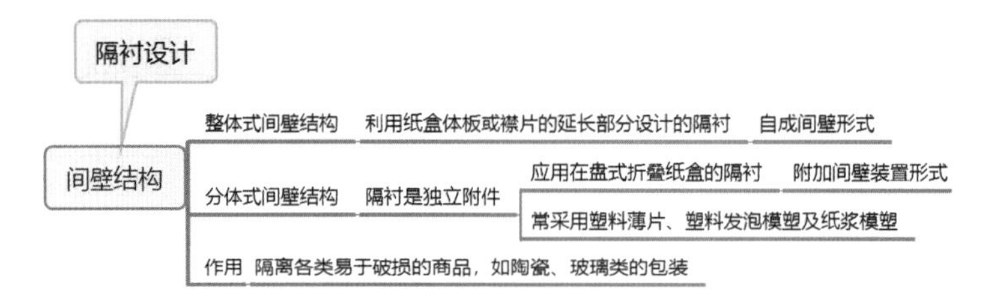


图 3-24　常见折叠纸盒间壁结构

### 3. 盒底结构

在整体设计纸盒结构的时候，盒底部分的结构设计是值得重视的。底部承受载重量、抗压力、振动、跌落等，是作用最大的部分。在进行结构设计时，精心设计盒底结构，可以为成功的包装设计打好基础。根据包装商品的性能、大小、重量，正确地设计和选用不同的盒底结构是相当重要的工作。盒底结构类型主要有托盘式和框架式，如图 3-25 所示。

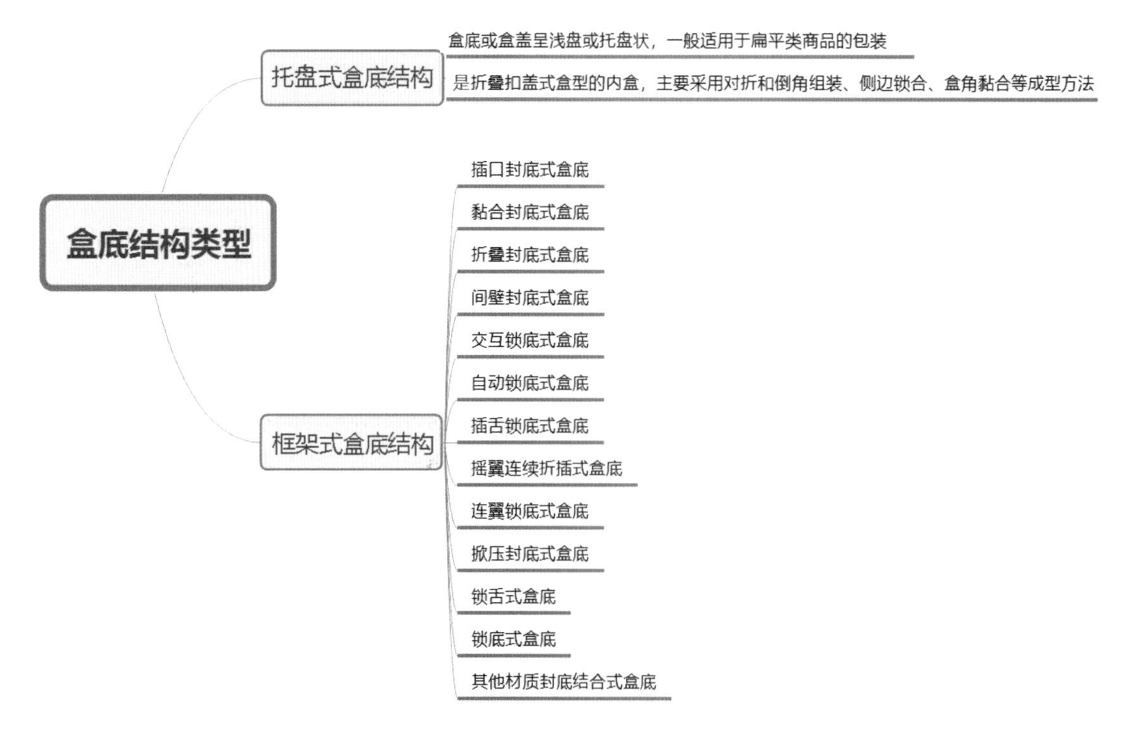


图 3-25　盒底结构类型

托盘式盒底结构的盒底或盒盖呈浅盘或托盘状，一般适用于扁平类商品的包装。托盘式盒底实际上是折叠扣盖式盒型的内盒，主要采用对折和倒角组装、侧边锁合、盒角黏合等成型方法，通过将四边的延伸部分组装成盒身而形成，有单层壁板、双层壁板及中空上层壁板的结构。其中，利用侧边副翼插入盒端主侧板对折夹层中组装成型的对折组装方法很常见，这种结构完全靠对折锁合成型，无任何黏合结构。

框架式盒底结构是在框架型盒身四个面的向下延伸处设计不同拴接方法的底部形式。这些结构可以单独使用，也可以组合使用，有的还可运用盒顶结构，具体结构可细分。

以上介绍了各种常见的盒底结构，实际应用时要针对商品的包装要求来灵活处理。纸盒的盒底主要解决封底与承重的问题，盒身与盒顶则对纸盒的整体功能与货架起决定性作用。在合理设计盒底结构的基础上，与盒体的造型有机地联系起来，就成了较为完美的纸盒。当然，必须根据包装商品的特殊情况，灵活地选择结构的形式，以满足各种商品的不同需求。

### 4. 锁口结构

纸盒的锁口（固定）结构形式多样，如图 3-26 所示。黏合或打钉是纸盒固定的常见方法，随着绿色包装观念的发展，纸盒的固定方式越来越注重无胶成型，即利用纸盒本身的结构固定纸盒。这种固定方式经济美观，在一定程度上可以减少纸盒成型的工序，不仅提高效率，而且易于操作。

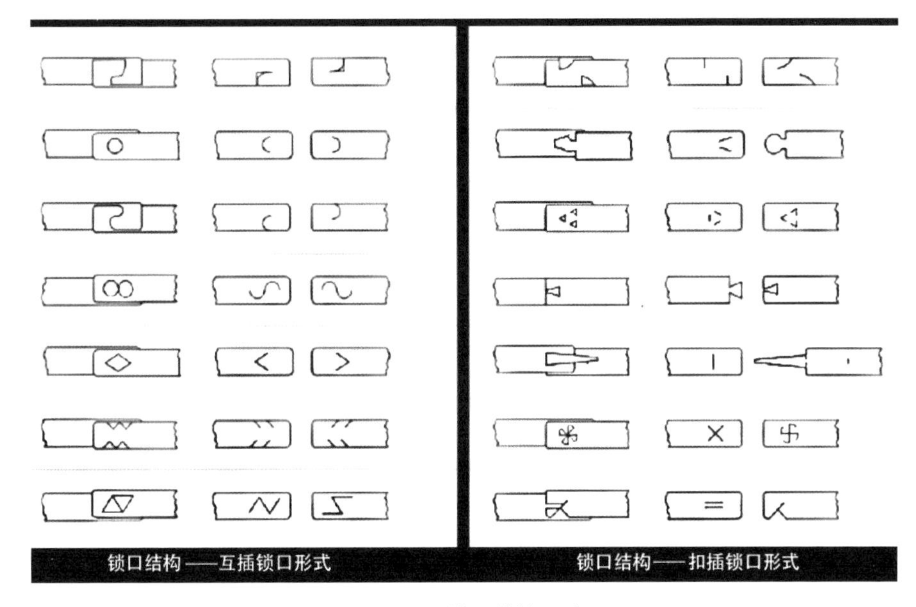


图 3-26　锁口结构形式

无胶成型是未来纸盒固定设计的发展方向。其是指在纸盒的成型过程中不使用黏合剂，而是利用纸盒本身某些经过特别设计的锁口结构，令纸盒牢固成型和封合。锁口的方法很多，大致可以按照锁口左、右两端切口形状是否相同来区分。一是互插：切口位置不同，而两边的切口形状完全一致，是两端互相穿插以固定纸盒的方法。二是扣插：这种方法不但切口的位置不同，其结构也完全相容，是一端嵌入另一端切口内，使纸盒固定。但不论采用以上哪种锁口形式，有一点是相同的，那就是必须做到易合、易开、不易撕裂。

锁扣式指盒式部分的面相互之间可以相互锁扣、连接，如图 3-27 所示。主要包括相互插入式切口的插扣式结构和相互叠压的压扣式结构，此外，还有外加封套的套扣式等多种类型。

### 5. 盒盖结构

常见折叠纸盒盒盖结构，如图 3-28 所示。

1）盒盖的固定方式

（1）利用纸板的摩擦力，防止盒盖自动散开。

（2）利用纸板上的口，卡住摇翼，不至于盒盖自动散开。

（3）利用插嵌结构，将摇翼互相锁合，不让其自动散开。

（4）利用摇翼互相插撇锁合，不让其自动散开。

（5）利用黏合剂将摇翼互相黏合，不让其自动散开。

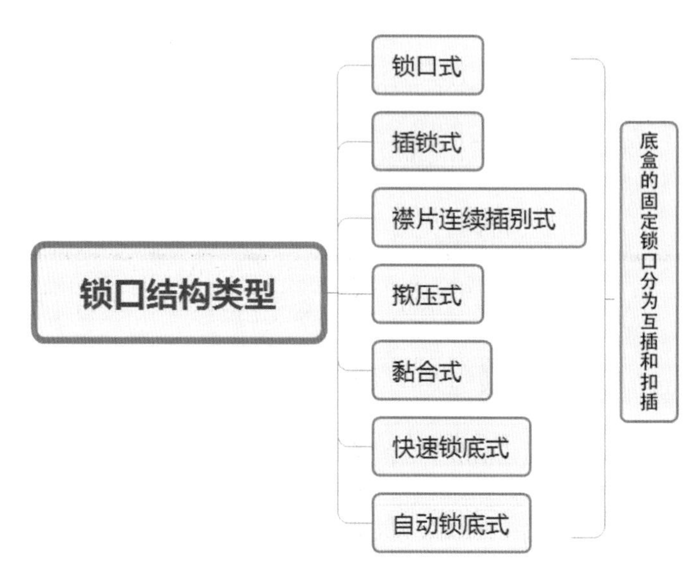


图 3-27　锁口结构类型

2）盒盖开启方式

盒盖的开启方式一般分为：一次性开启式和多次开启式。

3）常见封口盒盖

（1）普通型封口盒盖：摇盖式封口盒盖、锁口式封口盒盖、帽盖式封口盒盖、天扣地式封口盒盖。

（2）特殊型封口盒盖：黏合式封口盒盖、插卡式封口盒盖、手提式封口盒盖、抽屉式封口盒盖、艺术式封口盒盖、开门式封口盒盖、插入式封口盒盖、插锁式封口盒盖、显开痕盖式封式盒盖、揿压式封口盒盖、摇翼连续折插式封口盒盖。

### 6. 管式折叠纸盒与盘式折叠纸盒

1）管式折叠纸盒

根据包装开启面与其他面的比例关系，开启面最小的称为“管式”包装，开启面最大的称为“盘式”包装，如图 3-29 所示。管式折叠纸盒指在纸盒成型过程中，盒盖和盒底都需要摇翼折叠组装固定或封口的纸盒。管式折叠纸盒大都为单体结构，在盒底侧面有粘口，盒形基本形状为四边形，也可以在此基础上扩展为多边形。常见管式折叠纸盒，如图 3-30 所示。

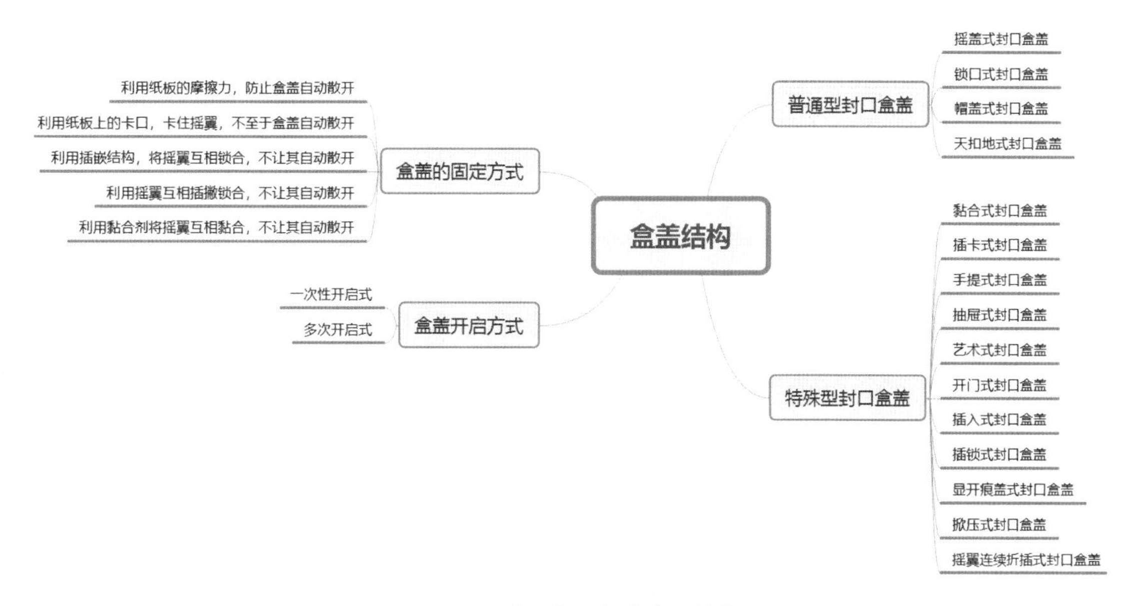


图 3-28 常见折叠纸盒盒盖结构

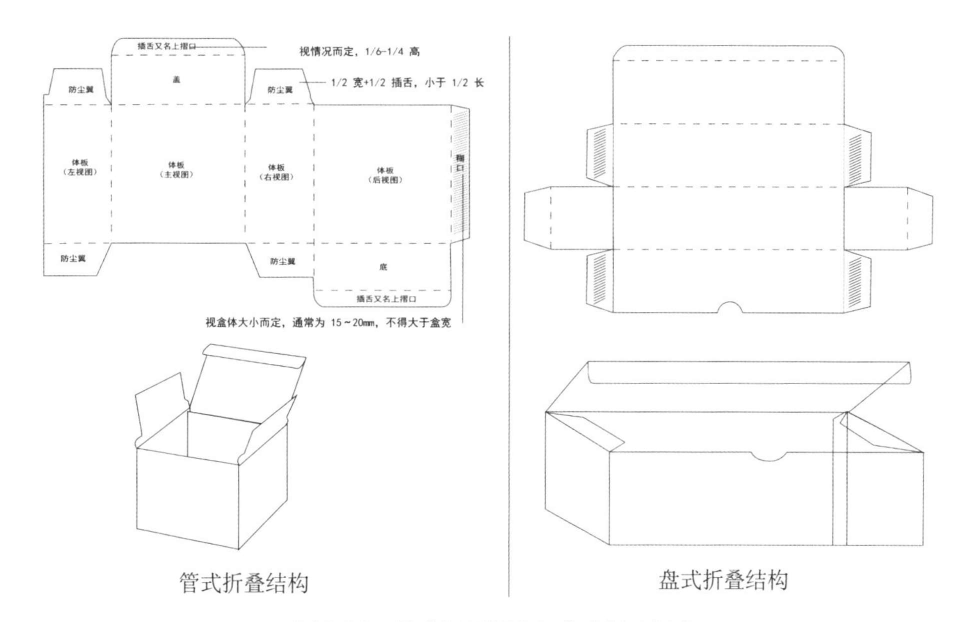


图 3-29 管式折叠纸盒与盘式折叠纸盒

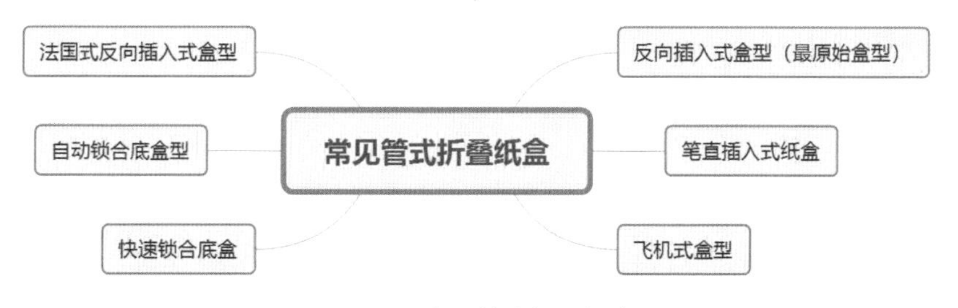


图 3-30 常见管式折叠纸盒

2）盘式折叠纸盒

盘式折叠纸盒是由一页纸板四周以直角或斜角折叠而成的主要盒型。盘式折叠纸盒主要适用于包装鞋帽、服装、食品和礼品等。体板与底板整体相连，底板是纸盒成型后自然构成的，不需要像管式折叠纸盒那样，由底板、襟片组合封底。常见盘式折叠纸盒的基本构成，如图 3-31 所示。盘式折叠纸盒的各个体板之间需要用一定的基本构成形式连接，如此才能使纸盒成型。盘式折叠纸盒，如图 3-32 所示。

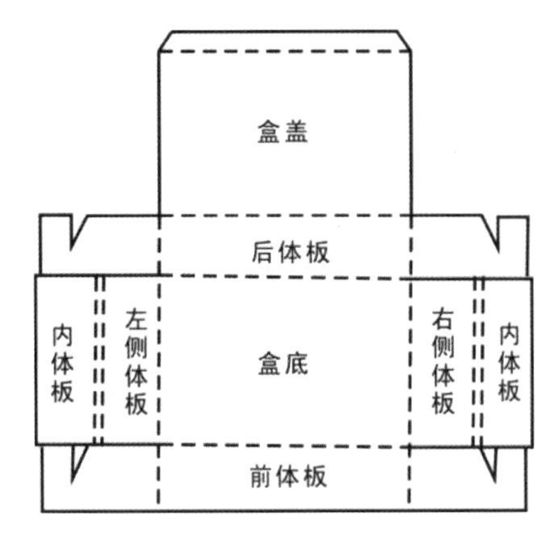


图 3-31　常见盘式折叠纸盒的基本构成

常见 50 个纸盒结构

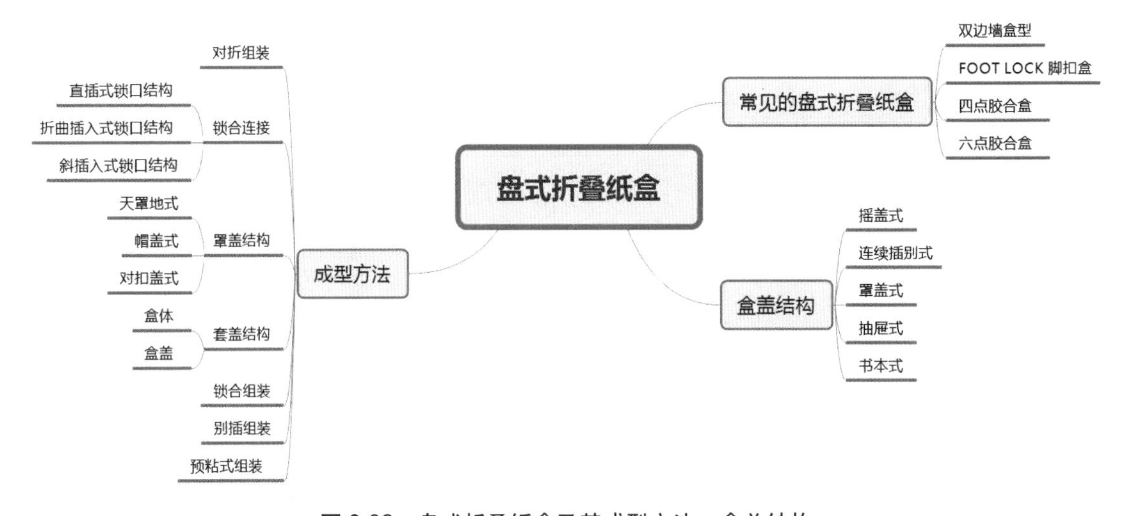


图 3-32　盘式折叠纸盒及其成型方法、盒盖结构

## 3.3 其他包装

### 3.3.1 塑料包装

塑料，是对可塑性高分子材料的统称。塑料一般有热塑性和热固性两大类。前者是成型后还可通过加热、加压再次成型；后者是成型后不能通过加热、加压再次成型。塑料包装容

器有柔性和刚性两大类。柔性塑料包装主要是由塑料薄片或薄膜形成的包装容器，通常也叫软包装，如糖果的塑料袋包装。刚性塑料包装主要是指刚度、强度及表面硬度较大的，形状较稳定的塑料包装容器，如常见的瓶装洗发水包装。塑料包装类型有塑料袋、中空包装、广口容器、塑料软管包装、箱式包装和盘式包装，如图 3-33 所示。

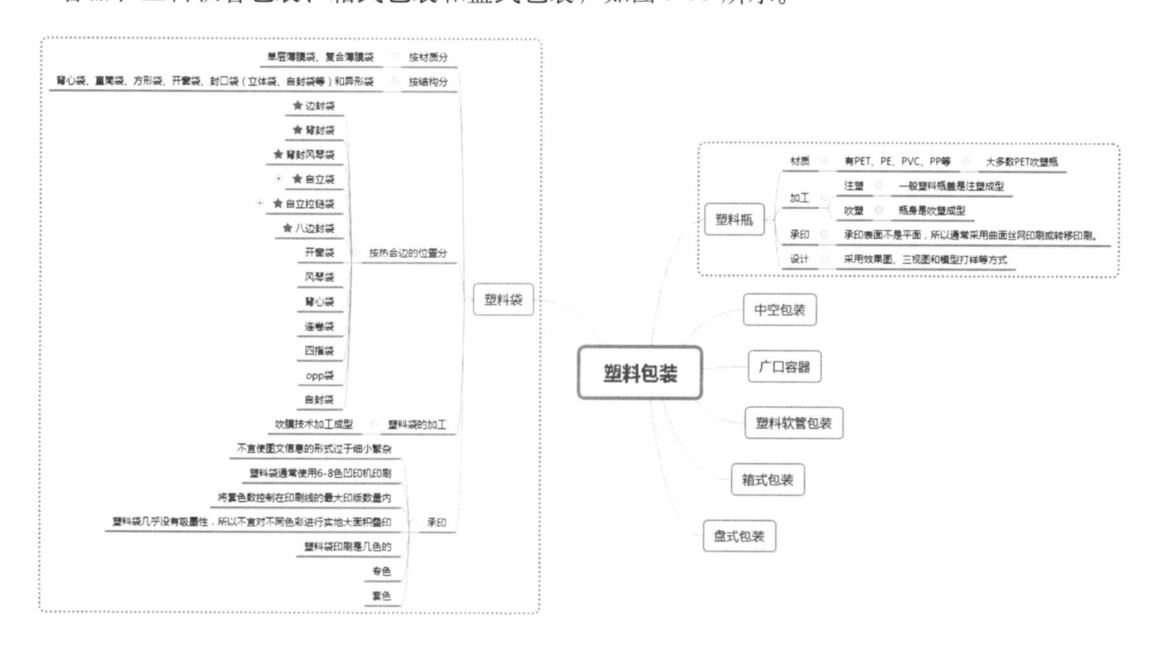


图 3-33 塑料包装类型

塑料袋有很多种袋型，如八边封袋、风琴袋、边封袋、自封袋等。边封袋与自封袋的区别是，自封袋的底部有一个底座。从材质上分，有蒸煮袋、镀铝袋、阴阳袋等。工艺有洗铝、专金、亮油、哑油等。袋子层数有一层、两层、三层。一层的袋子不需要复合。两层、三层的袋子就需要复合。现在比较流行的牛皮纸袋子就是塑料印刷膜和牛皮纸复合形成的，里层还要复合可直接接触食品的膜。有的塑料包装袋是需要制袋的，有的则是卷膜，不需要制袋。可以直接将卷膜发给食品厂，食品厂车间有卷膜包装机器分装产品。复合袋一般是由 BOPP 和共挤膜复合、BOPP 和 PET 复合等。复合袋一般有两层复合和三层复合。有纸与膜的复合，也有不同材质特性的膜与膜的复合，还有膜与铝箔（纯铝）、镀铝的复合。通常，印刷都是在最表面的膜或者纸上面印刷。如两层复合有聚乙烯复合聚丙烯（PE/PP）、聚乙烯复合醋酸乙烯（PE/EVA）、聚乙烯复合尼龙（PE/Nylon）、聚乙烯复合聚对苯二甲酸乙二醇酯（PE/PET）、聚丙烯复合聚丙烯（PP/PP）等。要根据内容物的不同来选择不同的包装材料。例如，蛋糕、豆腐干、花生米、沙琪玛，它们对包装材料的要求是不一样的。塑料袋厚度单位一般是用丝和微米（μm）来表示（不同的厚度，承重不一样，“丝”的值越大，其厚度、承重越大）。塑料其包装重量轻，价格低，机械性能好，是现在广泛使用的包装容器。

丝的单位换算如下。

1 毫米 =100 丝　1 丝 =10 微米

0.01 丝米 =10 微米 =0.01 毫米 =1 丝

塑料包装比较常用的厚度：8 ～ 18 丝米。

中空包装主要指小型的中空塑料包装，常见的有小口瓶、小口桶等，如矿泉水瓶。

广口容器如杯、盒、浅盘、桶、泡罩等形制的包装，多为一次性使用。通常用于各种化妆品、食品、家用洗涤剂等的包装。

塑料软管包装多采用低密度聚乙烯（LDPE）、聚丙烯（PP）、聚氯乙烯（PVC）和尼龙（Nylon）或PE、铝箔多层复合材料制成。其通常质量轻，韧性好，化学性质稳定，主要用于医药、食品、化妆品、日化膏状体、乳剂或液体的包装。

箱式包装一般由热塑性塑料如聚丙烯、高密度聚乙烯（HDPE）加工成型，具有较好的强度和刚性。通常用于商品的周转，如啤酒周转箱。为了增加强度，箱壁通常会采用加强筋。

盘式包装比箱式包装更小、更薄，是一种具有加强筋的塑料包装容器。通常用于储存运输小型、易被挤压损坏的商品，如用于糕点、鸡蛋的储存运输。

下面介绍八边封袋、异型袋和风琴袋。

### 1. 八边封袋

目前，复合包装袋已经在我们生活中无处不在，而八边封袋是最受欢迎的（见图3-34）。八边封袋主要以定做加工为主，定做时要定的起订量，不适合数量很少的客户。在所有袋型中，八边封袋不仅制袋工艺比较复杂，而且价格也比较昂贵。精美的八边封袋有以下优点：能平稳站立，有利于货架展示，很好地吸引消费者眼球；用在干果、坚果、萌宠食品、休闲食品等众多领域。八边封袋是软包装复合工艺，材料不断变化。八边封袋共有八个印刷版面，有充足空间描述产品或进行语言产品销售，产品信息展示更完全。八边封拉链袋配有可重复使用拉链，消费者可以重复开合拉链，这一特点是盒子无法比拟的；袋子外形独特，消费者容易辨认，有利于品牌建立。八边封袋可多色印刷，外观精美，具有很强的宣传促销作用。

图3-34　八边封袋

### 2. 异型袋

异型袋不是常规的四四方方的袋子，而是不规则形状的，如图3-35所示。异型袋以其造型多变的特点具有极佳的货架吸引力，是市场上比较流行的包装形式。异型袋突破了传统方形袋的桎梏，将袋的直线边缘变成弯曲的边缘，体现了不同的设计风格，具有新颖、简单、清晰、易识别、突出品牌形象等特点。与普通包装相比，异型袋有更强的吸引力，产品信息清晰，促销效果非常好，并可任意添加拉链、手提孔、加嘴等应用功能，让包装使用更方便，更具人性化。

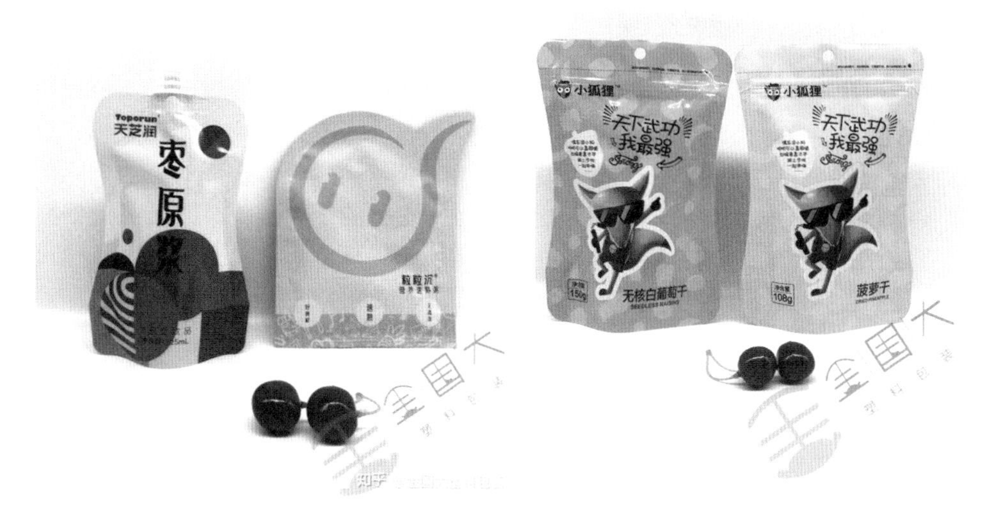


图 3-35　异型袋

### 3. 风琴袋

风琴袋在我们生活中也随处可见，其又称为中封袋，如图 3-36 所示，如茶叶中封袋、大米中封袋。风琴袋就是将普通平口袋子的两侧边缘往袋体内面折入，将原本开口呈椭圆形的袋子折成开口呈矩形的袋子，因为折叠过后，袋子两侧的边犹如风口叶子，但又是封闭的，所以就将这种袋子命名为风琴袋。首先，风琴袋是由平口袋改款而来的，也就是说，在保证容量的情况下，改变了款式造型，因此风琴袋是将原来的平口袋的两边内折，减少了两边的外露，从而减少了包装袋占地空间。其次，包装美观。最后，印刷内容要比平口袋丰富，可以将风琴袋的袋体染成红色、蓝色、黑色、绿色等各种颜色，再在其上面加印各种精美的图案。如果在风琴袋的开口处打一个手提孔，风琴袋就变为手提风琴袋了。

图 3-36　风琴袋

## 3.3.2 金属包装

镀锡薄钢板技术最早出现在奥地利，17 世纪中叶传入英国，并通过英国人经西藏阿里的马口地区传入我国内地，因此又称“马口铁”。为了解决士兵在战争中的饥饿问题，法国人在 1810 年发明了通过加热煮沸密封在玻璃罐中的食物，使其得以长久保鲜的方法。同年，英国人采用镀锡薄钢板焊接成密封性和坚固性比玻璃罐子更好的金属罐头，并装入食物称为“马口铁罐头”。由此，开创了金属包装容器，如图 3-37 所示。马口铁，是在铁的表面镀有一层锡，锡有防止腐蚀与生锈的作用，因此又称为镀锡铁。马口铁将钢的强度、成型性与锡的耐蚀性、锡焊性和美观的外表结合于一种材料中，具有耐腐蚀、无毒、强度高、延展性好的特性。马口铁包装由于具有良好的密封性、保藏性、避光性、坚固性和特有的金属装饰魅力，在包装容器业内具有广泛的应用，是国际上通用的包装品种。马口铁包装可以做各种工艺，如印专色金、银、凹凸、上亮油、露铁等。罐子表面既可以做亚光的，也可以做亮光的。在今天人们的生产、生活中，金属包装容器已经是不可或缺的一部分。

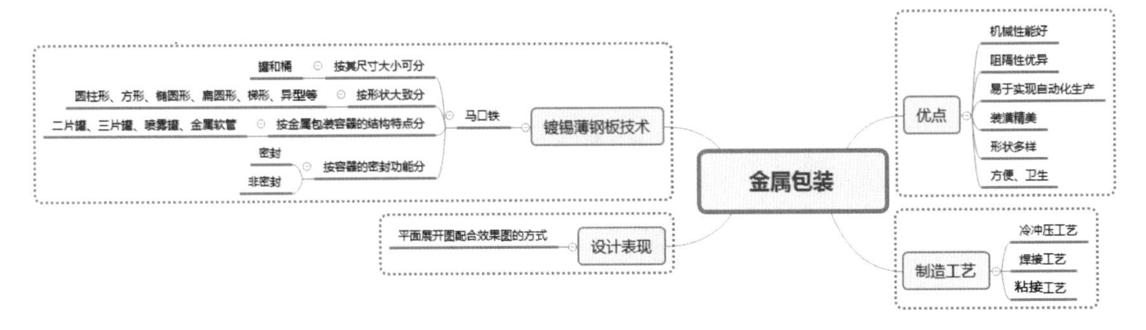


图 3-37 金属包装容器

### 1. 金属包装分类

（1）金属包装分类按其尺寸大小，可分为罐和桶。

（2）金属包装分类按形状，大致分为圆柱形、方形、椭圆形、扁圆形、梯形、异型等。

（3）金属包装容器按结构特点，可分为二片罐、三片罐、喷雾罐、金属软管等。19 世纪至今，由顶、身、底三部分构成的三片金属罐，一直是食品罐头的主要包装容器。

（4）金属包装分类按容器的密封功能，可分为密封和非密封两大类。

### 2. 设计

金属包装容器的设计，可采用平面展开图配合效果图的方式进行，其中，展开图应按印前正稿要求制作。

### 3. 制造工艺

金属容器基本制造工艺有冷冲压工艺、焊接工艺和粘接工艺等。

### 4. 优点、缺点

金属包装容器之所以得到广泛应用，是因为它具有以下优点。

（1）机械性能好。金属容器与其他包装容器相比，如塑料、玻璃、纸类等容器，强度大，刚性好，不易破裂。不仅可用于小型销售包装，而且是大型运输包装的主要容器。

（2）阻隔性优异。金属薄板有比其他任何材料均优异的阻隔性，阻气性、防潮性、遮光性、保香性均好，加之密封可靠，能可靠地保护产品。

（3）易于实现自动化生产。金属容器的生产历史悠久，工艺成熟，有与之相配套的一整套生产设备，生产效率高，能满足各种产品的包装需要。

（4）装潢精美。金属材料印刷性能好；图案商标鲜艳、美观，制得的包装容器引人注目，是一种优良的销售包装。

（5）形状多样。金属容器可根据不同需要制成各种形状，如圆形、椭圆形、方形、马蹄形、梯形等，既满足了不同产品的包装需要，又使包装容器更具变化性，增加了销售量。

（6）方便、卫生。金属包装容器及内涂料一般均能达到卫生安全的要求，用其包装的产品携带和使用方便（一般设有易开装置，如易拉罐的拉环等），能够适应不同的气候环境。同时废弃物处理性较好，可回收循环利用。

虽然金属包装材料有很多优点，但也有不足之处，主要包括：化学稳定性较差，尤其是钢质材料容易锈蚀，一般应涂覆防锈物质；耐酸碱能力较弱，包装酸性物质（尤其是食品）时，金属离子会析出，从而影响产品质量，一般均需要内涂层隔离保护；金属包装材料的价格比其他包装材料的价格高，综合包装成本也较高。

玻璃包装容器

陶瓷包装容器

本章主要学习了包装结构设计，了解了包装结构设计要求、原则和方法，以及17种结构类型；重点学习了纸盒类型、纸盒制图和纸盒结构；掌握了常见的其他包装，如塑料包装、金属包装等。科学、合理的包装结构设计，不仅要保护商品，便利储运，开启方便，利于销售及使用舒适等，而且要使其通过自身独特、新颖的创新来体现和展示一种结构美，从而突出该包装的美感。一个结构设计方案，首先，在选材、耗材方面要尽量合理，尽可能降低生产成本；其次，要针对所选择的材料进行结构的力学分析，使之能有效地保护商品；最后，利用点、线、面、体、色彩、纹理等来表现结构的美感，使结构具有形态美。

### 课题一：纸盒折叠训练

训练目的：掌握常见纸盒结构，让学生亲自动手折叠制作纸盒，如此才能使学生更直观、生动地了解各种结构在实际制作中对尺寸及工艺的把握。

训练内容：准备好基本作图工具（铅笔、直尺、双面胶带、美工刀、橡皮、胶水、量角器等），卡纸（A2 或 A3）颜色不限，准备草稿纸、割垫板。

### 课题二：根据单个产品选择合适的纸盒结构

训练目的：根据产品计算盒型尺寸。

训练内容：准备好基本作图工具（铅笔、直尺、双面胶带、美工刀、橡皮、胶水、量角器等），卡纸（A2 或 A3）颜色不限，准备草稿纸、割垫板。

### 课题三：根据产品组合选择合适的纸盒结构

训练目的：根据产品规格，计算尺寸并选择合适的盒型。

训练内容：带上作图工具和卡纸；另外带一组商品，要求商品形态是散装、小包装的或瓶装的。散装的如瓜子、花生、糖果、饼干、坚果、茶叶等，带来的散装食品要求规格为 300g+200g（总量为 500g 左右）；小包装的如 250g 的茶叶、250g 的坚果等，总量为 500g 左右；瓶装的如化妆品小样等日化用品、饮料、调料等，数量为 2 ～ 4 瓶，尺寸不宜过大，最长边不超过 15cm。

需要注意的是商品之间必须有联系。例如，或属于同种品牌旗下不同产品，如百草味品牌下选择 2 ～ 3 种不同产品，可以是碧根果 250g，夏威夷果 250g；或属于同种产品的不同分类，如恰恰瓜子，可按口味分为奶香味 250g，焦糖味 250g。

# 第4章 配色篇

【学习要点】

- 知道配色原则、单色配色。
- 熟记色相对比、色彩对比知识。
- 综合运用配色知识进行包装设计。

【教学重点】

色相对比。

【核心概念】

配色原则、单色配色、色相对比、色彩对比

## 本章导读

配色，简单来说，就是将颜色摆在适当的位置，达到一种和谐效果。大多数人对色彩画面的敏感度往往超过对文字的敏感度，同时色彩是通过人的印象或者联想来产生心理上的影响，而配色的作用就是通过改变空间的舒适程度和环境氛围来满足人们各方面的要求。配色主要有两种方式：一种是通过色彩的色相、明度、纯度的对比来控制视觉刺激，得到配色的效果；另一种是通过心理层面感观传达，间接性地改变颜色，从而得到配色的效果。就包装设计的配色而论，一般属于装饰色彩的范畴，主要是研究色块的并置关系，给消费者一种美的感受。

在将品牌推向市场时，色彩是至关重要的。让一种颜色占据整个画布可能会产生最好的效果，这有利于吸引消费者的目光。一项关于颜色对营销影响的研究指出，消费者对品牌或产品的快速判断，90% 基于颜色。

## 4.1 基础配色

学习配色知识时，要注意包装配色设计应遵循的基本原则有商品性、广告性、独特性、民族性。

（1）商品性。这与一般绘画用色有明显区别。医药用品和娱乐用品、食品和五金用品、化妆用品和文教用品等都有较大的属性区别。色彩处理要具体对待，发挥色彩的感觉要素（物理、生理、心理），力求典型个性的表现。例如，用蓝色、绿色表示健康、环保、科技包装色；用红色、咖啡色表示饮食、保健、滋补包装色。包装采用了红枣的颜色进行容器的设计，配以黄色给人尊贵、大方、美味纯正的感觉。绿色是大自然中草木的颜色，是生命的颜色，象征着自然和生长。接近黄色的绿色代表着青春，象征着春天和成长；鲜嫩的绿色会引起食欲，象征和平与安全。茶叶的包装色多用绿色。米袋包装采用绿色和淡黄色，传达绿色、营养、健康的理念。紫菜片包装采用黑色、红色及金色，既与食品色彩呼应，又体现食物的温暖与美味。

（2）广告性。由于产品品种日益丰富和市场竞争日益激烈，销售包装视觉表现在广告中日趋重要，其中色彩处理当然是重要方面。色彩效果的晦涩和含蓄只有消极作用，因此，必须注意大的色彩构成关系的鲜明度。根据心理学的原理，一套色比两套色传递迅速，它们之间呈反比关系。用色少，主次分明，层次清楚，能给人简单的整体效果。从商品内容出发，色彩应做到精练、概括和具有象征性，以上是从审美角度分析的。从经济效益角度来看，用色少可以降低成本，有利于商家和消费者的利益。可口可乐包装鲜明的红色、白色产生了强烈的广告效果。

（3）独特性。首先，体现在特异色。有些包装设计中的色彩，本应按其属性配色，但这样画面色彩流于一般，设计师往往反其道而行之，使用反常规色彩，使产品的包装从同类商品中脱颖而出，这种色彩的处理使视觉格外敏感，印象更加深刻。其次，流行色的运用。流行色是合乎时代风尚的颜色，即时髦的、时兴的色彩。它是商品设计师的信息，国际贸易传播的信号。每年国际流行色协会发布的流行色，是根据国际形势、市场、经济等时代特征而提出的，目的是给人心理和气氛上的平衡，从而创造出和谐柔和的环境。

（4）民族性。色彩视觉产生的心理变化是非常复杂的，它因时代、地域而不同，或因个人判别而悬殊。各个国家、民族，由于社会背景、经济状况、生活条件、传统习惯、风俗人情和自然环境影响而形成了不同的色彩习俗。黄色是我国封建帝王的专用色，象征神圣、庄严、权威，它代表中心，在包装中常用于食品色，它给人丰硕、甜美、香酥的感觉，是一个能引起食欲的色彩。在我国人们对红色自古以来就情有独钟，大到国庆、春节，小至个人婚嫁、生日等，都以红色象征喜庆、吉祥。节日礼品包装上的色彩多用红色。

基础配色，也指单色配色，指由单一基色组成或者加上黑色、白色，通过调整饱和度、明度进行扩展。单色配色风格明显，色调统一且稳定，不容易出错，也是比较容易掌握的配色。

案例

## 猫小左豆腐猫砂品牌包装设计

“猫小左豆腐猫砂”是上海的客户委托四喜做的品牌包装设计。猫砂是养猫人为猫提供的用来掩埋粪便和尿液的东西，一般为颗粒状，有较好的吸水、吸味性能。一旦将适量的猫砂倒于猫砂盆内，受过训练的猫要排泄时就会走进猫砂盆内排泄。

调研分析：猫小左豆腐猫砂有何不同？团队拿到项目后，先明确策略，从自身资源、消费者、竞争情况三个方面展开分析。

（1）挖掘自身资源。猫小左豆腐猫砂是用植物淀粉、豌豆提取物等天然原料制成，这是所有豆腐猫砂基本的原料成分。经过研究团队发现，猫小左最大的不同是，“特别添加进口植物丝兰提取物”。基于这一点，团队进行了大量资料调研，丝兰是原生长在美洲沙漠的植物，现被广泛用于动物饲料中，它具有两个作用：首先，抑制尿素分解成氨气，促进微生物将氨气转变成微生物蛋白，从而减少空气中的氨气；其次，增厚动物肠道黏膜，促进有益菌的增殖和蛋白质消化吸收，便于营养物快速吸收，改善动物肠道环境，如图 4-1 所示。

图 4-1　调研后形成的图形符号

(2) 精准洞察消费者。通过观察发现，猫主人的切身感受是猫尿很臭，铲屎是一件令人头疼的事情。追根究底，和猫的体质有关，猫食用大量肉，肠胃很敏感，饮食稍不注意就会胀气，容易腹泻。因此，猫小左猫砂采用丝兰提取物，产品好，用料独特，更重要的是，抑制异味的功能非常强大，并且绝对安全，不用担心猫误食。

(3) 研究竞争渠道。竞争上，研究各个渠道的同价位国内外猫砂发现，大多只强调产品的品类，如豆腐猫砂、水晶猫砂这些品类，品类价值没有挖掘出来、放大传播。在猫砂这种竞争不激烈的品类当中，同类产品只说品类不说品类价值，如果我们抢先说品类价值，虽然不能独占，但是可以吸引消费者，争取优先购买，这是阶段性策略。综上所述，将猫小左定义为：这是一款功能性的猫咪清洁产品，购买理由“消臭除菌”直指消费者的“痛点”。“特别添加进口植物丝兰提取物，猫咪肠胃好，铲屎没烦恼”，提供事实依据和情感疏导，如图 4-2 所示。

图 4-2　猫小左豆腐猫砂品牌包装设计

【案例】重庆小面包装策划设计　　色彩调和

设计执行：货架上的区隔和提供购买理由。明确了策略后，设计就是策略的执行和落地，团队提出设计的两个大方向如下。

(1) 猫砂作为一款清洁产品，与食品猫粮的休闲气质有所区别。

(2) 放大产品核心差异和购买理由。

具体设计执行解析如下。

(1) 猫砂是舶来品，20世纪由美国人艾德发明。在整个市场上，国外的猫砂与我们共同竞争，因此，消费者对标有英文的猫砂接受度普遍较高，设计者可以将品类的英文名突出。

(2) 包装上出现的所有字体，全部是设计师手写，不存在任何字体版权问题。设计师想到猫砂的吸附能力，在英文上做斑驳处理，强调猫小左轻松诙谐的特点。

(3) 点睛之笔，是正面的猫插画，设计师将猫的身子转了一个弯，缠绕在盒子的正面、反面和侧面，拿起另一个盒子就能拼成完整的正面猫。这个心思别具匠心，也很巧妙地诠释了猫顽皮的个性。最终的目的是，在货架上形成一只猫追逐另一只猫的矩阵，强烈而鲜明。

(4) 猫小左的品牌Logo，作为信任背书，遵循了消费者从上至下的阅读习惯，出现在包装正上方，准确且符合阅读规律。

## 4.2 对比配色

色彩纯度越高，对比和视觉冲击就越强，就越抢眼。一般选取占较大面积的商品主色的对比色中的浅色调、纯色调、暗色调作为背景色。因为色彩本身的对比强，画面活跃感十足。如果背景倾向暗色调、浅色调，就会降低强对比的活力感，会向品质感靠拢。

对比是指一种色彩与另一种色彩在时间和空间上的相互关系对视觉产生的影响。一般有以下几个方面的对比，即色彩的冷暖对比、色彩使用的轻重对比、色彩使用的点面对比、色彩使用的繁简对比、色彩使用的雅俗对比、色彩使用的反差对比、色彩的面积对比、色彩的明度对比、色彩的纯度对比、色彩的色相对比等。这里较难掌握的是色相对比。

### 4.2.1 色相对比

色相是色彩呈现的相貌。在包装装潢设计中，运用色相对比能使设计的整体效果鲜明、突出、明快，有较强的视觉冲击力。任何一个色相都可以自为主色，组成同类色、邻近色、对比色或互补色等对比。在24色相环中相距120°～180°的两个色相均是对比关系。选取商品主色的对比色的浅色调或纯色调作为背景色。色相对比是两种以上色彩组合后，因色相差别而形成的色彩对比效果，它是色彩对比的一个表现方面，其对比强弱程度取决于色相之间在色相环上的距离（角度），距离（角度）越小对比越弱，反之对比越强。色相对比分为同类色相对比、邻近色相对比、对比色相对比和互补色相对比等，如图4-3所示。

#### 1. 同类色

在色相环上，色相差在15°以内的颜色为同类色。积极的效果：单纯、柔和、协调、格调统一、高雅、文静。消极的效果：平淡、单调、无力。其常用于突出某一色相的色调，注重色相的微妙变化。

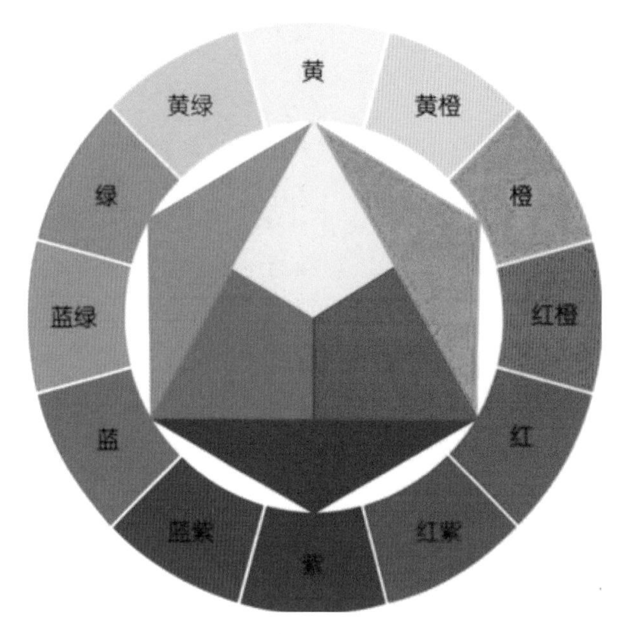


图 4-3　色相环——色相对比

同类色相对比是同一色相里的不同明度与纯度色彩的对比。这种色相的统一，不是各种色相的对比因素，而是色相调和的因素，也是把对比中的各色相统一起来的纽带。因此，这样的色相对比，色相感显得单纯、柔和、协调，无论总的色相倾向是否鲜明，格调都很容易统一、调和。这种对比方法比较容易被初学者掌握。仅仅改变一下色相，就会使总色调改观。这类格调和稍强的色相对比格调结合在一起时，让人感到高雅、文静；相反，则让人感到单调、平淡而无力。

## 纽富婧美胶原蛋白包装设计

胶原蛋白被称为“骨中之骨，肤中之肤”。纽富婧美胶原蛋白主要是针对“20 ~ 45 岁的都市女性”，女性在 25 岁之后胶原蛋白流失加速，她们希望通过胶原蛋白产品来弥补流失的胶原蛋白，留住青春，留住美丽。因此，纽富婧美包装策略根据产品本身的功效、受众人群的心理及审美将其包装策略方向确定为精致优雅，女性魅力，时尚简约，天然健康。插图为“蝴蝶”，寓意美丽优雅的女性，如图 4-4 所示。借助胶原蛋白产品，留住青春，留住美丽。简洁的插图，配合环保材质及烫金工艺，体现时尚精致感。

图 4-4 纽富婻美胶原蛋白包装 深圳智圆行方包装原创设计

### 2. 邻近色

在色相环上，色相差在 90° 以内的颜色为邻近色。这一类型的色相对比关系中有相互渗透的现象，有明显的统一调性：或为暖色调，或为冷色调，或为冷暖中调，具有既明显、活泼，又能保持统一、协调、单纯、雅致、柔和、耐看的优点。邻近色相对比的色相感，要比同类色相对比明显一些、丰富一些、活泼一些，可稍稍弥补同类色相对比的不足。当各种类型的色相对比放在一起时，同类色相对比及邻近色相对比，均能保持其明确的色相倾向与统一的色相特征。这种效果使包装设计更鲜明，更完整，更容易被看见。这时，色调的冷暖特征及其对比效果就显得更有力量。关于色调冷暖的知识，将在冷暖对比一节里进行详述。

### 壮姑娘桄榔粉包装设计

白头叶猴是广西特有的猴类，仅存数百只，被公认为是世界上最稀有的猴类，其珍稀程度不亚于国宝大熊猫。选取白头叶猴作为包装元素，具有地域代表性，且与壮姑娘的其他产品形成系列，增强了品牌的识别度。画面中以白头叶猴为原型的吉祥物在桄榔树下采摘果实，画面有趣可爱，配色清新，突出展现了产品新鲜采摘的特色，如图 4-5 所示。在 2019 年“中国特色旅游商品”评选中壮姑娘桄榔粉荣获金奖。

图 4-5　壮姑娘桄榔粉包装　有空设计机构原创设计

## 比格伦酸牛奶品牌包装设计

比格伦酸牛奶，是针对少年儿童成长的一款酸牛奶。而少年儿童的父母又多是“80 后”等年青一代的群体，比较能接受卡通、可爱的形象，如图 4-6 所示。

图 4-6　比格伦酸牛奶品牌包装　毒柚品牌设计机构原创设计

## 三七粉包装设计

三七粉包装设计传达了简单的新中式概念。如今满世界都是广告或信息，在信息的海洋里，顾客早已“迷路”。此时，简单更容易赢得好感。设计时用毛笔写美术字，配合插图，较好地呈现产品的整体调性，如图 4-7 所示。

图 4-7　三七粉包装设计（张晓宁、张龙园）

滋补保健品包装设计

### 3. 对比色

对比色的色相感，要比邻近色鲜明、强烈、饱满、丰富，容易使人兴奋、激动和造成视觉及精神的疲劳，容易产生杂乱感和过分刺激，倾向性不强，缺乏鲜明的个性。

Doisy & Dam 包装设计

### 4. 互补色

互补色是色相环上色相差在 180° 的两个颜色，若它们混合则产生中性灰色。补色并置时，对方色彩更加鲜明，互为对立又互为需要。一对补色总是包含三原色，同时也包括全部色相，是最有美感价值的配色关系。互补色相对比的色相感，要比对比色相对比更完整、更丰富、更强烈，更富有刺激性。对比色相对比较为单调，不能适应视觉的全色相刺激的习惯要求，互补色相对比就能满足这一要求，但它的缺点是不安定、不协调、过分刺激，给人一种幼稚、原始和粗俗的感觉。要把互补色相对比组织得倾向鲜明、统一与调和。在色相环中，互补的两个颜色统称为补色对，如红色与绿色、黄色与紫色、蓝色与橙色等，如图 4-8 所示。补色对中的两个颜色并排或相邻会使人感到纯度增加，色彩更明艳。在包装色彩设计中运用补色对比，会使包装有一种绚丽夺目的感觉 ，易使包装在众多竞争对手中脱颖而出。但运用一定要恰当，否则会显得杂乱无章。

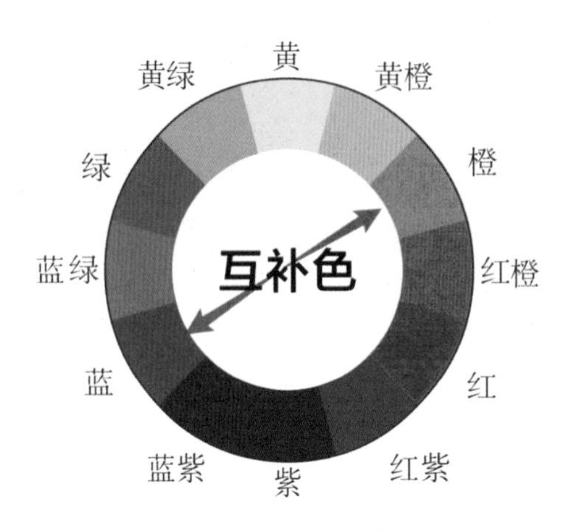


图 4-8　色相环——互补色对比

【案例】龙门秦晋里啤酒包装设计

## 百果园果汁包装设计

百果园是国内最大的水果连锁品牌，在市场上有着较高的知名度，为了满足消费者个性化及多样化的需求，百果园首推鲜榨果汁品牌，致力于打造一款可以喝的新鲜水果。37&21 设计接受百果园公司的委托，打造全新的果汁品牌形象，项目涵盖品牌定位、命名、视觉识别系统（VI）设计、产品包装设计等。经调研显示，百果园品牌通过 10 多年的不懈努力，已悄然将“百果园的水果最好吃”的观念根植于消费者心里，而此时推出的果汁品牌自然要借力于此。鲜榨果汁的最大“痛点”就是消费者对水果产品源头的质疑，因此以百果园作为品质保障，能给消费者更可靠的品牌信赖感。品牌命名为“猴果滋”：一是关联百果园的超级猴子符号；二是猴果滋也是好果汁的谐音。广告语为：“猴果滋，来自百果园。”中国人对猴子有着特殊的情感，近年来，以猴子作为载体创作的形象颇多，但形式过于雷同。我们联合波兰插画师 Anna 创作了一个与众不同的猴子角色，其自然洒脱，形式新颖，时尚且富有艺术情趣。我们赋予每款果汁包装相应的主题故事，通过商业艺术插画的形式呈现返璞归真、不拘一格的创意特点，更好地诠释了猴果滋品牌的设计理念，如图 4-9 所示。

图 4-11　百果园果汁包装

侗乡有米包装设计

壮姑娘辣椒酱包装设计

## 4.2.2　其他色彩对比

### 1. 冷暖对比

色彩具有心理上的冷暖感，而非物理性的温度感。红色、橙色、黄色给人温暖感，而蓝色、绿色、青色给人清凉感，这些都是人的心理作用。将这两种属性的色彩并置，可产生冷暖对比效果。在运用冷暖对比时，应以一方为主，以另一方为辅，相互协调，如图 4-9 所示。

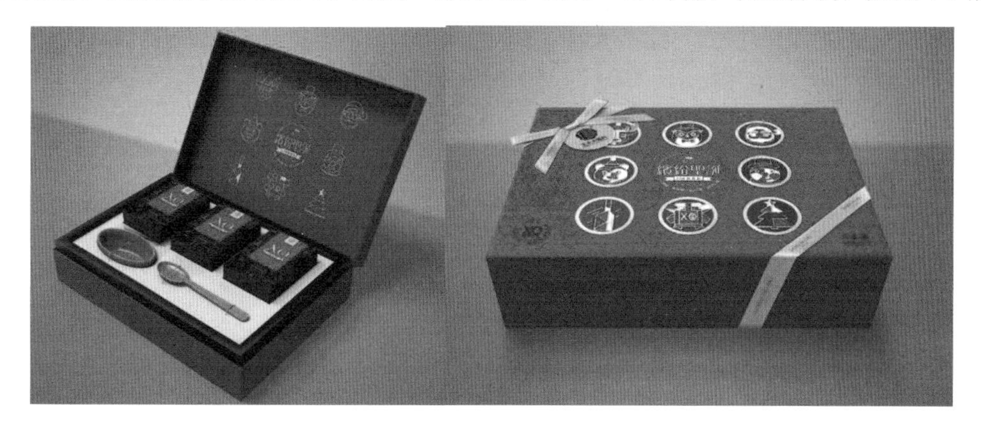

图 4-9　王木木圣诞礼盒包装设计　圣智扬包装设计

2. 明度对比

明度是色彩的明暗程度。在孟塞尔颜色系统里，明度被分为 10 个色阶。其中，1 为纯黑，10 为纯白。明度对比可根据明度色阶差分为三种类型，即明度弱对比、明度中对比及明度强对比。明度对比是将两种不同明度的色彩并列产生的对比效果，其比较效果会使明色更亮，暗色更暗。在包装色彩设计中运用明度对比能使包装的整体形象更加鲜明、强烈，重点更加突出。在心理学中，明度对比亦称明暗对比、亮度对比、深浅对比。

每种色彩都有自己的明度特征。饱和的黄色和紫色比较，除它们的色相不同外，还会感觉有明暗的差异，这就是色彩的明度对比。男士化妆品包装常常以深色为基调，搭配小面积中明度色，以显庄重。

深浅对比，则是指在设计用色上深、浅两种颜色同时巧妙地出现在一种画面上，从而产生比较协调的视觉效果。例如：大面积的浅色铺底，在其上用深色构图；在淡黄色的铺底上，用咖啡色构图，或在咖啡色的色块中使用淡黄色或白色的图案线条；用淡绿色铺底，用墨绿色构图；用粉红色的铺底，用大红色的构图；等等。这种形式在一些化妆品包装上或是一些西洋葡萄酒的包装上，尤其是西欧的葡萄酒包装上最为常见。中国的张裕葡萄酒、双汇的广式腊肠及希杰的肉制品包装大都是用这种形式表现的。它表现出来的视觉效果是明快、简洁、温和、素雅。

色彩使用的深浅对比往往是用轻淡素雅的底色衬托凝重深沉的主题图案，或在凝重深沉的主题图案（多为色块图案）中表现出轻淡素雅的包装物的主题与名称，以及商标或广告语等。反过来，也有用大面积的凝重深沉的色调铺底，另用轻淡素雅的色调或集中于某个色块中或整体装饰一些纹案，如图 4-10 所示。在这种轻重对比中，一般有协调色对比和冷暖色对比，协调色对比的手法往往是淡绿色对深绿色、淡黄色对深咖啡色、粉红色对大红色等，而冷暖色的对比多为黑色与白色、红色与蓝色等。

图 4-10　智圆行方 × 星农联合大闸蟹包装设计　深圳智圆行方包装设计

### 3. 点面对比

点面对比（大小对比），主要是进行一个包装画面的设计时，在使用颜色上从一个中心或集中点到整体画面形成对比，即小范围画面和大范围画面的对比。在日常生活中，尤其是洗涤、化妆用品中我们可以看到，一个产品的包装盒上，整个面干干净净，只在中间很集中地出现一个非常明显的颜色深的小方块（或椭圆形的或小圆形的），然后再从这个小方块的画面上体现包装物内容的品牌与名称的主题，这既是点与面的结合，又是大与小的对比，偶尔也有从点到面逐渐过渡的对比。

### 4. 繁简对比

滑石白水贡米的包装正反面进行了繁简对比，给人留下了深刻印象，如图 4-11 所示。

图 4-11　白水贡米食品包装　设计总监：张枫桥

### 5. 雅俗对比

雅俗对比主要是以突出“俗”而反衬它的高雅。这种“俗”的表现形式是颜色的“脏”乱和无序进行，但实际上独具匠心，一些西方油画就是这种表现形式，即现代抽象艺术，如图 4-12 所示。这种构图，要么是象征性地揭示主题，要么是为“烘托”主题服务，使之万花丛中一点红。例如，看上去是将一堆乱七八糟的颜色涂在一个包装画面上，然后却悄悄地在一旁或在其中巧妙地点睛出图案的主题。除包装外，有些书的装帧、广告、宣传画上的海报、电视上的休闲栏目也都有这样的尝试。

### 6. 反差对比

反差对比实质上是根据多种色素的不同而相互间形成的反差效果。这种反差效果通常的表现方法为：明暗的反差（阴阳的反差），如中国的八卦图；冷暖的反差，如红色和蓝色的对比；动静的反差，如淡雅平静的背景与“活蹦乱跳”的图案文字对比，如图 4-13 所示；轻重的反差，如深沉的色素与清淡的色素对比；等等。

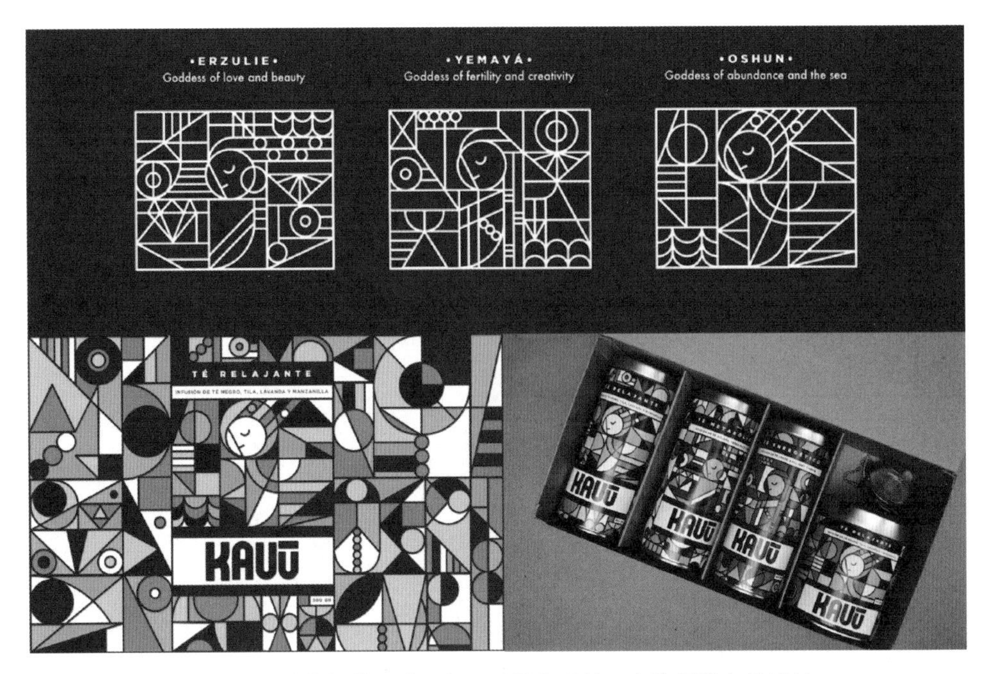


图 4-12　花茶包装设计几何图形拼色设计　上海橘猫包装设计

图 4-13　火锅底料包装设计　四月品牌包装设计

7. 面积对比

色彩的面积对比指两个色块或更多色块的相对的多与少、大与小的对比。同样面积的色块，由于色彩纯度、明度、色相不同，会给人大小不同的视觉感受，如图 4-14 所示。在设计中，通过对色块面积对比进行处理，可以有效地协调这种差异。

图 4-14　蜂蜜包装设计

## 8. 纯度对比

纯度是色彩的鲜艳程度。纯度对比是指不同纯度的色彩并列产生的对比效果，其结果是鲜明的色彩越鲜明，混浊的色彩越混浊。一个鲜艳的红色和一个含灰的色相比较，能感觉出它们在鲜调和浊调上的差异，如图 4-15 所示。纯度对比既可以体现在同一色相不同纯度的对比中，也可以体现在不同的色相对比中。纯度对比在包装设计中可以更加突出主题。

图 4-15　墨水系列包装设计　Daniel Frumhoff 获奖设计作品

## 9. 原色对比

红色、黄色、蓝色三原色是色相环上最极端的三种颜色，表现了最强烈的色相气质，它们之间的对比属于最强的色相对比。如用原色来控制色彩，会使人感到一种极强烈的色彩冲突。例如，京剧脸谱使用强烈的三原色突出人物的特征等。

王木木新年礼盒包装设计

### 10. 间色对比

橙色、绿色、紫色为原色混合所得的间色，色相对比略显柔和。自然界中的植物的色彩以间色为多，如果实的黄橙色、花朵的紫色等。绿色与橙色的对比与绿色与紫色的对比都是活泼鲜明、具有天然美的配色，如图 4-16 所示。

图 4-16　休闲食品——太阳锅巴包装设计

豆乐享有机豆奶

包装设计色彩的对比完全是图案的需要而通过各种不同颜色的对比来表现的一种方式，但是这种色彩方案又是构成整个包装图案要素必不可少的，有些图案，甚至就是不同色彩的巧妙组合。因此，在包装设计的过程中，把握好色彩和色彩自身的对比关系，可以设计出好的包装图案，当然，这需要在大量的实践中汲取经验。

当今，包装设计已经成为产品不可或缺的重要组成，在为满足人们对商品的物质需求和审美需求而设计的营销包装中，包装配色成为包装设计和品牌推广必不可少的元素。当包装的颜色与商品的特质相符合时，包装就能吸引更多的顾客，包装中成功的色彩搭配也可以使消费者在提及某个品牌时马上联想到其标志性颜色。色彩有利于树立品牌形象，品牌和色彩是紧密相连的，因为色彩能够快速传达品牌个性与品牌文化，这也是世界上许多知名的品牌都将色彩作为品牌识别的关键点。

### 课题一：单色配色

训练目的：掌握单色配色技巧。

训练内容：根据给定的素材文件，进行单色配色训练。

### 课题二：色相对比

训练目的：掌握同类色、近似色、对比色和互补色。

训练内容：根据给定的素材文件，进行色相对比训练。

### 课题三：对市场现有品牌进行色彩改良设计

训练目的：根据真实产品合理地进行包装配色。

训练内容：自选一个品牌的单个产品进行色彩改良设计。

# 工 艺 篇

【学习要点】

- 掌握印刷定义、印刷要素、印刷分类、印刷机械、印刷工艺流程与识别防伪。
- 了解八种常见包装材料及包装辅助材料。
- 熟知塑料软包装、不干胶标签、精装盒包装、铁质包装的印刷知识并进行核算。

【教学重点】

包装的印刷工艺与经济成本核算；包装实训基地参观与考察。

【核心概念】

包装印刷要素、包装印刷机械、包装印刷分类、包装辅助材料、包装印刷核算

包装印刷，是指将设计原稿印刷于包装材料表面的过程。包装印刷设计是按印刷生产相关技术要求，对包装设计方案进行技术处理，使其成为合格印刷原稿的过程。一件包装设计的最终效果，取决于文字、图形、色彩通过印刷在包装材料上的综合反映。作为包装设计人员，应了解设计与印刷之间的关系、各种印刷的特点、印刷与各种工艺的表现力、印刷制作的流程及印刷的成本核算等基本知识，只有这样，才能有效地结合制作，将设计意图准确地反映出来，甚至为设计效果增光添彩。否则设计同印刷工艺相脱节，会给后期制作生产带来很大难度。

包装工艺设计主要是承担商品生产包装工艺过程的包装操作工艺方式，以及包装加工机械设备的选用与配套设计。其职业技能要求必须熟悉了解相关的产品包装生产工艺设备、材料与操作技术、跟踪包装新技术、新工艺的发展，并在包装工艺设计中予以应用；确定包装相关的技术参数和性能指标，确定相应的包装工艺方法与设备，并能加以利用创新；检测和分析包装的质量问题，并提出解决方案。

## 5.1 包装印前设计

### 5.1.1 印刷基础

传统的印刷是指根据文字原稿或图像原稿，采用直接或间接的方法将其制作成印版，之后在印版上涂覆黏附性色料，利用机械压力，将印版上的色料转移到承印物表面，从而对原稿进行批量化复制。

当代的印刷是指将原稿快速、批量化复制到承印物的过程。由于电子技术对图文复制技术有积极的促进作用，出现了静电印刷、喷墨印刷等方式，机械压力甚至印版在某些时候已经不是印刷必需的条件了。

包装印刷在印刷原理和技术的基础上与一般的书籍、报刊印刷相同，但具体工艺更为复杂。包装印刷是印刷领域相对独立的一个分类，从工业技术角度来看，包装印刷又是包装工

艺与印刷工业的交叉学科，由包装的保护功能和使用功能决定。包装材料、包装成型加工工艺，通常需要具有多种特点，如图 5-1 所示。

图 5-1 包装材料、包装成型加工工艺特点

### 1. 印刷五要素

包装印刷主要有五大要素，分别是原稿、印版、承印物、油墨和印刷机械。

1）原稿

原稿是制版依据的承载于某种载体上的原始图文。原稿的类型，既可以是照片、反转片、手绘稿、打印件等实物原稿，也可以是数码照片、电子文本、电脑设计稿等数字原稿。

无论是实物原稿还是数字原稿，都有质量的好坏的问题。在创作、拍摄和选用图文资料时，一定要进行检查或必要的技术处理，使设计原稿符合印刷质量的标准。

2）印版

印版是用于传递印刷油墨至承印物上的印刷图文载体。印版上吸附油墨的部分为图文部分，也称印刷部分；不吸附油墨的部分为非图文部分，也称空白部分。依据图文部分和非图文部分的相对位置的不同和结构的不同，印版分为凸版、平版、凹版和孔版四大类。不同类型的印版其制版材料、制版方式和印刷方式各不相同。

3）承印物

承印物是能接受油墨或吸附色料并呈现图文的各种物质。现代包装印刷的承印物除了大量使用各种类型的纸张，还包括塑料、玻璃、金属、木材、陶瓷、皮革、纤维织物等各种材料。

4）油墨

印刷油墨是印刷过程中被转移到承印物上的成像物质。印版上的图文通过油墨在承印物表面形成印刷痕迹。油墨由填充料与辅助剂构成，具有流动性和黏附性。不同印版一般使用对应类型的油墨，如凸版油墨、平版油墨、凹版油墨和孔版油墨，以及专用油墨和特种油墨。一般凸版油墨和平版油墨印刷效果有半透明性，凹版油墨和孔版油墨较厚实，具有较强覆盖力。

5）印刷机械

印刷机械是用于生产印刷品的机器设备的总称。印版不同，印刷的具体方式也不相同，因此印刷机通常也分为凸版印刷机、平版印刷机、凹版印刷机和孔版印刷机四大类。其主要结构由送纸、给墨、印刷和收纸等系统构成，平版印刷还包括给水系统。

印刷机由输纸、输墨、输水（胶印特有）、压印、收纸等装置组成。

印刷工艺包括印前、印中、印后和质检。

2. 四色与专色印刷

在学习四色印刷和专色印刷之前，设计师还必须知道 RGB 与 CMYK 是设计中常用的两种色彩模式。RGB 模式是电脑、手机、投影仪、电视等屏幕显示的最佳颜色模式。CMY 是三种印刷油墨名称的首字母，即青色（cyan）、品红色（magenta）、黄色（yellow）的首字母。从理论上来说，只需要 CMY 三种油墨就足够了，它们三个加在一起就应该得到黑色。但是目前制造工艺还不能造出高纯度的油墨，CMY 相加的结果实际上得到的是深灰色，不足以表现画面中最暗的部分，必须加入黑色（black）。并且，黑色可以让暗部的细节更清楚，让中间调和暗部分更清楚。所以，CMYK 是印刷用的颜色，用显示器来预览 CMYK 会变色，一般包装设计时校对的文件都是 RGB 模式，只有定稿打印时才使用 CMYK 模式。

1）四色印刷

四色印刷是用 CMYK（青色、品红色又叫洋红色、黄色、黑色）四色套印出来需要的颜色。通俗点说，就是利用这四种颜色的不同叠加得到需要的颜色，只要颜色有渐变的都是四色套印出来的，四色印刷是用网点叠加出来的，用放大镜可以看到不同颜色的网点，如图 5-2 所示。初学者，可以借助四色印刷配色手册或者色卡进行配色，如图 5-3 所示。

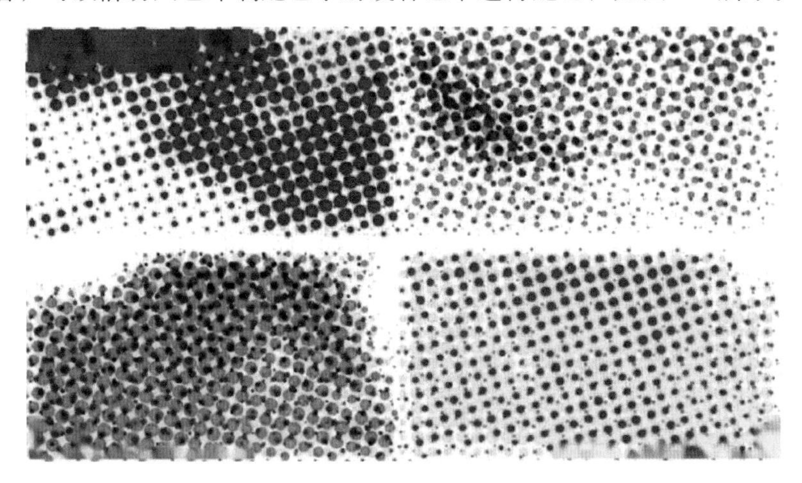

图 5-2　不同颜色的网点

图 5-3　四色印刷配色手册

2）专色印刷

专色印刷是指采用青色、品红色、黄色、黑色四色墨以外的其他色油墨来复制原稿颜色的印刷工艺。包装印刷中经常采用专色印刷工艺印刷大面积底色。专色印刷是单一色，没有渐变，图案是实底的，用放大镜看不到网点。一般来说，专色印刷成本略高。有专色的包装设计正稿，通常需要设计师进行专色拆色处理，以确保制版、印刷环节对专色进行正确的理解和印刷。如果不同专色之间的套位有很精密的要求，还需要在拆色时进行专色的陷印处理，以防止套色的边缘出现底色。在综合考虑提高印刷质量和节省套印次数的情况下，经常要选用专色印刷。专色印刷颜色明度较低，饱和度较高；墨色均匀的专色块通常采用实底印刷，要适当地加大墨量，当版面墨层厚度较大时，墨层厚度的改变对色彩变化的灵敏程度会降低，所以更容易得到墨色均匀、厚实的印刷效果。专色油墨是指一种预先混合好的特定彩色油墨，如荧光黄色、珍珠蓝色、金属金银色油墨等，它不是靠 CMYK 四色叠印出来的，套色意味着准确的颜色。套色色库中的颜色色域很宽，超过了 RGB 的表现色域，更不要说 CMYK 颜色空间了，所以，有很大一部分颜色是用 CMYK 四色印刷油墨无法呈现的。

潘通（PANTONE）色卡为国际通用的专色标准色卡，如图 5-4 所示。潘通色卡是享誉世界的色彩权威，涵盖印刷、纺织、塑胶、绘图、数码科技等领域的色彩沟通系统，已经成为当今交流色彩信息的国际统一标准语言。Pantone，Inc. 在色彩方面是闻名全球的权威机构，也是有关色彩选择和准确交流方面的色彩系统和领先技术的供应商。“潘通”这一名字在世界上被公认为是从设计师到制造商、零售商，最终到客户的色彩交流中的国际标准语言。

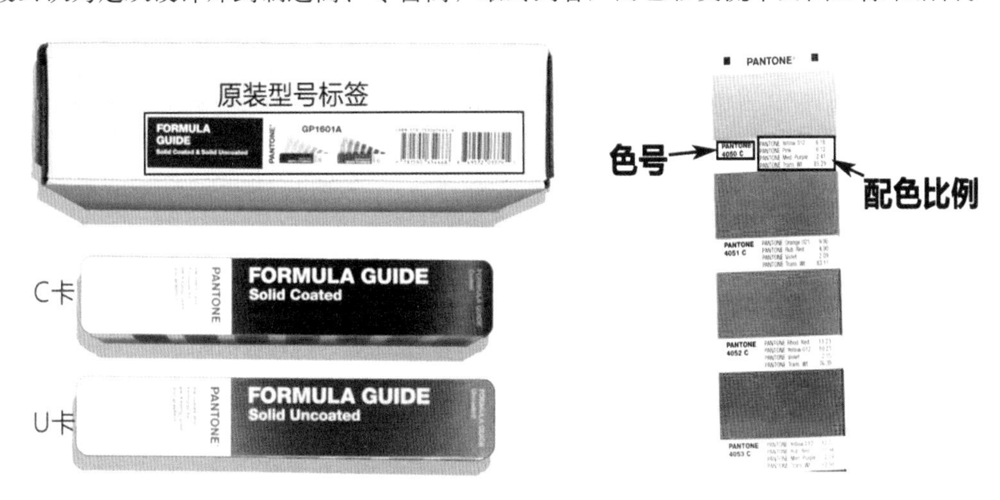


图 5-4　潘通 CU 色卡

(1) 潘通色卡。色卡是用来传递颜色信息的一种参照物。就是把各种颜色编好 PANTONE 色号，只要告诉对方色号，对方就可以查到是什么颜色。色卡有很多种类，潘通色卡运用最为广泛。

(2) 潘通色号。美国 PANTONE 色号，是将颜色以数字的方式进行明确的描述。如 pantone256C、pantone256U 、pantone 19-1111TPX、pantone 18-1227TC 分别代表不同的颜色。如今，世界各国广泛采用了美国 PANTONE 统一的专色标准，既方便了用户，也稳定了质量。潘通色彩是美国标准认证色彩，为包装印刷业和油墨制造业提供了便捷、快速的配色方案和颜色标准，为产品批量复制提供了条件。潘通油墨基本色是纯原色油墨，以单一颜料（色料）按较高的百分比含量配制而成，具有极高的色浓度和色纯度，从而具有色彩纯正、鲜艳，浓度高，色差小，配色精度高等显著优点。

（3）潘通油墨。潘通油墨符合环保可持续发展理念，共有 1867 色，有广泛的应用。例如，中国电信 Logo 及手提袋等内部印刷品使用的蓝色是潘通 286C；中国农业银行使用的绿色是潘通 3288C；中国法制出版社等各大出版社为特定客户提供的专色印刷都是使用的潘通专色油墨。

（4）潘通特点。① 准确性：每种套色都有其固定的色相，每个色号对应唯一的专色颜色。所以它能够保障印刷中颜色的准确性，从而在很大程度上解决了颜色传递准确性的问题。② 实底性：专色一般用实底色定义颜色，而无论颜色深浅。如此避免了出现套印误差的可能。③ 不透明性：专色油墨是一种覆盖性质的油墨，它是不透明的，可以进行实底的覆盖。④ 表现色域宽：专色色库中的颜色色域很宽，超过了 RGB 的表现色域，更不要说 CMYK 颜色空间了。颜色丰富，普通专色颜色数量就多达几千种，基本满足客户专色印刷颜色需求；物理化学性能优良，具有良好的流平性，着色力强，透明度好，印品效果层次丰富、生动活泼。⑤ 经济性：省去印刷上机调整颜色的时间，减少网版套数，节约人工、水电、设备折旧等成本。⑥ 环保性：潘通普通专色油墨以 1 ～ 7 开头的三位数或者四位数表示，如 368C/U、7654C/U 等。

常见的很多高档印刷品都使用潘通油墨来印刷。例如：出口订单为国外客人定制的手机、手表、电动工具、医学仪器、电子产品等的包装盒；食品、药品、化妆品包装；杂志、图书、海报、彩页、宣传册、请柬等印刷品；手提袋、不干胶、服装吊牌、名片、版画等。

### 3. 印刷分类

印刷是使用印版或其他方式将原稿上的图文转移到承印物上的工艺技术。根据印刷的定义，印刷的分类方法也是多种多样的，一般用得最多的是根据印版的不同进行分类。针对包装品采用的印刷方式可以统称为包装印刷，其根据不同的需要可以采用不同的分类方法，如图 5-5 所示。由于包装品的多样性和加工的高要求性，针对包装而采用的印刷方式也不是完全固定的。目前，我们通常接触的印刷种类主要有平版印刷、凸版印刷、凹版印刷、孔版印刷、柔性版印刷五种。

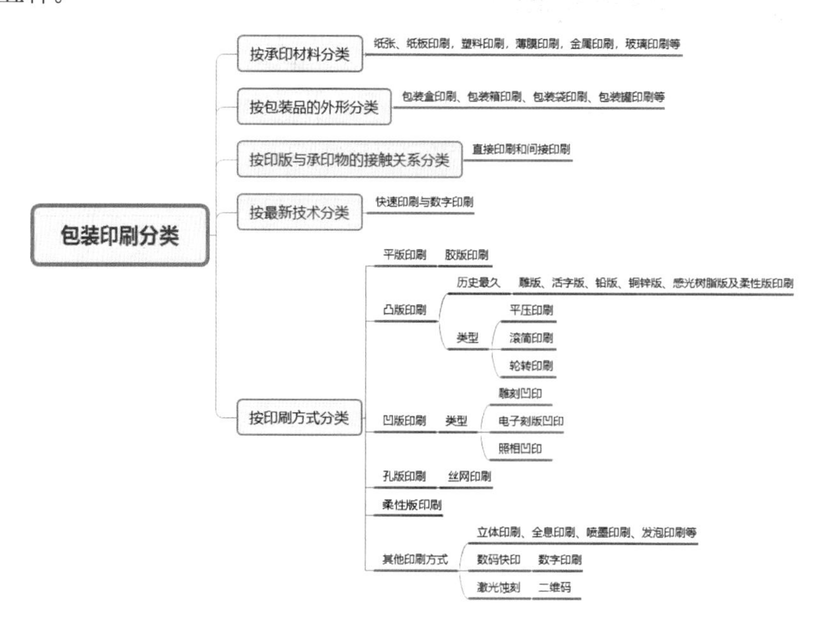


图 5-5　包装印刷的不同分类

1）平版印刷

平版印刷简称平印，也称为胶版印刷，是现代印刷应用最广泛的一类印刷方式。平版印刷是利用油水不相溶的原理，在印版上不着墨的部分，由一层亲水物质组成，图像由一层亲油物质组成。平版印刷印版上的图文部分与非图文部分几乎处于同一个平面，在印刷时，为了能使油墨区分印版的图文部分和非图文部分，首先由印版部件的供水装置向印版的非图文部分供水，从而保护印版的非图文部分不受油墨的浸湿。其次，由印刷部件的供墨装置向印版供墨，由于印版的非图文部分受到水的保护，因此，油墨只能供到印版的图文部分。最后，将印版上的油墨转移到橡皮布上，再利用橡皮滚筒与压印滚筒的压力，将橡皮布上的油墨转移到承印物上，完成一次印刷。因此，平版印刷是一种间接的印刷方式。平版印刷套色准确，色调柔和，层次丰富，吸墨均匀，适合大批量印制，尤其是印刷图片，特别适合画册、书刊、样本、包装等的印刷，应用范围很广，但不适合要求烫金、凹凸等特殊效果的印刷。如高档商品或香烟的包装设计，其中商标图形采用烫金手法或文字采用凹凸效果，平版印刷就无能为力。

2）凸版印刷

凸版印刷有平压印刷、滚筒印刷、轮转印刷三种类型。适用于产品精细程度要求不是很高的情况，普通的凸版印刷主要适合一些线条原稿的包装盒和包装箱印刷。凸版印刷的特点是印刷品的墨色比较厚实，网版部分的网点清晰，适合印刷凸凹和烫金的包装设计产品。凸版印刷即印刷版上的图文直接转印到承印物的印刷方式。就像盖图章一样，版面凸出的部分着墨后，直接压印在纸面上。使用凸版（图文部分凸起的印版）进行的印刷，简称凸印，是主要印刷工艺之一。需要注意的是，凸版印刷时都是纸张（或其他承印物）与印版相接触，并施加一定的压力，属接触压印式印刷。凸版印刷所用印版的图文部分隆起，其中又包括雕版、活字版、铅版、铜锌版、感光树脂版及柔性版印刷等。凸版印刷历史最久，在长期发展过程中不断得到技术改进。

3）凹版印刷

凹版印刷指印版上着墨区域低于非着墨区域的印刷方式。凹版印刷印版的图文部分凹下，又分为雕刻凹印、电子刻版凹印和照相凹印三类。凹版印版直接接触印材进行印刷，油墨有一定的覆盖力，墨色厚重、平实，印刷精度非常高，适合大面积色块和图形轮廓硬朗的专色印刷。凹印制版费用较高，但其印版使用寿命较长。凹版多用于纸质的有价证券、精美画册、精美包装和塑料包装的印刷。生活中常见的色彩厚重、平实的高端纸质酒盒、烟盒，大部分采用凹版印刷。

4）孔版印刷

孔版印刷是使用网目漏色方式进行印刷的一类方法，也称为丝网印刷或网目印刷。丝网印刷是指用丝网作为版基，并通过感光制版方法制成带有图文的丝网印版。丝网印刷首先要将真丝网或尼龙网、铜丝网、不锈钢丝网固定绷紧在金属或木框上；其次在丝网上涂敷感光胶，把做好的图版或底片紧贴感光面进行紫外线曝光。丝网印刷由五大要素构成，即丝网印版、刮板、油墨、印刷台及承印物。不同丝网材质的不同特点与适用范围，如表 5-1 所示。

表 5-1　不同丝网材质的不同特点与适用范围

| 丝网种类 | 特点 | 适用范围 |
| --- | --- | --- |
| 蚕丝丝网 | 与尼龙丝网、聚脂丝网相比，耐热性好。但易受潮影响，套印不准，耐磨性差，不是单丝编织 | 用于精确度不高的印刷；用于刻版法的印刷 |
| 尼龙丝网 | 耐磨性银好，与聚脂丝网相比，易印刷，但是，印刷时容易伸缩。尺寸精度不稳定 | 用于纸张、塑料等的一般印刷 |
| 聚脂丝网 | 耐磨性好，不易受潮。另外，与尼龙丝网相比，印刷时伸缩率小，印刷尺寸精确 | 用于印刷线路板、标牌等精密印刷 |
| 金属丝网 | 印刷时伸缩很小，印刷尺寸精确，但是，弹性差，用力过大会出现凹凸不平、破损现象。保答时应注意 | 用于电子材料等精密印刷 |

5）柔性版印刷

柔性版印刷从 20 世纪 80 年代以来有较大的发展，其印机结构及印刷基材与一般凸印又有所不同，因此有的国家把柔性版印刷作为一个独立的印刷种类。柔性版印刷是使用柔性印版，通过网纹传墨辊传递油墨的印刷方式。近年来，柔性版印刷方式广泛应用于各类包装印刷产品。柔性版印刷几乎能够完成所有的标签印刷工艺，如模切、压凹凸、排废、上光、覆膜、揭膜、翻转印刷、裱合等。另外，包装纸箱的印刷是柔性版印刷机另一个主要业务来源，但那是另一种专用设备，从制版到印刷都与标签印刷设备有所不同。同时，适合窄幅柔性版印刷机的产品还有各类商品的纸包装、折叠纸盒（用于香烟、酒类、医药用品、化妆品、保健品等）、文具用品（信纸、表格、账簿等）、纸袋、纸杯、纸餐具、墙纸等。适合宽幅柔性版印刷机的产品有各类塑料薄膜、真空镀铝膜、纯铝箔包装产品，如液体包装、婴儿纸尿布、女性卫生巾、日化洗涤用品及医疗用品包装等。

在找印刷厂报价时，会发现不同的印刷厂报价差异比较大。这是因为每个印刷厂机器的开度不同，丢纸不同。所以，在印刷前要先问好印刷厂机器的开度，而同一种纸张等级不一样也影响报价。

### 4. 印刷机械

现代包装机械的含义范围很广，广义的包装机械包括包装制版印刷使用的机械设备，生产包装材料与制造包装容器的设备，商品生产过程中使用在包装工序上的机械设备，包装检测、计量仪器设备与其他包装辅助机械设备等四类。狭义的包装机械，则是专指用在产品（商品）全部或部分包装过程的机械设备，如图 5-6 所示。包装机械设备与包装工艺方法是包装设计与管理人员不可缺少的知识。

### 5. 包装材料

包装材料，是指用于制造包装容器和包装运输、包装装潢、包装印刷等有关材料和包装辅助材料。无论哪种包装形式都必须通过材料来实现，尤其是对具有不同功能性的材料的选择与应用，更直接地影响包装的功能效果与加工工艺技术要求。一个创意想法只有借用媒介，才能与人可视化沟通，因此，设计师常使用绘图软件来进行设计，但其若没有深厚的基本功，往往只执着于绘图技巧的表面，则忽略了包装成品的真实感。因为在计算机上看到的都是二维平面的投影，而真实的包装是三维立体的；计算机上的材质是仿真的虚幻效果，真实包装上的材质则是有实际质感的，具有消费者的触觉心理感受，这在包装设计里也是重要的一环。

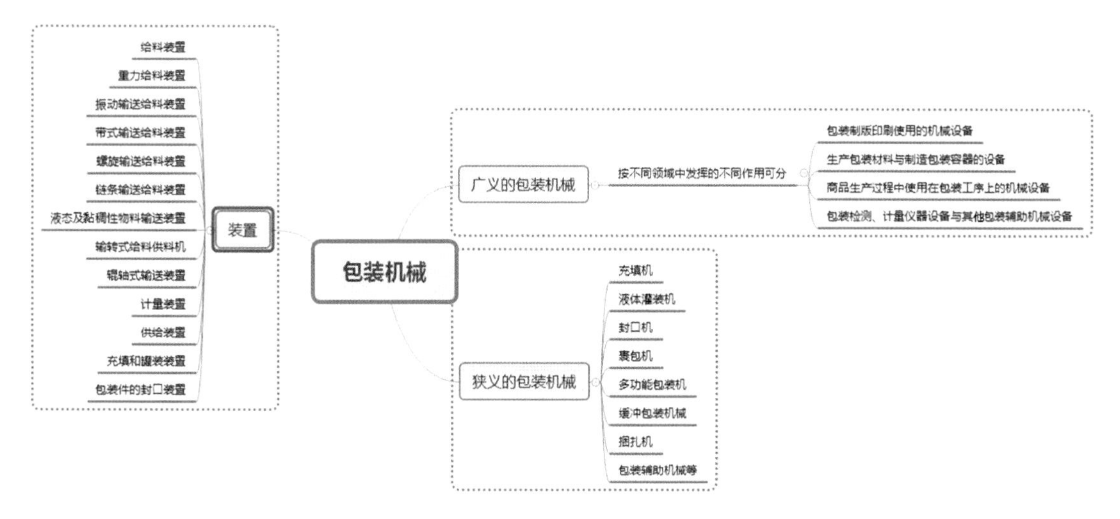


图 5-6　包装机械

包装材料要素包括基本材料（纸类材料、塑料材料、玻璃材料、金属材料、陶瓷材料、竹木材料、野生藤类材料、天然纤维材料及其他复合材料等）和辅助材料（缓冲材料、黏合剂、涂料、捆扎和油墨等）两大部分，是包装三大功能（保护、方便和销售）得以实现的物质基础，直接关系包装的整体功能和经济成本、生产加工方式及包装废弃物的回收处理等多个方面的问题。同时，包装印刷材料有多种类型，按材料来源分为天然包装材料、加工包装材料；按软硬性质分为硬包装材料、软包装材料、半硬包装材料；按材质分为木材、纸与纸板、金属、塑料、玻璃、陶瓷、复合材料、其他材料；按使用频率分为卡通箱、内卡通箱、平卡、珍珠棉、拷贝纸、贴纸、蛋隔、白盒、彩盒、海报、胶袋、扎带、吸塑、吸塑卡等，如图 5-7 所示。而材料的选择对包装设计来说是极为重要的，被包装的产品决定了包装材料的选择。因此在对材料进行选择时，不仅要考虑产品的属性，使产品在尽可能卫生和安全的情况下得到保存、运输和展示等，还要熟悉包装材料的特征。包装材料的选择是包装设计的重要组成部分。包装材料的用途遍及外包装、中包装和内包装，其品种繁多，而且已从天然材料演变到复合材料。因此，要进行包装设计就必须对包装材料有比较广泛的了解。

印刷是包装装潢最常用、最常见的一项加工工艺，包装设计中图文信息和色彩的表现，绝大多数都需要依赖印刷工艺来完成。事实上，有经验的包装设计师，都会将印刷工艺作为设计语言进行设计，在他们的设计正稿上可能看不出效果，但是当印刷厂打样出来时，打样稿上的材质和工艺就能很好地表达设计师的设计意图。独具匠心的设计师还会巧妙利用印刷材料和工艺，将其作为设计创新的语言，创造性地设计出与众不同的包装。包装材料选择与搭配、印刷方式与油墨选择、印后工艺的组织等，每个环节中都蕴含着丰富的设计语言，有待于设计师进一步开发。

在包装设计中，包装结构成败的关键是包装材料。每种材料都有一定的特质，如能善用材质的特质并了解其特性，就可创造出很好的包装作品。另外，每种包装材料都有一定的印刷技术及制成技术，这些由包装材料延伸出来的相关知识，不断发展变化认识并了解各式各样的包装材料及印刷工艺，对一个包装设计师而言非常重要。

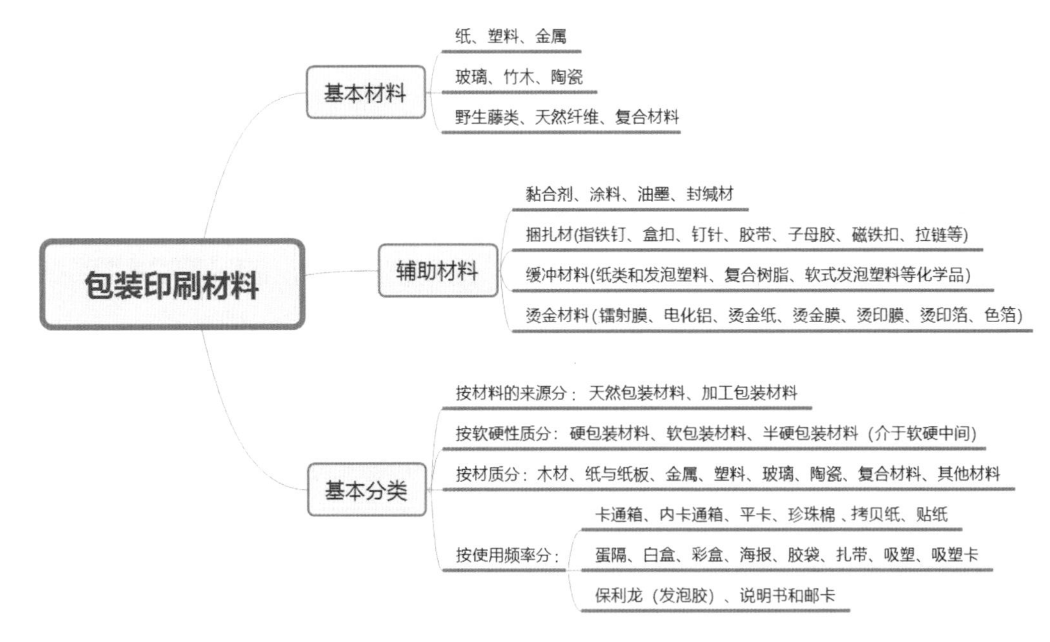


图 5-7　包装印刷材料

## 5.1.2　印前处理

包装印刷在现代商品流通和市场营销中具有重要的作用和地位。印刷品质的好坏直接关系到包装的外观效果的好坏，因此，我们有必要了解印刷常见流程，即印前处理、印刷工序和印后工序，如图 5-8 所示。印刷工艺是一门集摄影、美术、工艺、化学、电子、电脑技术和环保考量于一体的技术，也可以说是视觉、触觉信息印刷复制的全部过程，包括印前、印中、印后等工艺。

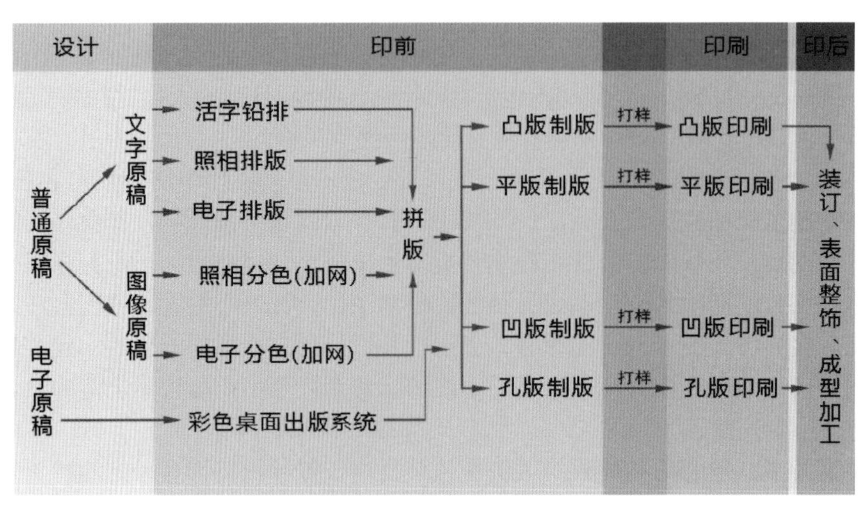


图 5-8　印刷常见流程

从电脑上的设计理念到可装实物的呈现，不仅需要设计师掌握材质和工艺的相关知识，还要找到能够配合的印刷及包装的厂家，密切合作才能共同完成。另外，各种工艺更新换代较快，设计师也要不停地积累学习新的知识。

印前处理就是对文字、图形等信息分别进行处理和校正，将它们组合在一个版面上并输出分色胶片，再制成分色印版或直接输出印版，然后将其交付给印刷厂进行印刷制作。其中，设计师应在电脑制作环节确保包装设计文件满足出片及印刷要求，同时还要了解印前电脑处理（见图5-9），能熟练进行印前正稿制作（见图5-10），知道印前检查文件（见图5-11）的重要性及熟悉印刷还原中的关键因素（见图5-12）。

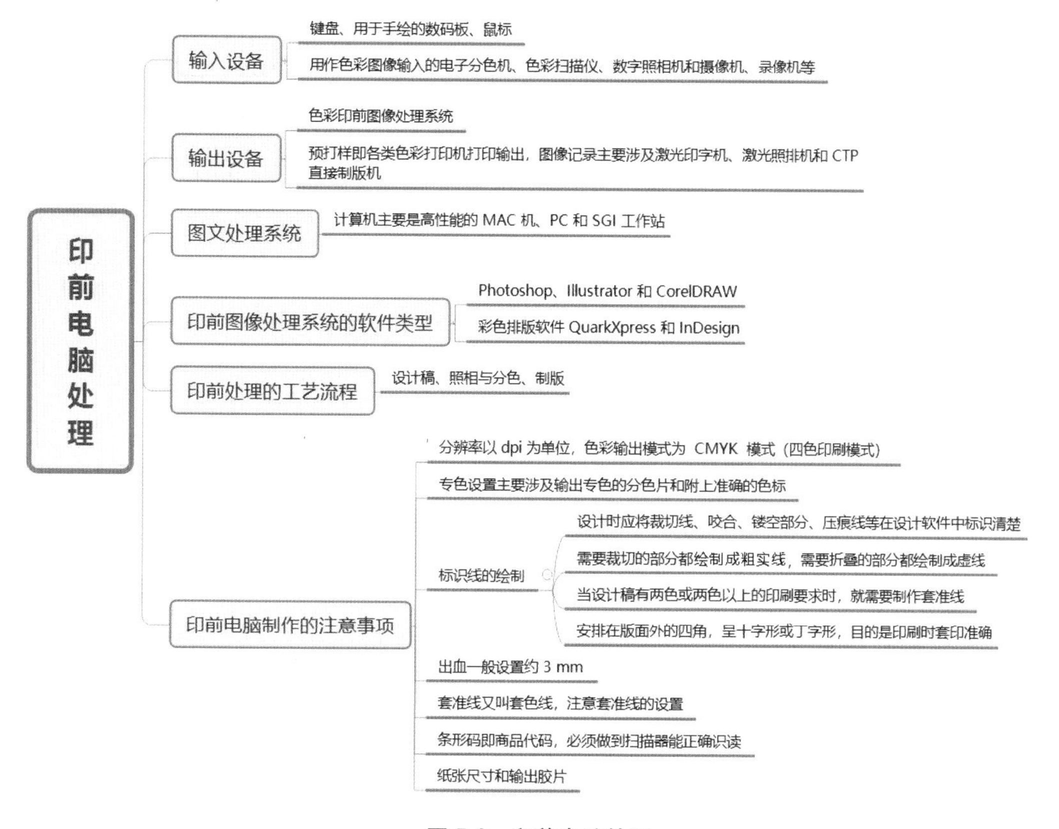


图5-9 印前电脑处理

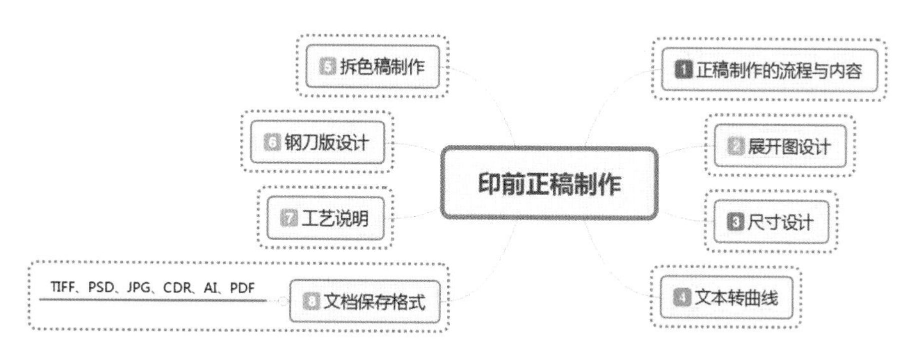


图5-10 印前正稿制作

图 5-11　印前检查文件



图 5-12　印刷还原中的关键因素

印前工艺术语

## 5.2 包装印刷工艺

### 5.2.1 印中工艺

#### 1. 常见印中工艺

一般包装印刷的流程是设计—制版—印刷—模切，其中，设计就是利用设计软件进行产品包装的图案设计排版，包装图案设计完成后进行制版，然后再进行印刷。中间可以利用各种常见的印刷工具实现图案的印刷，如烫金、UV喷印、起凸、压凹、压纹等印刷工具，最后才是模切成为成品。下面介绍的是包装印刷过程中常见的几种印刷工艺。

（1）覆膜：又称“过塑”“裱胶”“贴膜”等，覆膜是通过一定的温度、压力和黏合胶将塑料薄膜与以纸为承印物的表面黏合，形成纸塑合一的加工工艺。由于表面多了一层薄而透明的塑料薄膜，因此具有十分良好的光亮度和耐磨、耐化学腐蚀性能，有美化、防潮、防污、增加牢度和保护包装的作用。覆膜分光膜和哑膜两种，有油性、水性及热压预涂（干性）三种生产工艺。油性、热压预涂（干性）覆膜的生产工艺有污染，属于逐步被淘汰的生产工艺；而水性覆膜既经济又实惠，是国内覆膜流行的生产方式。覆膜是以透明塑料薄膜通过热压覆贴到印刷品表面，起保护及增加光泽的作用，同时图文颜色更鲜艳，也可以防水、防污。覆膜可以分为表面加工和成型加工两步烫印，已被广泛用于产品包装设计、书刊的封面、画册、纪念册、明信片、产品说明书、挂历和地图等的表面装帧及保护。

（2）烫金、烫银：也被称为“烫电化铝”“烫金箔”“烫印”。烫印就是我们通常用的热转移工艺。烫印技术应用范围很广，它是先将需要烫印的图案或文字制成凸型版，在凸型版下借助一定的压力和温度，使电化铝箔转印到承印物上，以增加装饰效果。它不仅适用于纸张，还可用于皮革、漆布、木材、丝绸、棉布和塑料制品。烫印材料为电化铝箔，有金色、银色、红色、绿色、蓝色、橘黄色等颜色，具有色泽鲜艳、美观醒目的特点，如纸品烫印、纺织品烫印、装潢材料的烫印和塑料制品烫印等。这是一种重要的金属效果表面装饰方法，烫印方式主要包括热烫印和冷烫印两种。冷烫印原理主要是利用压力和特殊胶水使电化铝与烫印物黏合（主要用在纺织品烫印）。烫印时要检查烫金种类与工单或样板要求是否一致（如图案、文字、位置）。检查（金、银）是否有走掉、走位、飞金、断线、沙孔等情况，检测方法是用透明胶纸粘贴三次，不掉、无走位、不断线等为合格，若走位在1mm以上，有飞金、断线、沙孔就为严重缺陷。烫金是一种常见的印刷装饰工艺，其制作原理是将金属印版加热，施箔，在印刷品上压印出金色文字或图案。烫银和烫金差别不大，只是选用的材料不同，烫金会呈现金色光泽，烫银则会呈现银色光泽。烫金、烫银的特点：图案清晰、美观，色彩鲜艳夺目，常被用于Logo印刷。

（3）UV喷印：一种通过紫外光干燥、固化油墨的印刷工艺，是印刷行业最重要的印刷工艺之一。其特点：能增加产品的光泽度和艺术效果，较好地突出图文部分的细微层次和图文轮廓。

（4）凹凸压纹：利用凸模板（阳模板）通过压力作用，将印刷品表面压印成具有立体感的浮雕状的图案（印刷品局部凸起，使之有立体感，造成视觉冲击）叫作起凸；压凹是利用凹模板（阴模板）通过压力作用实现，如图5-13所示。其特点：具有明显的浮雕感，可以增加印刷品的立体感和艺术感染力。

烫金纸品牌——库尔兹

图 5-13　凹凸压纹

## 2. 印中注意事项

1）字体问题

首先，某些字体库描述方法不同，笔画交叠部分输出后会出现透叠，要多加注意。

其次，包含中英文特殊字符的段落文本容易出问题，如“■、@、★、○”等。

再次，使用新标准的 GBK 字库来解决偏僻字丢失的问题。

最后，笔画太细的字体，最好不要使用超过三色的混叠，如 C10、M30、Y80 等，同理，也不适用于深色底反白色字。在避免不了的情况下，需要给反白字勾边。适用于底色为近似色或者某一印刷单色（通常是黑色）。

2）渐变的问题

首先，常见问题，如红色→黑色的渐变。错误设置：M100 → K100，中间会很难看。正确的设置：M100 → M100 K100，其他情况以此类推。

其次，透明渐变，是适用于网络图形的办法，灰度图也可以。但完稿输出不可以，因为其空间混合模式为 RGB，屏幕混合色彩与印刷模式 CMYK 差异太大，切记注意。

最后，输出时，黑色部分的渐变不要太低阶，如 5% 黑色。由于输出时有黑色叠印选项，低于 10% 的黑色通常使用替代而不是叠印，导致出问题，同样地，使用纯浅色黑也要小心。

（3）图片问题

首先，关于 psd 文件，有一点要注意，就是导入它后不要再做任何破坏性操作，如旋转、镜像、倾斜等。由于它的透明蒙版的关系，输出后会产生破碎图。

其次，蒙版，在 CorelDraw 中使用也要小心，必要时采取置入容器方法比较保险。

再次，分辨率和重新取样。不要在 CorelDraw 中做这个，转换为位图的确方便，但损失的是色彩还原，要在 PS 中做好位图图片。

最后，色彩模式。所有图片必须是 CMYK 模式或者灰度和单色位图，否则不能输出。

4）输出附件

角线、色标等输出，要附上说明。

## 5.2.2 印后工艺

### 1. 包装印后工艺

包装印后的加工工艺是为了增加印刷成品的美观程度和包装的功能。印后工序，指印品在印刷机上完成印刷后，进行的后期效果整饰和成型加工的过程。包装的印后加工工艺，可以说是印刷种类里最为多样和复杂的。包装印刷品上进行的加工工艺有上光、凹凸压印、模切和压痕、过油、磨光（压光）、激光压纹、裱纸、吸塑、粘盒、特种墨水和清漆、模内贴标塑料、玻璃腐蚀等，如图 5-14 所示；成型加工方面，常见的有打孔、喷码等。

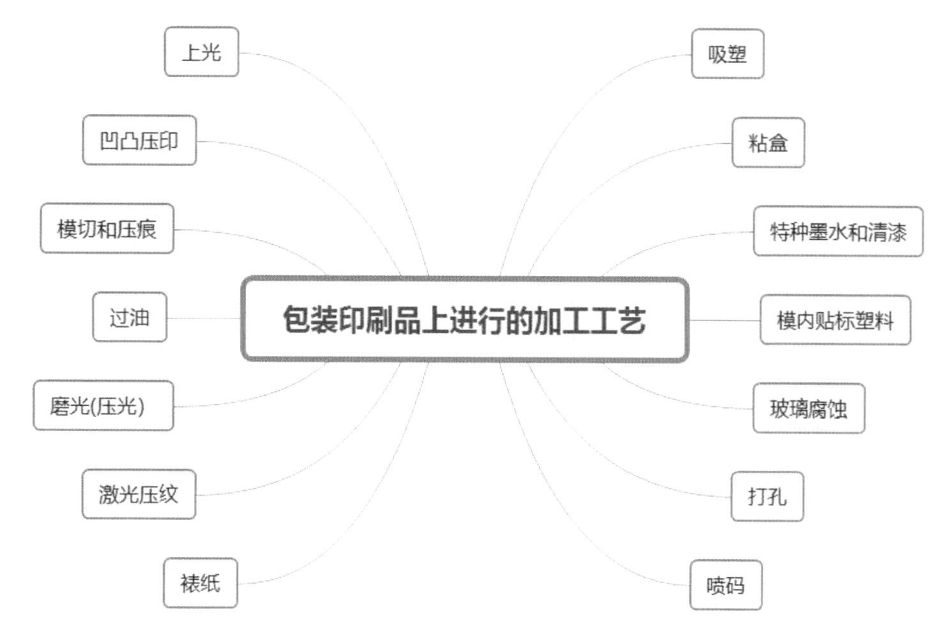


图 5-14 包装印刷品上进行的加工工艺

1）上光

上光是在印刷品表面涂上一层无色透明涂料，经流平、干燥、压光加工处理后在印品表面形成薄而均匀的透明光亮层的加工工艺。上光不仅可以增强表面光亮，保护印刷图文，而且不影响纸张的回收再利用。因此，被广泛应用于包装纸盒等印品的表面。上光包括全面上光、局部上光、光泽型上光、哑光上光等。纸印刷品的上光加工工艺，包括涂料上光、UV 上光、珠光颜料上光几种。涂料上光，实际上是将涂料涂敷于纸印刷品表面流平、干燥的过程。涂料上光包括溶剂上光油、水性上光油、UV 上光油和珠光颜料上光油。溶剂上光油（油性光油）不利于环保，且会使印品偏黄，应用范围受到一定限制。而水性上光油以水为溶剂，无毒无味，消除了对人体的危害和对环境的污染，具有干燥速度快、膜层透明度好、性能稳定、上光表面耐磨性及平整度好、印后加工适性宽、热封性能好、使用安全可靠、储运方便等特点，越来越受到食品、医药、烟草纸盒包装印刷企业的重视。

2）凹凸压印

凹凸压印又称压凹凸，即用压力而不用油墨，在印刷完毕的承印物表面压出凹凸图文的工艺。先制成凹型和凸型两块压模，将纸张置于凹凸版之间，通过压力使印刷品基材发生塑性变形，呈现深浅不同、粗细各异的浮雕效果。

3）模切和压痕

当包装印刷纸盒需要制成一定形状时，可通过模切、压痕工艺来完成。把纸张或材料按照设计要求，在装有钢刀模板的机器上加工制作，将其切成需要的形状并呈现形式上的特殊效果，这种工艺称为模切。利用钢线（压线刀）通过压印，在承印物上压出痕迹或留下便于折叠的槽痕的工艺称为压痕。在大多数情况下，模切、压痕工艺往往是把模切刀和压线刀组合在同一个模版内，在模切机上同时进行模切和压痕加工，因此可简单将其称为模压。它不仅适用于纸，还适用于皮革、塑料等。高新科技与数字化也同样体现在印刷的加工工艺上，如激光模压就是利用现代激光切割技术制作模切版的方法，只要把所需模压的尺寸、形状及承印物的厚度等数据输入计算机，由计算机控制激光头的移动，便可在木版上切割出任意复杂的图形，制成模切压痕底版。其优点是，可切割任意的形状和图案，而且速度快、精度高、误差小、重复性好。

4）过油

过油是在印刷物的表面覆盖一层油，以达到保护印刷颜色的功能。目前，常用的材料有亮光油（光油）、消光油（哑油）。先将印刷品过油，再通过磨光机的输送，在输送过程中的温度、压力的影响下完成磨光处理，从而提高印刷品表面颜色的光亮度与鲜艳度，并具有一定的防潮功能。

5）磨光（压光）

磨光是在印刷品上过油性油、水性油、UV 油后，通过钢带或钢盘加热加压磨光而成。需要注意的是，磨光面不能有划花、爆裂、油墨晶化等现象。UV 油压光用于广告立吊等的 PET（聚对苯二甲酸乙二酯）硬片、PVC（聚氯乙烯）硬片、PS（聚苯乙烯）硬片较多。除上光的注意事项外，由于经过加热加压，产品会有变形，在做其他工艺时还要注意套位问题。

6）激光压纹

激光压纹也称折光印刷，是 20 世纪 80 年代初国外兴起的一种印刷新工艺，它特别适于在高档次的包装印刷品上应用。它是采用压印法在镜面承印物上印制出细微的凹凸线条，使印刷品根据光的漫反射原理，多角度反映光的变幻，产生有层次的闪耀感或三维立体形象。所选的承印物越具有金属光泽，质地越平滑，对光的反射能力越强，折光效果越好，如电化铝。要注意是单面压纹还是双面压纹。压纹后要做套位工艺（局部 UV 和击凹凸），选用时最好用压纹后只会向四周围伸展的，尽量不要选压纹后单向伸展的，也可压纹后再扫描、出版。

7）裱纸

裱纸是通过纸张之间的对裱，达到纸张对厚度、强度的要求，满足包装盒承载重量的需要。其裱纸原理为：送纸—导轨—上胶—压轴对裱—出纸。

（1）裱坑纸：检查坑纸与工程单或样板是否相符，在生产过程中抽查裱坑的纹路强度、颜色是否符合要求。脏点、短坑、漏坑、起泡、打皱的均为严重缺陷。

（2）裱咭纸：先断刀，检查断刀是否准确，对裱时双面图案要对准，分中为标准，不能有起泡、脱胶、粘花、粘烂、划花、打皱、针位不对，而有针位不对、裱斜、脱胶、粘坏、划花的则为严重缺陷。有特殊工艺的要用特殊胶水。

（3）裱灰板：要注意用不易变形的灰板和表面较平的灰板（生产前一定要打板）。要余留四周的包边位（通常为 20 ~ 30mm），采用手工裱的，面纸背后应尽量印上定位线。

8）吸塑

吸塑是一种塑料加工工艺，主要原理是将平展的塑料硬片材加热变软后，采用真空吸附于模具表面，冷却后成型，广泛用于塑料包装。塑料包装是采用吸塑工艺生产出塑料制品，并用相应的设备对产品进行封装的工艺。吸塑包装制品主要包括泡壳、托盘、吸塑盒，类似工艺还有真空罩、泡罩等。

9）粘盒

表面处理不同的彩盒使用的胶水也不同（一般磨光过UV、印油的产品可用KD3型磨光胶或KD3A型磨光胶；过胶类产品可用KD2型纸塑粘盒剂或KD2A型纸塑粘盒剂）。对于几款盒同拼一块板，首先要清楚几款盒的不同之处，检查产品是否有混乱，要分类粘盒。在生产过程中抽查黏性是否强，对每种产品都应该按提供的资料做试验，如此才能大量生产。特别需要注意的是：胶水不能过多，多了容易粘坏、粘花；少了粘不牢，容易脱落。如出现类似情况则为严重缺陷。

10）特种墨水和清漆

特种墨水和清漆会给包装带来意想不到的外部效果，十分吸引眼球。这种效果可以更细致或者更具魅力。设计者应该知道，每增加一种颜色或油漆就需要一个单独的板块，这些都会增加制作成本。实际生活中有各种特种墨水和清漆可供选择，如哑光漆、丝绸或缎面漆、UV清漆。

11）模内贴标塑料

感压式与胶合式标签、收缩套盒标签、箔膜热转印与贴花等，都是常见的贴标与模制塑胶容器（玻璃瓶）射出成型的装饰方法。此过程一般都发生于容器生成后（后成型）。

12）玻璃腐蚀

玻璃腐蚀，指的是使玻璃“结霜”的过程。腐蚀是将氢氟酸应用于玻璃表面溶解玻璃表层。腐蚀创造的光滑雾面效果类似于玻璃喷砂效果。图像与其他元素也可通过蜡的使用而绘制于玻璃上面。首先将蜡覆盖于玻璃表面，利用刮除或涂鸦的方式制图，刮除蜡的图像便是模板，被刮除的部分则会被腐蚀。腐蚀性强酸的先天危险性促使新程序的开发，以降低工作环境的危险性，并解决环境问题。

13）打孔

一些塑料包装袋上有孔眼，这些孔眼很整齐，主要是利用打孔机打出的。包装袋打孔机主要在包装袋上打圆孔、三角孔、撕裂口、异型孔、蝴蝶孔等。需要注意的是，用于玩具的塑料包装袋尺寸规格到一定的范围，必须打孔，防止小孩玩耍时套头导致窒息。一般的包装胶袋是不需要打孔的，但是为了在密封后释放袋内空气，避免空气占有空间，也可打孔放气，气孔一般打在袋身。打在袋顶的圆孔或蝴蝶状的孔是用来悬挂的，叫挂孔。因此塑料包装袋打孔的作用是：一是为了安全，二是为了更加方便地使用。

14）喷码

喷码是用喷码机在产品上喷印标识（生产日期、保质期、批号、企业Logo等）的工艺。可以喷印简单的字符图案，看上去更美观。

### 2. 印后术语

压痕线——通过刀版钢线压印，在产品上压出的痕迹。

半穿——通过模切压印，将产品切穿一半的工艺。

点齿线——通过模切压印，将产品部分切穿、部分不切的工艺。

局部上光——整个印面部分上光、部分不上光的工艺。

满版上光——整个印面全部上光的工艺。

UV 上光——使用 UV 光油通过 UV 固化进行上光的工艺。

水性上光——使用水性上光油进行上光的工艺。

分色——把彩色原稿中的颜色分解为红色、黄色、蓝色三色的过程；通常还要加制一块黑版，以弥补分色的不足。因此，就形成了印刷中以红色、黄色、蓝色、黑色为基础色的标准四色制版。

网目——亦称网点，网点按每英寸内网点排列成行的行数来确定网点的粗细。

网点密度——仅有不同精细程度的网目，还不能改变分解色彩时出现的色彩阶调变化，要达到准确的给色量，还必须调节网点的密度。网点密度变化呈现图片的层次关系。

网线角度——为避免在套色印刷中网线重叠出现的“撞网”花纹，制版过程中还必须安排每个色版的“网线角度”。

校色——完成分色的图片可转入电脑，在图形软件支持下进行重新校色，以使图像更接近设计，或转变成设计需要的色调。

拼版——完成校色后，需要按照设计要求裁图并移入已设定的界面，再按设计配置文字，对版面做最后修订，现代制版的这一环节已经完全可以由设计师来完成，不过，设计文件会根据印刷要求变得很大。

出片——进入输出程序，电脑会按照分色时确定的红色、黄色、蓝色、黑色各色版逐一输入出片机，并自动连接套准十字线，在出片机内进行曝光、显影、冲洗，一体化完成分色片。一般一套四开大小的版需 20 ～ 30min 出片。

晒版——四色胶片完成后，要通过晒版机把分色胶片上的阶调网线转移到 PS 版上，这就是晒版。晒版机是一台有电子时间控制的曝光设备。PS 版是一种以铝合金为基材，涂布了显影感光胶的上机印刷用的版材。一般图片版大约晒 150s（根据网线粗细、密度的实际大小，校正晒版时间）。晒好版后，PS 版仍需进行显影、冲洗、干燥等一系列处理过程，然后才成为一张可以用于印刷的印版。

打样——印前打样通常采用铜版纸，由于不同纸张与油墨接触后产生不同的色彩效果，因此与产品实际用纸后的实样会有差别。如果希望得到一个准确的实样，应该采用产品的实际用纸打样，但这样做会增加费用。晒版后的印版可在打样机上进行少量试印，作为与设计原稿进行比对、校对及对印刷工艺进行调整的依据和参照。

### 3. 包装识别防伪

随着防伪技术的发展和用户包装防伪要求的严格，防伪包装成为包装企业和包装使用者越来越关注的话题。市场需求促进了包装防伪的技术进步，也使包装制作企业不断开发新产品，并积极与专业防伪企业联合，以满足企业包装个性化的要求。

1）常见防伪方式

防伪包装正在从最初的“贴膏药”（加贴防伪标识）的方式向包装材料防伪和包装设计防伪印刷方向转变。目前的包装防伪方法主要有包装盒内容物防伪、包装盒上加贴防伪标签、包装盒上加贴防伪防揭封条 / 封口、包装盒外使用激光全息薄膜封装、包装容器的专利设计防伪、包装物编号与内容物编号、包装盒上局部采用定位烫印全息图像技术、包装材料本身使用特殊或特制的包装纸、包装容器外部印刷二维码防伪、包装盒内面的防伪底纹设计和安全印刷技术、小包装盒外表面整体防伪底纹安全设计和安全印刷技术等，如图 5-15 所示。

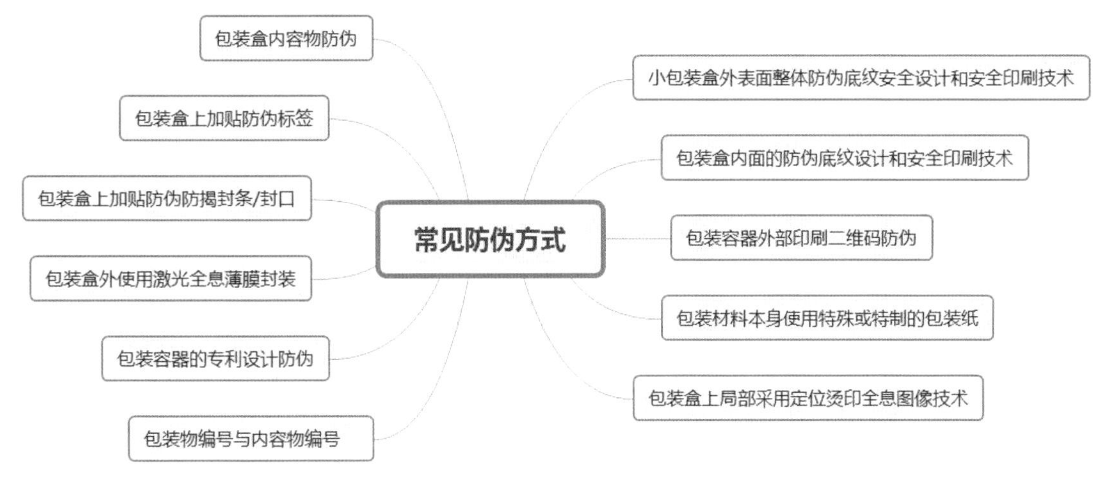


图 5-15 常见防伪方式

2）防伪技术种类

纸张防伪在防伪技术中拥有重要作用，只需要有一台普通的打印机，就可以打印出具有防伪性能的纸张，各类防伪纸张如图 5-16 所示。防伪印刷油墨是防伪技术中的一个重要部分，其种类如图 5-17 所示，防伪油墨由色料、连接料和油墨助剂组成，即在油墨连接料中加入特殊性能的防伪材料并经特殊工艺加工而成的特种印刷油墨。它之所以能防伪，是因为油墨中有特殊功能的色料和连接料。防伪原理是通过不同的外界条件，主要采用光照、加热、光谱检测等形式，来观察油墨印样的色彩变化，达到防伪的目的。实施方式主要以油墨印刷方式印在票证、产品商标和包装上。当前，大多数酒包装摆脱了仅仅使用一种印刷工艺的局面，将胶印、凹印、网印等多种工艺结合运用，增加了酒包装的附加值。除了使用多种印刷工艺，很多酒包装也使用了扫金、UV 局部上光、烫印、起凸等后加工工艺，使包装锦上添花。组合工艺在增加酒包装附加值的同时，也为造假企业设置了一定的资金门槛和技术门槛。

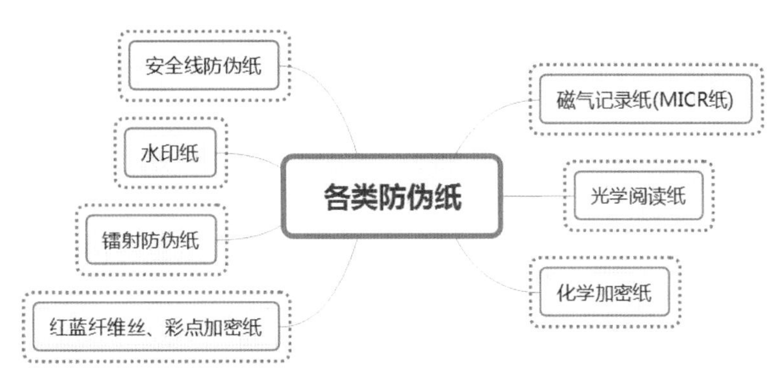


图 5-16 各类防伪纸张

**防伪印刷油墨种类**

- 热敏变色防伪油墨，其原理是色料采用颜色随温度变化的物质
- 光敏变色防伪油墨，其原理是在油墨中加入光致变色或光激活化合物
- 湿敏变色防伪油墨，其原理是在色料中加入颜色随湿度变化的物质
- 压敏变色防伪油墨，其原理是在油墨中加入压力致变色的化合物或微胶囊
- 紫外荧光防伪油墨，其原理是在油墨中加入具有紫外光激发的可见荧光化合物
- 红外荧光防伪油墨，其原理是在油墨中加入具有红外光线激发的可见荧光化合物
- 防涂改防伪油墨，在油墨中加入对涂改用的化学物质具有显色化学反应的物质
- 视觉变色防伪油墨，色料采用多层干涉光学碎膜
- 磁性防伪油墨，其色料采用磁性物质，如氧化铁和氧化铁中掺钴等

图 5-17　防伪印刷油墨种类

全息防伪标识是利用激光彩色全息图制版技术和模压复制技术完成的防伪标识，如图 5-18 所示。可实现的制版技术有点阵动态光芒、一次性专用激光膜、3D 光学微缩背景、多彩光学随机干涉、中英文铀缩文字。激光全息制版是激光全息防伪标志在生产加工过程中最为重要的环节。全息防伪标签材料以氧化铝膜为主材，在标识表面可制作企业信息、Logo、商标等，也可制作人头像或其他特殊图案、线条。当然，在包装上进行包装防伪的技术有很多，如图 5-19 所示，设计师应根据实际情况来选择应用。

图 5-18　全息防伪样标

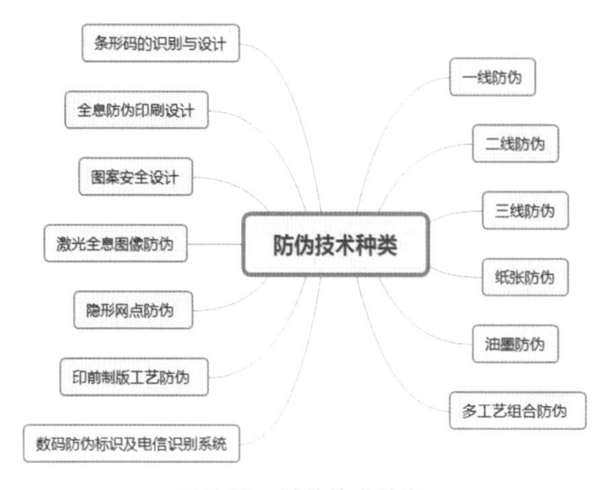


图 5-19　防伪技术种类

什么是二维码

# 5.3 不同材料包装的印刷

## 5.3.1 塑料包装

### 1. 塑料软包装的印前

（1）塑料软包装的印刷文件。塑料袋的印刷文件，设计师需要提供 PS 格式的文件给制版厂。但是由于分色和制版方式不同，也有少数制版厂要 AI 格式的文件。如果袋子比较大，分辨率做成 300 即可；如果袋子比较小，分辨率为 400 即可。色彩模式要用 CMYK 模式。设计文件发给制版厂后，制版厂会把稿件打印出来看样、看色。电脑效果图及设计稿图片，由于不同显示器显示的颜色有一定的差异，因此实际印刷颜色无法做到与电脑图片颜色一致，允许部分色差存在。需要注意的是，包装设计印刷采用的所有产品照片，或者复杂插画，其印刷都是由黑色、品红色、黄色、蓝色四个颜色套印出来的。

（2）塑料软包装的制版。对设计师来说，印刷和后期的工艺、材质相关知识的积累非常重要。建议学生进厂参观，包括塑料软包装制版厂、塑料袋印刷厂、纸质印刷厂、纸商等包装的上下游供应商。需要注意的是，塑料软包装和纸质包装的机器、油墨和印刷原理都是不同的。塑料软包装的起订量比较大。塑料袋的起订量通常是 7000m 的膜制成袋子，就是 4 万 ～ 6 万个。卷膜的起订量则是 300kg。印刷塑料袋前，需要制版。塑料软包装制版厂和塑料软包装印刷厂是一条产业链上的不同环节，是不同的工厂。工厂一般要求设计印刷（单色单面印刷、双色印刷、多色印刷等）普通规格两万个起印，数量越多，价格越优惠。定做塑料袋都是机器投料生产，流程较多，每个流程的材料损耗不能提前精确估计，最终生产数量与订单数量会有上下 10% 的浮动。塑料袋定做，数量达到几十万个才方便打样。因为即使是做一个，其制版费、印刷上机、人工成本和做几万个是一样的。在制版厂的设计办公室，设计师要完成设计、排版、补漏白、打印、版式质检及拼版的工作。

制版厂做好后会发给客户一个确认签字的文件，如表 5-2 所示。

**表 5-2 确认签字的文件**

<table>
<tr><td rowspan="2">×× 稿件<br>交稿时间</td><td colspan="2">来稿时间</td><td colspan="2">接稿时间</td><td colspan="3">完稿时间</td><td colspan="2">交客户时间</td><td colspan="2">定稿时间</td><td colspan="3">交车间时间</td></tr>
<tr><td colspan="2"></td><td colspan="2"></td><td colspan="3"></td><td colspan="2"></td><td colspan="2"></td><td colspan="3"></td></tr>
<tr><td rowspan="4"></td><td colspan="2">版号</td><td colspan="2"></td><td colspan="3">产品名称</td><td colspan="2"></td><td colspan="2">制作人</td><td colspan="3"></td></tr>
<tr><td colspan="2">展开尺寸</td><td colspan="2"></td><td colspan="3">封口尺寸</td><td colspan="2"></td><td colspan="2">袋型</td><td colspan="3"></td></tr>
<tr><td rowspan="2">印刷<br>颜色</td><td>1</td><td>2</td><td>3</td><td>4</td><td>5</td><td>6</td><td>7</td><td>8</td><td>9</td><td>10</td><td>11</td><td>12</td><td>13</td></tr>
<tr><td></td><td></td><td></td><td></td><td></td><td></td><td></td><td></td><td></td><td></td><td></td><td></td><td></td></tr>
</table>

制版费

### 2. 塑料包装制版流程

第一道工序是把钢板卷成中空的圆筒。

第二道工序是抛光。经过机器的打磨，使钢柱变光滑。

第三道工序是镀铜。铜球大约有 2cm 直径。铜球要在机器中熔化，然后镀到钢管的表面。镀铜后，钢柱就呈现闪闪发光的铜黄色。

第四道工序是电雕。电雕就是在圆柱的表面雕刻出图案纹理。如果是防伪图案，就需要激光雕刻。激光雕刻价格要高一些，而且激光雕刻车间不能参观和拍照，因为是完全密封的，另外，相机闪光会影响雕刻的准确度。因为激光雕刻对空气质量、光线都有严格的要求。雕刻好的版上面的文字和图案，其颜色依然是铜黄色。因为铜容易被氧化，版不能持久保存，所以，其表面还需要做进一步处理。

第五道工序是镀铬。镀完铬后，铜黄色的版就变成了银白色。镀硌可以使雕刻的版面更加坚固且持久，能多次使用，这就是制版。如果制版不好，印刷一次就会废掉。一般一个版的保质期是一年，如果时间太长，版表面的金属会氧化，影响印刷效果。过期的版可拉回制版厂，将版表面的图案磨平后，重新刻版。“七分制版，三分印刷”。制版的重要性由此可见。需要注意的是，制好的版，要放置在橡胶架上，防止刮花，工人拿版的时候应该戴手套。版的表面非常细腻光滑，需要防磨损。运货之前要把版仔细打包好，工人将版装车，运往印刷厂。另外，制版厂应注意环保，必须建污水处理池。

第六道工序是打凹样。凹样是用一台小型印刷机来实现的，调好油墨后，直接在塑料膜上印刷，效果很好。印刷厂要用客户定稿的凹样追色。

第七道工序是包装发货。一个专色需要一个版，每个包装袋一般都是九个版以内。版制好后，工人会把版打包送到印刷厂。圆筒（版）的直径和长度各不相同，因为每个印刷厂的印刷机器型号不同，需要使用不同尺寸的版。每个版的大小不同，因此制版费用也不同，一般为 600 ~ 1000 元一个版。版送到印刷厂后，印刷厂会存放在版库车间，只有到了安排印刷的这一天，才会将版拿到印刷车间，安装在印刷机上进行印刷。

制版需要注意以下几个问题。一是设计，对设计公司发来的文件，制版厂需要再次调整。如对分辨率、CMYK 分色和文件格式的调整。二是排版，塑料袋往往有正面、背面。八边封的袋子还会有五个面，需要把不同的面拼起来。三是补漏白，有些两个颜色衔接的地方需要扩缩边。这样印出来的效果不会有缝隙或色彩重叠。四是打印，用激光打印机快印出设计图，看颜色是否正。五是版式质检，即检查稿件。六是拼版，许多尺寸小的袋子展开宽度达不到卷膜宽度，因此需要把多个袋子拼在一起。

### 3. 塑料软包装的印刷

塑料软包装是非常常见的包装形式之一。一名快消品包装设计师，需要对包装材质和工艺有基本的了解。因为在开始包装的装潢设计前，就需要提前构思好包装的材质和袋型。在设计过程中，也需要把图案和工艺结合考虑。最终呈现给客户的不是一个设计图案，而是包括材质、袋型、色彩在内的一套全方位的包装解决方案。建议包装设计师对客户的服务最好跟踪到生产环节。例如，印刷塑料袋的时候，要去印刷厂看颜色。如果设计师不了解包装生产知识，会使成品效果与创意理念相差甚远，甚至造成错误和损失。设计师的知识库也需要经常更新，如了解一些新的材质和工艺。一方面要保持与包装下游产业链从业人员的沟通，另一方面要去展会和终端市场上看一些新品。例如，近年来流行的在塑料袋表面复合拉丝膜，可以让袋子呈现不一样的视觉效果。因此，初学包装设计课程的学生一定要去参观塑料软包装印刷厂，去了解塑料软包装的工艺、材质、袋型等知识，去参看一下陈列的印刷膜小样。

塑料软包装印厂流程：印刷—质检—复合—熟化（烘干）—制袋。

在参观塑料软包装印厂时需要换上白大褂，戴上头套、鞋套，并且洗手消毒。在进入车间之前还要先进入风淋房，风淋房的气流会把身上的发丝和灰尘吹掉，以免污染食品包装。食品安全不容忽视，从包装开始就要做到安全、卫生，所有的细节流程一定要规范。下面模拟参观场景。

（1）进入印刷车间。印刷车间一般为九色印刷机，十二色的印刷机较少，采用环保油墨。设计师在设计塑料软包装的时候所使用的专色尽量不要超过九种，因为大部分印刷机器只能印九种颜色。如果颜色超过九种，又不想用那么多专色，这时小面积的颜色可以用四色来套印。如果塑料包装上使用了实物照片，照片部分就有红色、黄色、蓝色、黑色四个颜色，需要制四个版。其他的满版单色则是一个颜色一个版。一般制版厂把塑料软包装分成专色后的图片，必须让客户确认签字。还没有印刷图案的膜，通常都在袋子的最表层。材质可以是 POPP、OPP、PET 等。厚度大约为 5dmm（丝米），很薄。在印刷之前，把空白膜固定在机器上，印刷机开启后，速度可以达到 7000m/h。实际上印刷厂生产出来的卷膜直径有 1m 左右，展开长度达到 7000m，所以，塑料袋的起订量就是卷膜面积除以袋子（正 + 反）的面积。大点的袋子起订量为 2 万 ~ 7 万个。袋子越小，起订量越大。每个专色都对应一个版。印刷膜在经过这个版的时候，相对应的颜色就会印刷到膜上。有的油墨是现成的，比如黑色、白色、黄色、蓝色、品红色，有的颜色则需要调配，需要非常有经验的调墨师傅来调配。一批产品印完后，需要换版才能印刷下一批产品。换版和调色需要 30 ~ 60min。可以在印刷机上进行初步检查。在印刷机器的尾部有一个专门的屏幕用来检查卷膜上是否有错误，这里可进行初步的检查。在开机印出一些膜后，会从膜上撕下一截样品让客户签字确认，然后再继续印刷。需要注意尺寸匹配问题，如印刷机宽度、版的宽度、包装袋宽度、卷膜宽度。

（2）进入质检车间。膜印刷好后，会送入质检车间，由专业的质检师傅来做进一步的检查。质检师傅站在机器前面会一直盯着膜检查，直到一卷膜滚动完。这样有错误能及时识别出来。

一是将印刷好的膜叠在制版厂提供的打印稿上，看文字和图案能否完全重叠。二是将印刷好的膜下方垫牛皮纸色的衬纸，然后与制版厂提供的打印稿对比，看是否有色差。如果有色差，可以在印刷机器上调整各油墨的输出配比。

（3）进入复合车间。塑料袋常常是两层膜或者三层膜复合而成的。印刷层是一层亚光或者亮光的膜，而复合就是把印刷膜、镀铝膜、可直接接触食品的膜复合在一起。表层是印刷层，中间层是铝箔、镀铝或纸，内层是可直接接触食品的膜。

（4）进入熟化（烘干）车间。复合好的膜需要放置在熟化车间熟化（静置），调试温度，让膜烘干。也有的包装印刷厂会让印好的膜自然晾干。

（5）进入制袋车间。三边封、背封、风琴袋、八边封……不同的袋型，制袋方式会有差异，其中，制袋工序最复杂的是八边封，八边封的制袋难度是比较大的。其制袋设备庞大又昂贵。在制袋过程中也会有 20% ~ 50% 的废品率。所以，同样尺寸和材质的袋子，八边封比自立袋要贵。这不仅是因为八边封两侧的厚度所使用的材料增加，更是因为难以避免产生的废品率。将制作好的袋子打包并装箱，接下来会发到客户工厂。三层复合的自立袋，最表层是印刷层（PA 材质），中间层是牛皮纸，最里层是 PE。如果袋子的背面有镂空，需要先把 PA 和牛皮纸复合到一起，然后用机器打洞做镂空，再复合 PE，这样就会呈现透明开窗效果，即印刷层和牛皮纸复合→打洞做镂空→复合内层膜。接下来就是制袋，常规制袋共四个步骤：切割、黏合、制袋、打包。袋子被整理成一摞摞的，并按照一定数量捆绑起来。经过质检后再装箱。袋子运到食品企业，食品企业会把产品从上方装进去，然后用封口机进行封口。卷膜是不需要制袋的，卷膜发给食品厂家后，食品厂家有卷膜封装机，可以一边包产品一边给袋子封口。通常，在超市看到的散装称重的小食品用的都是卷膜袋。袋子和卷膜刚刚印刷出来的时候，都是大卷的。区别是袋子需要印刷厂使用机器设备进行制袋，制成成品袋再将袋子打包发往商品厂家。而卷膜没有制袋环节，卷膜直接发往商品厂家。厂家使用机器设备，在装内容物的时候，直接制成袋子。卷膜的封口方式有两种，一种是背封，另一种是三边封。三边封常用于药品包装内袋或方便面的内调料包。工艺和效果的呈现则可采用露铝、印刷专色金、洗铝、烫金、印哑油（亮哑结合）、不印（垫）白印彩色。下面对工艺进行详细解读。

（1）露铝。露铝袋子由三层膜复合而成，最表面是印刷膜，中间层是镀铝膜，靠近食品的是内膜。印刷膜局部不印刷油墨，与镀铝膜复合到一起就会产生露铝的效果。

（2）印刷专色金。专色金有青金、黄金、红金，整体色系都是金色。青金偏绿色，黄金偏黄色，红金偏红色。还有一种金叫 K 金，色彩更鲜艳，呈金黄色，但价格更贵。

（3）洗铝。用化学药水把铝洗掉，但是，因为价格较高，且不环保，使用较少。

（4）烫金。在单层膜上面烫金，膜会因为高温熔化起皱，如果膜下方复合了纸就可以烫金了。金箔色彩有很多种。烫金属于印刷后道工艺。要等袋子印刷好后，再用烫金机来烫金。印刷的时候，品名的区域印刷的是纯白色。

（5）印哑油（亮哑结合）。袋子表面一层膜是亮膜，局部印刷哑油，产生亮哑结合的效果。

（6）不印（垫）白印彩色。局部不印刷白色，只印刷一个彩色专色就会呈现鲜艳的光泽感。

塑料软包装共用版

常见食品包装袋选材误区

常用塑料软包装材料表

## 火锅蘸料包装

项目背景：内蒙古红太阳食品有限公司成立于 2003 年 3 月，位于呼和浩特市玉泉区裕隆工业园。公司集研发、生产、销售于一体，产品销售市场覆盖全国 26 个省、自治区、直辖市。依据产业趋势和企业战略，该公司在全国战略要点依次布局，未来 5 年内将实现全渠道、全品项、全覆盖、全动销，目标是做到调味品行业全国销量第一，成为调味品行业消费者信任度、美誉度、依赖度最高的品牌。火锅蘸料包装，如图 5-20 所示。

图 5-20　火锅蘸料包装

## 5.3.2　不干胶标贴纸

不干胶贴纸印刷与传统印刷品的印刷相比有很大的差别，不干胶贴纸通常在标签联动机上印刷加工，图文印刷、模切、排废、切张和复卷等多种工序一次完成。与传统的标签相比，具有不用刷胶、不用糨糊、不用蘸水、节省贴标时间等优点，应用范围广，方便快捷。不干胶也叫自粘标签材料，是以纸张、薄膜或其他特种材料为面料，背面涂有胶黏剂，以涂硅保护纸为底纸的一种复合材料，经印刷、模切等加工后成为成品标签。市面上有很多不同的型号、牌子的不干胶标签。不干胶厂家通常会制作样品册给印刷厂和设计公司，如图 5-21 所示，以供它们更直观地选择材料，如艾利丹尼森（NYSE：AVY）是全球领先的压敏胶标签材料、标贴、零售服装标签及办公用品制造商，样品册中会标注每款产品的名称、克重等信息。

图 5-21　不干胶印刷样品大全

### 1. 不干胶的材质分类

（1）普通纸。镜面铜版纸和铜版纸是最常用的不干胶标签材料。二者的区别是，镜面铜版纸比铜版纸更有光泽感。此类不干胶标签采用的是高级的多颜色的产品标签，通常应用于药物、食品、电器、文化用品等物品的信息标签。另外，还有哑光纸、雅纹纸、雅白纸、雅黄纸、珠光雅黄、黑色哑光纸、胶版纸、白棉纸等。

（2）可变信息打印纸。此类不干胶标签有热敏纸、热转印纸、微光打印纸等，多应用于高速的激光打印、喷墨打印的信息标签或条形码标签。超市里看到的散称食品上的价格签就是热敏纸。

（3）特种纸类。特种纸类不干胶最常用的就是亮银铝箔纸、亚银铝箔纸、亚金铝箔纸，多用于保健品瓶标。也有一些特种纸不干胶是定制的，选好特种纸后，在其背面上胶，多用于高端红酒瓶贴。如珠光纸、牛皮纸、镀金纸、美纹纸、荧光纸等都可以做背胶。

（4）薄膜类。薄膜类不干胶常用PE、PP、PVC及其他一些合成材料，材料主要有白光、哑光、透明三种。由于薄膜材料印刷适应性不是很好，因此，一般会做电晕处理或通过其表面增加涂层来增强其印刷适应性。为了避免一些薄膜材料在印刷和贴标过程中变形或撕裂，部分材料还会经过方向性处理，进行单向拉伸或双向拉伸。例如，经过双向拉伸的BOPP材料应用于多用途标签纸、压光书写纸、胶版纸标签、信息标签、条形码打印标签，特别适合高速激光打印，也适用于喷墨打印。薄膜类不干胶标签的表面一定要光滑致密，密度均匀，色泽一致，透光性好，以保证薄膜吸墨均匀，同批印品色差小。

### 2. 常见薄膜类不干胶

（1）聚氯乙烯（PVC）薄膜不干胶标贴。其有透明聚氯乙烯、有光白聚氯乙烯、无光白聚氯乙烯几种。聚氯乙烯薄膜的柔韧性、收缩性、不透光性、加工特性及贴标特性都十分优良，且色彩鲜艳，具有宣传促销商品的作用。但是PVC的降解性较差，因此，对环境保护有负面的影响。

（2）聚乙烯（PE）不干胶标贴。PE膜具有防潮性，透湿性小。观察外形面料比较透明而且光亮，颜色呈乳白色。聚乙烯为白色蜡状半透明材料。

（3）聚丙烯（PP）不干胶标贴。面料有透明、光亮乳白色、亚光乳白色三种。透明定向拉伸聚丙烯（OPP）、半透明定向拉伸聚丙烯（OPP）、双向拉伸聚丙烯薄膜（BOPP）既可用于具有抗水、油及化学物品等性能的较重要的产品标贴，也可用于卫生间用品和化妆品，适合热转移印刷的信息标贴。

（4）聚对苯二甲酸乙二醇酯（PET）不干胶标贴。其有透明和半透明两种，强度和韧性优于聚苯乙烯和聚氯乙烯，不易破碎，多用于卫生间用品、化妆品、电器、机械产品，特别适合耐高温产品的信息标贴。

（5）化学合成纸不干胶标贴，又叫化工薄膜纸、聚合物纸、塑料纸等。面料有透明、光亮乳白色、亚光乳白色三种。主要原料有聚乙烯、聚丙烯、聚苯乙烯等有机树脂。既可用于具有抗水、油及化学物品等性能的较重要的产品标签，也可用于高档产品、环保用品的信息标贴。

（6）有光金（银）聚酯、无光金（银）聚酯不干胶标贴。膜呈现金色、银色。

（7）可移除胶不干胶标贴、可水洗胶不干胶标贴。面材有铜版纸、镜面铜版纸、聚乙烯、聚丙烯、聚酯等，特别适合用于餐具用品、家用电器、水果等信息标贴。剥离不干胶标贴后产品不留痕迹，或者不干胶经水洗涤后产品不留痕迹。

### 3. 如何选择不干胶标贴材质

客户可以定制不干胶标贴，如图5-22、图5-23所示。设计师应根据产品特点、包装结构等，合理地设计不干胶标贴。

图 5-22 二维码不干胶标贴

图 5-23 牛肉脯不干胶标贴

（1）考虑外观工艺。根据设计师想要的颜色、质地、透明度、金属效果纹理等选择相应的不干胶材质。

（2）考虑终端应用环境。产品粘贴不干胶后，所处的温度、湿度是否要进行巴氏杀菌、冷冻，是否需要变形弯折都是需要考虑的。可以选择上光或者覆膜，增加油墨保护、防刮和防潮性能。

（3）注意贴标基材。被贴物的形状是重点考虑的因素，例如，弧度较大的表面需要使用柔软的标签面材和强力胶黏剂。被贴物表面纹理会影响粘贴效果，越粗糙的表面越要选择柔软的标签面材和强力胶黏剂，以免粘不牢或者翘起。

（4）选择印刷和后期加工方式。应考虑标签的印刷加工方式：平版胶印、柔性版印刷、凸版印刷、丝网印刷、凹版印刷、数码印等。后期加工：滚刀模切、平版模切、覆膜、烫金、上 UV 等。打印方式：热敏打印、热转印打印、激光打印、喷墨打印。这些都会影响材质的选择。必要时，可向不干胶供应商和印刷厂寻求专业意见。

（5）选择贴标方式。是用自动贴标机还是手工贴？不同的自动贴标机，抚标方式不同，有毛刷式、刮板式、抚标轮式等。它们的贴标速度不同，自动贴标机是可以将成卷的纸或金属箔标贴粘贴在规定的包装容器产品上的设备。标贴背面自带粘胶并有规律地排列在光面的底纸上，贴标机上的剥标机构可将其自动剥离。自动贴标机可完成平面粘贴、包装物的单面或多面粘贴、局部覆盖或全覆盖圆筒粘贴、凹陷及边角部位粘贴等各种作业。手工粘贴对标贴底纸无要求。但是手工速度缓慢，容易贴歪错位，人工费贵，只适合少量产品的粘贴任务。

标贴的色彩设计离不开与容器的关系，离不开标贴之间的关系，离不开与顶盖的关系，要追求标贴底色与容器色彩的一致性，突出品牌名称和图形。在女性化妆品白色的容器上，配上白色的标贴、精致的线条边框、典雅的黑色字体，显得洁净高雅；而黑色的白兰地酒，配上黑色的标贴，强调标贴和容器的色彩对比，标贴底色运用金色、银色、白色、黑色和其他比较饱和的色彩与容器形成明度及色相的对比，产生强烈、活泼的效果。当然，直接把名称、商标印在容器上，也是一种方式。容器的标贴一般分为身标、胸标、腹标、颈标、肩标、顶标和盖马标等。一件容器上贴 1 ～ 3 个。标贴的形状多种多样，身标、胸标、腹标有扁形的、椭圆形的、长方形的，既有根据容器形态决定的形状，也有围绕着容器贴一圈的。标贴选用的多少、形状和大小与容器的形状有很大关系。容器主要标贴一般指身标、胸标、腹标，三者按设计需要采用，因为相对而言其面积最大，有的容器就用此标，与瓶盖形成呼应。也有的容器，如酒瓶装饰肩标和颈标，还有的把顶标、颈标、肩标连在一起，没有胸标、腹标，形成主要标贴，形式多样。包装整体设计，还被运用在外包装和容器的协调上：外包装和瓶贴采用相同的设计，只是构图有少许变动，两者大的色调形成对比，但在品牌名称等字体上又形成呼应；外包装上出现容器的形象，而容器标贴上又重复外包装的部分设计。总而言之，包装设计要围绕一个主题思想，从整体入手，从大处着眼。

## 5.3.3 精装盒包装

精装盒是由里面的板材（密度板、工业复合纸板、中纤板）和外面的裱层（布、麻、皮革、丝绸、特种纸、铜版纸、白卡纸印刷品）经过涂抹胶水和手工制作而成，如图 5-24 所示。裱层可以是特种纸，也可以是白卡纸或者铜版纸覆膜，裱层上面做各种印刷后期工艺。精装盒是由纯手工粘贴而成，因此，精装盒也叫手工盒。现在机器可以完成某些简单的精装盒，如天地盖。同尺寸的盒子，精装盒比卡纸盒、瓦楞纸盒的价格都要贵数倍。根据材质、工艺、尺寸不同，精装盒的单个成本从几元到几十元不等。

图 5-24　精装盒制作工艺

### 1. 精装盒的板材材质

（1）密度板。密度板是以木质纤维或其他植物纤维为原料，经纤维制备，施加合成树脂，在加热加压的条件下，压制成的板材，根据其密度可分为高密度纤维板、中密度纤维板和低密度纤维板，其中，中密度纤维板的密度范围为 650 ~ 800kg/m³。在精装盒包装中使用的板材大部分都是中密度纤维板，简称中纤板。包装用的中纤板厚度一般为 2mm、2.5mm、3mm、4mm，极少超过 5mm。密度板的握钉力较差，螺钉旋紧后如果发生松动，在同一位置很难再固定。因此，如果密度板精装盒的内容物比较重，又要把金属扣安装在开启部位，就要慎重考虑。开合几次后，金属扣容易脱落。如果确实需要安装金属件，则要考虑使用实木材质。

（2）工业复合纸板。复合纸板是利用废报纸、回收的包装纸制品来制作的，制作成板纸后，再复合成厚度比较大的纸板，这种纸板是最为环保的。鞋盒的内材质大部分都是工业复合纸板。它有以下几种。第一种是灰色纸板，主要用废报纸或者书纸二次制浆制作，因为做成后的颜色为灰色，所以又叫灰纸板。第二种是牛皮色纸，简称牛皮纸，它也可以复合在纸板的表面，成为牛皮挂面纸板。牛皮纸板与灰纸板相比，提高了硬度和耐破度。第三种是涂布白纸板，它是在灰色纸板的基础上涂成白色以达到包装或衬垫的要求。这种纸板的应用主要集中在印刷包装上，如食品、饰品、工艺品的包装盒，或者文件夹、档案本的皮、笔记本的皮及精装书籍的皮等。

### 2. 精装盒的内托材质

精装盒的内托材质有很多种，如图 5-25 所示，我们要根据成本和内容物来选择材料，如纸塑（纸浆成型）、金卡、白卡印刷、双面裱灰卡、工业纸板、瓦楞纸等。我们都知道，玻璃瓶产品易碎，因此要考虑防震防碎。接下来，列举几种常见的精装盒内托材质。

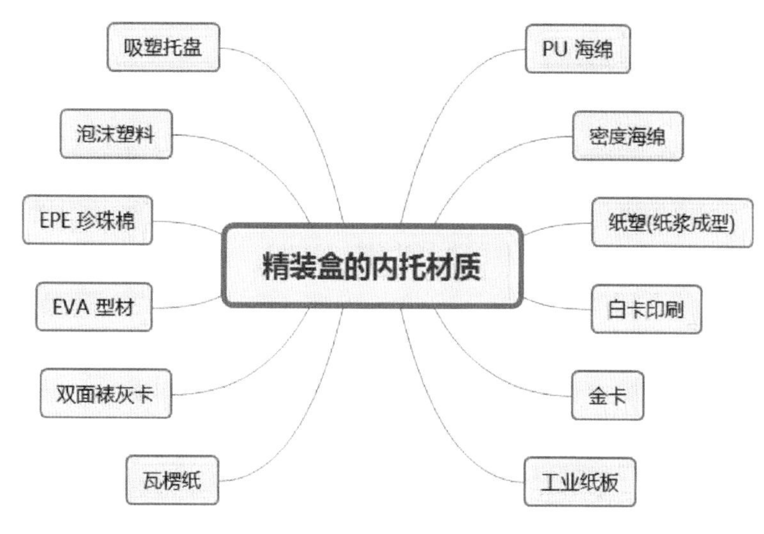


图 5-25　精装盒的内托材质

（1）吸塑托盘。吸塑是种塑料加工工艺，主要原理是将平展的塑料硬片材加热变软后，采用真空吸附于模具表面，冷却后成型，广泛用于塑料包装、灯饰、广告、装饰等行业。在包装中，吸塑会经常应用于包装的托盘。根据材料的不同，吸塑托盘可以是透明的，也可以是白色的，甚至是彩色的，还可以在吸塑托盘上面做植绒工艺，绒的颜色可以选择。做吸塑托盘需要给厂家支付开模费，同时，也需要有一定的起订量。如果是采用厂家现有的模具，则不需要支付开模费。

（2）泡沫塑料。泡沫塑料是由大量气体微孔分散于固体塑料中形成的一类高分子材料，具有质轻、隔热、吸音、减震等特性，且介电性能优于基体树脂，用途很广。几乎各种塑料均可做成泡沫塑料，发泡成型已成为塑料加工中一个重要领域。在精装盒包装中，泡沫塑料可以按照需要做成我们需要的造型，表面通常会包裹绸布，让包装更美观、高档。

（3）海绵。人们常用的海绵由木纤维、素纤维或发泡塑料聚合物制成。另外，也有由海绵动物制成的天然海绵，大多数天然海绵用于身体清洁或绘画。此外，还有三类其他材料制成的合成海绵，分别为低密度聚醚（不吸水海绵）、聚乙烯醇（高吸水材料，无明显气孔）和聚酯。

（4）EPE 珍珠棉。EPE（expandable polyethylene）珍珠棉即可发性聚乙烯，它采用丁烷发泡成形并加入两种辅料，即工业或医用级超细滑石料和食品级的抗缩剂——单甘油酯，整个生产过程为物理变化，因此，EPE 是无毒的。所有的辅料在聚乙烯中形成独立的气泡和细密的气泡结构，使 EPE 有较高的弹性，且富有韧性而不脆，是目前世界上较先进的保护性内装材料。

（5）EVA 型材。EVA 型材就是片材。产品以 EVA 和低密度聚乙烯为主要原料，添加发泡剂及其他添加剂等辅料，经过密炼，在高温的发泡炉里模压发泡成型厚片板材，再经定型、剖片、后处理等系列加工，形成 EVA 型材或卷材。EVA 型材是目前应用广泛的一款软质泡棉材料，板材可剖片成任何厚度。随着国内外经济的发展，对材料的要求也越来越精细，经过对产品技术的研发，目前 EVA 型材最薄可生产到 0.1mm，最厚可生产到 105mm，可满足各个行业的要求。

（6）PU 海绵。PU 海绵，中文名为聚氨基甲酸酯，简称聚氨酯海绵。它只需要简单修改配方，便可获得不同的密度、弹性、刚性等物理性能。泡沫内部的热量不易散发，在发泡过程中温度超过 180℃会引起泡沫自燃，有火灾危险。

（7）密度海绵。其有高密度海绵、中密度海绵、低密度海绵之分，海绵的颜色有白色、灰色、黑色、彩色四种。在用海绵做包装内衬时，可以选择在海绵上做植绒工艺，植绒的颜色可以在色卡中自由选择。

### 5.3.4 铁质包装

#### 1. 印铁流程

印铁就是在马口铁（镀锡薄板）上印制图案，主要是利用水、墨相斥的物理原理，通过印刷压力，经橡皮布把印版图文转印到马口铁上，属于平版胶印的原理。马口铁具有特殊的物化性及印刷品的再加工性能，其印刷工艺流程与普通胶印有较大的不同。本工艺对油墨有着特殊的要求。金属印刷不同于纸张印刷的地方，就是金属印刷在印刷前先要上一层涂料。它的主要作用是既牢固地附着在马口铁表面，又能容易地与其上的各色油墨附着、黏合，使马口铁印刷产品在进行弯曲、冲击、拉伸、卷边等加工成型时，油墨涂层不会因为机械加工而受损。

设计师在设计铁制包装前，要先找到铁罐生产厂家，确定模具的样式。既可以使用现有的模具样式，也可以自行开模，开模费通常要几万元。使用现有的模具，高度是可以任意改变的，长、宽或者直径不能改变。设计师交给印刷厂的文件应该是 cdr 或者 ai 文件格式。

印刷线：送料—印刷—烘炉印刷两色后进高湿烘炉—长达近 50m 的烘炉线—炉尾检查工作人员—烘干完成，用叉车将印刷铁片送至下一道工序。

涂烊线：涂料也叫涂布，是对铁片做打底处理，以及对颜色印刷完后的表面做光油或其他特殊效果油的处理。涂布车间—给料机—送料带—橡胶滚桶在做透明油涂布工作—上油后送进烘炉房—进烘炉口—烘炉线—烘炉尾，收料。

制罐车间：印刷铁片全选或抽检—印刷铁片开料—冲压成型—清洁与打包—入仓库。

#### 2. 易拉罐包装

易拉罐，其罐盖和罐身是分开生产的。包装材料厂把罐子运到食品饮料企业，企业将产品装进罐子后，再把罐盖和罐身组装在一起。制造易拉罐的材料有两种：马口铁和铝材。马口铁是镀锡的铁罐，铝罐则是金属铝构成的，只含一种金属。易拉罐有两种：两片罐和三片罐。这两种罐子的制版、机器、起订量都有很大区别。

1）两片罐

两片罐是20世纪中叶问世的。整个包装罐由罐身和罐盖组成，故称两片罐，属于金属罐的一种。两片罐的罐身是将金属薄板，用冲床通过拉伸成型模，使其受到拉伸变形，使罐底罐身连成一体。两片罐的罐身分类有多种：按罐身的高矮分为浅冲罐和深冲罐；按制罐材料分为铝罐和铁罐；按制造技术分为变薄拉伸罐和深冲拉拔罐等。目前，用于包装的金属罐主要是铝质两片罐。铝质两片罐采用铝合金薄板作为材料，在制造过程中使用变薄拉伸工艺，所以罐壁的厚度明显比罐底的薄。两片罐是先制罐再印刷，在曲面上印刷。两片罐具有的优点：罐内壁均匀完整，成型后可涂布一层完整的涂层，避免内装物与金属污染源接触，大大提高了内装物的卫生质量；罐内壁无接缝并有完整的涂层，彻底消除了渗漏的可能，增强了气密性，保障了内装物的安全；罐身外壁无缝，外侧光滑，便于进行装潢印刷；质量比同容积的三片罐轻，节省材料；成型加工工艺简单，机械化、自动化程度高，适用于连续生产。

2）三片罐

三片罐已应用近200年，虽然经多次改进，但三片罐仍由罐身、罐底和罐盖三片金属薄板（多为马口铁）制成，故得名“三片罐”。常见的奶粉罐就属于三片罐。普通三片罐的罐底和罐盖的形状、尺寸及制造方法完全相同，统称为罐盖。罐身纵缝的密封形式主要有两种：锡焊和熔焊。前者使用较早，但由于焊锡中含有铅，已呈淘汰之势；后者可避免铅污染，能耗低，材料消耗少，但生产设备复杂。三片罐具有刚性好，能生产各种形状的罐，材料利用率较高，容易变换尺寸，生产工艺成熟，包装产品种类多的特点。

三片罐制罐流程如下所示。

制罐身：切板—送料—弯曲成圆—搭接定位—电阻焊—补涂—烘干—翻边—压筋—缩颈。

制罐盖：涂油—切板落料—冲盖—圆边—注胶—烘干固化。

卷封：将罐身和罐盖卷封。

质检：最后就是质检。

限量版的“易拉罐”

3）两片罐与三片罐的对比

两片罐与三片罐的用途在大部分领域是不同的，即便用途重叠的部分，企业也会根据成本进行选择。三片罐制造企业的投资与技术门槛较低，企业多。两片罐制造企业的投资与技术门槛相对较高，企业少，但规模很大。另外，两片罐的最小起订量为30万个，三片罐的最小起订量为1万个。两片罐的主要缺点是：生产设备投资较大，对材料要求高，罐形较单一。需要注意的是，本节知识应结合本书结构篇中的金属包装知识点一起学习。

## 5.3.5 成本核算

包装成本始终是每个设计师的“痛处”。作为设计师，希望有更多的包装预算，将包装做得非常精美，最好是独一无二、史上最好的包装。但实际情况是，包装预算可能只有3元，甚至更低，但要求安全可靠和品牌调性。因此设计师需要根据产品的情况为其设计一个成本合理的包装。这就需要设计师了解每种包装方式的成本构成，以便作出设计决策。

那么，有没有一种通用的包装成本计算方式呢？

这就要说到包装成本的底层逻辑，即包装成本 = 材料成本 + 加工成本 + 损耗 + 毛利 + 税率。

任何一种包装制品都可以套用此公式，只不过，在加工成本处需要替换为相应包装制品的加工成本。如果是普通瓦楞纸箱，包装成本为：瓦楞纸箱成本 = 纸板材料成本 + 印刷成本 + 糊 / 钉箱成本 + 加工损耗 + 毛利 + 税率。从公式可以看出，包装材料和包装工艺是设计师必须掌握的知识，这样设计师才能知道材料成本，并分解出每种包装制品的加工工艺及其成本。有时候会将管理成本放入毛利中，但概念是一样的，这个成本始终是存在的。建立模型后，就需要对每种成本做分析和计算。

包装印刷的成本，主要由以下几个方面构成：承印物、印版、印工、油墨、设备损耗、管理费、税金等，如图 5-27 所示。其中，承印物的费用与具体材料及其质量等级有关，印数越多，费用越高。印版费用相对固定，印数越多，单件印品均摊的制版费用越低。印工主要包括印刷前期的印版准备、机器设备调试、印刷过程管理、印后工序等。印刷前期进行开机调试阶段，印工的工作量和工作强度较大，因而业内印刷报价通常有“开机费”一项，如果印量较大，开机费平摊到单件上，则微乎其微，通常不计入报价。承印物、油墨等成本，会因印刷量的增加而增加。橡皮布及印刷机械的磨损、折旧成本，随印量增加而在单件上摊薄。管理费指维护、经营印刷业务所需的相关管理费用，包括业务管理、印刷生产的组织管理、原材料采购、设备维护等环节产生的管理费用。税金是印刷生产活动依法向国家税务部门缴纳的税费。此外，包装印刷下单时，印数通常需要提前预留 10% 或者更高的损耗，这也是需要计入成本的。印刷生产企业向客户报价时通常不会如上述项目进行，而是将其简化为印版费、开机费、承印物费用、管理费和税金等进行打包报价。客户一般不会太关心报价的细目，而是更关心印品单价和总价。

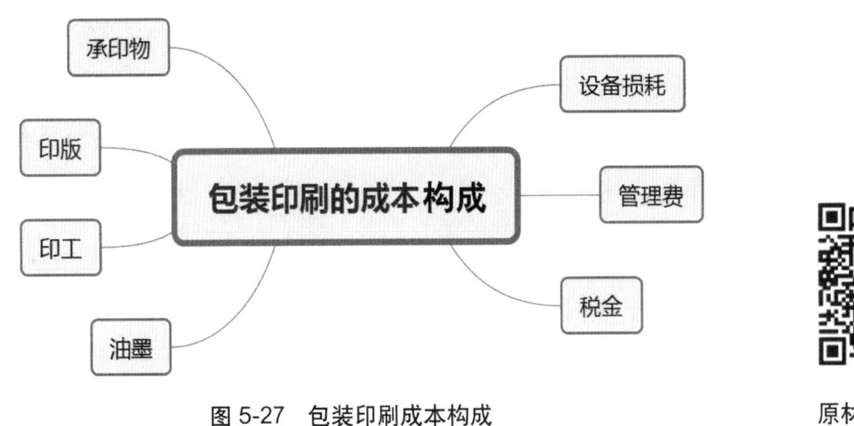


图 5-27　包装印刷成本构成

原材料基本价格

### 1. 纸包装盒成本核算

纸包装盒成本核算的基本方法一般是指从纸盒进入印刷到纸盒成品出厂。总报价公式如图 5-28 所示。

纸价+印前费用+开机费+印后费用+税率10%(不开发票除外)+送货费(可不加)=客户心理价

图 5-28　总报价公式

一家工厂印刷包装盒10 000个，选用单铜250g过光胶，没有菲林，只提供另一家产品包装盒做样品供参考，规格为44mm×59mm，客户要求粘贴成形，问每个包装盒最低价是多少？包装设计师必须按以下步骤计算。

制作：设计费为1500元（可多可少）

纸费：0.531×250克 ×8000元/吨 ÷500张 ÷4开 ×10000个 ×1.1%损耗=58410元

印后加工：过塑费+啤+粘+啤板+运费=0.40×10000+ 0.05×10000+ 0.05×10000 1500元+80元=4000元+500元+500元+1500元+80元=6580元

开机费：2500元

合计：1500元+58410元+6580元+2500元=68990元

每个包装盒最低价：68990元 ÷10000个≈6.9元/个

### 2. 精品包装成本核算

精品包装材料一般是由面纸（铜版纸、哑粉纸、白卡纸、白板纸）、灰板、坑纸对裱制作而成。精品包装制作工艺流程：切料—印刷—覆膜—对裱—烫金—压型—V槽—打角—包面纸—成型—捻盒—全检—包装—入库—送货。

精品包装制作工艺流程加工价格如下所示。

切料：0.01元/张；小于1t的按200元开机费收取。

印刷：0.08元/张；小于3000张的按580元开机费收取。

覆膜：0.6元/平方米；小于400m$^2$的按240元开机费收取。

对裱：按工艺难度计算。

刀模：100～350元/块；按难度计价。

压型：0.06元/张；小于2000张的按200元开机费收取。

V槽：0.12元/条；小于2000条的按240元开机费收取。

打角：0.02/个。

包面纸：按工艺难度计算。

成型：按工艺难度计算。

捻盒：0.15元/个。

全检：不计费用。

打包：0.2元/个；根据需要包装箱的另计。

送货：6元/千米。

打样：印刷实物样800元/个（UV、烫金的另计）。

数码样厂家承担。

### 3. 包装袋成本核算

以一张新订单为例，客户订购20万个三边封食品包装袋（尺寸为255mm×190mm）。包装袋的销售价格主要是由包装材料成本、生产损耗及企业毛利三部分构成，即软包装产品报价=包装材料成本+生产损耗+企业毛利。

由于不同时期原材料价格有波动，因此只给出计算公式，不做具体数值计算。

1）包装材料成本

（1）BOPP 材料成本如下。

每平方米单价：单价 × 密度 × 厚度 /1000

每平方米克重：每平方米 × 密度 × 厚度

（2）印刷加工成本如下。

满版印刷油墨核算成 8g/m$^2$，满版印刷再托白核算成 128g/m$^2$。

每平方米单价：单价 × 上墨量 /1000

每平方米克重：每平方米 × 密度 × 厚度

（3）CPP 材料成本如下。

每平方米单价：单价 × 密度 × 厚度 /1000

每平方米克重：每平方米 × 密度 × 厚度

（4）复合加工成本如下。

干基上胶量的成本 = 干基上胶量 × 胶水固含量价格 /1000

溶剂成本 = 溶剂量 × 胶水溶剂的价格 /1000

2）生产损耗

损耗与订单量有关，本案例的三边封食品包装袋尺寸为 255mm×190mm，根据排版，可以横向排的重复长度为 190mm，横排数为 2。中间和两边各留宽 10mm，即所需薄膜的宽度为 790mm，版周围为 510mm，即印版每转动一周印 4 个袋子，那么，20 万个袋子所需薄膜的长度为 25500m，因为三边封袋生产工序为印刷—复合—制袋，无须分切。

（1）印刷损耗。

已知该生产企业的新订单试机损耗为 1500m，旧订单试机损耗为 500m，本例中按照新订单计算，损耗率为 1500 ÷ （25500+1500）=5.6%。

（2）复合损耗。

复合损耗具体情况：一次复合约为 1.5%，两次复合约为 3%，三次复合约为 4.5%。本案例为一次复合，即损耗约为 1.5%。

（3）制袋损耗。

生产中一般若制袋数大于 5 万个，损耗约为 1.5%；若制袋数小于 5 万个，损耗约为 2%。本案例制袋数为 20 万个，即损耗约为 1.5%。

（4）边损。

按照三边封袋的宽度计算，生产中需要的薄膜的幅宽为 190 × 4=760mm，但印刷膜宽为 790mm，即边损为 30/790=3.8%。

3）企业毛利

在制定销售价格时还需要考虑生产中耗用的辅助材料的成本（纸芯、胶带纸等）、人工费、水电费、管理成本、运输和利润等，根据袋子加工工艺的复杂程度，企业一般加 10% ～ 40% 的毛利。该袋子结构相对比较简单，可将毛利定为 20%。

4）销售价格

根据上述分析，最终确定包装袋报价。

5）依据客户要求，结合公司生产实际，制定食品包装袋所用原材料、产品包装袋等的性能要求，以及相应的项目检测方法与标准。

（1）原辅材料检测。根据主要原辅材料相应的常规检测项目，依据国家标准、行业标准、企业标准对BOPP、CPP、油墨、黏合剂、溶剂做相关的测试。

（2）印版制作。根据袋子规格和材料要求，确定袋子的印刷色数和版周、版厂等。印版由专业制版公司制作。

6）产品生产

（1）原料领用：根据订单数量、产品规格、排版及复合工序、制袋工序的损耗比例，确定原材料领用量。

（2）生产工艺：确定印刷、复合、制袋工艺。

7）半成品、成品性能检测

（1）印刷半成品检验项目：颜色、套印误差、网点、图案版面、油墨附着力和光距。

（2）复合半成品检测项目：外观、复合初黏强度、断面平整性、光距。

（3）制袋成品检测项目：长度偏差、宽度偏差、封口宽度偏差、袋图案位置偏差、袋脚偏差、冲孔位置偏差、撕裂口位置、外观质量、封边质量。

（4）复合制袋成品检测项目：拉断力、断裂伸长率、复合剥离力、封口剥离力、耐压性、耐跌落性。

8）包装及入库

经印刷、复合、制袋工序制成的成品袋，由质检部门按照一定比例进行抽检，合格后将成品按照工艺要求包装，整理好外包装袋放至规定存放处暂存。保证封口平整，外观良好。

## 本章小结

包装印刷是指将相关产品包装的图文信息，印刷复制到包装材料或包装容器上的工艺。包装印刷是通过色彩图文美化商品与传达商品与货物信息的主要方式手段，直接关系到包装的外观质量效果，在现代商品流通、市场销售与国内外贸易中都具有极其重要的作用和地位，是提高商品竞争力，取得市场经济效益的重要途径。想成为一名优秀的包装设计师，非常有必要对包装材质和工艺做基本的了解，在设计过程中，也需要把图案和工艺结合考虑。最终给客户呈现的不是一个设计图案，而是包括材质、袋型、色彩在内的一套全方位的包装解决方案。如果设计师不了解包装生产知识，会使成品效果与创意理念天差地别，甚至导致错误与损失，因此设计师一定要去参观包装印刷厂。另外，包装设计师在不断更新知识库的同时，不仅需要保持与包装下游产业链从业人员的沟通，还要多去展会和终端市场了解新品。

## 实训课题

### 课题一：实地参加一次包装相关展会

训练目的：参观展会，了解最新资讯，如了解包装设计展商、包装最新技术和新品等。

训练内容：根据最新包装相关的展会信息，实地走访展会现场，如中国食品包装展会、中国包装容器展。

### 课题二：实地参观包装印刷厂

训练目的：了解包装生产环节。

训练内容：实地考察走访至少1家包装印刷厂。

### 课题三：不干胶标签

训练目的：不干胶标签设计。

训练内容：自选一种产品，为其设计一款不干胶标签，要求做出实物。

# 策略篇

【学习要点】

- 掌握包装设计思考路径：调研—策略—创意—表现—落地。
- 理解文字表现、图形表现、色彩表现、结构表现、工艺表现、交互表现。
- 了解全渠道产品包装策略、快消品全案设计策略、特产包装策略、礼品包装策略、标签设计策略、其他品类包装设计策略。

【教学重点】

全渠道产品包装策略。

【核心概念】

全渠道产品包装策略、快消品全案设计策略

本章导读

包装是一门综合学科，包含营销学、品牌学、设计美学、心理学、结构学、材料学、工艺学等。一个产品要转化为有价值的商品，需要策略及定位。包装策略可以分为色与型的策略，色指的是视觉设计层面，而型指的是结构形式的课题，两者是不可分的，也没有谁先谁后的规定，只有视觉与结构的策略确定后，一个商品才能算是正式的形成，再经过精心的布局，才能被消费者接触，要知道，包装设计的学问是很广泛的。

## 6.1 包装设计的思考路径

包装设计是企业非常重要的商业决策。从设计师的角度来看，一项商品包装设计，大致需要按如下路径进行思考：① 大家怎么样？ ② 需要怎么样？ ③ 我该怎么样？ ④ 我如何做？ ⑤ 我做到了吗？

以快消品为例，根据产品竞销力模型，应考虑陈列、价格、产品卖点和包装等方面，如图 6-1 所示。消费者看不到产品研发的投入，看不到厂房，看不到研发室、设备，但能第一时间通过货架上的商品包装了解品牌和产品，因此包装有时候会上升到第 5 个 P，即 Power（市场影响力）。

### 6.1.1 包装设计思考的五条路径

任何的品牌创意设计都是从调研开始的，调研可以让我们了解市场，了解产品，了解品牌。接下来，对调研回来的结果作出相应的策略，包括包装定位、包装策略；还要对包装有整体的创意构思，进而创意出具体的信息表现、形象表现；最后是落地，包括制作、测试、优化。整个流程下来，就是包装设计的思考路径，如图 6-2 所示。

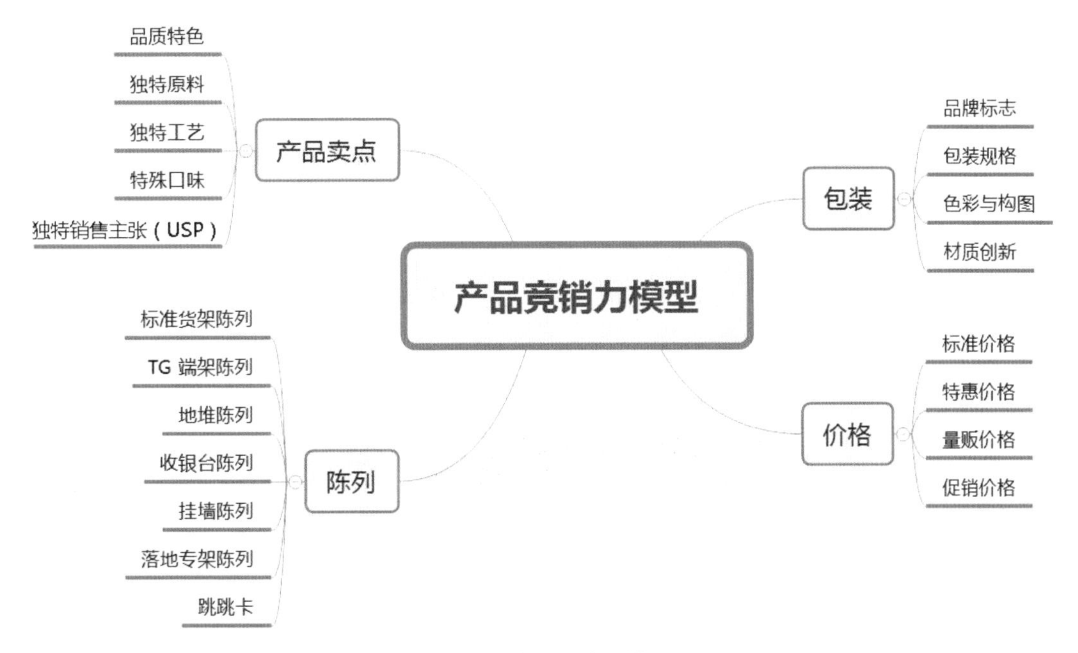


图 6-1　产品竞销力模型

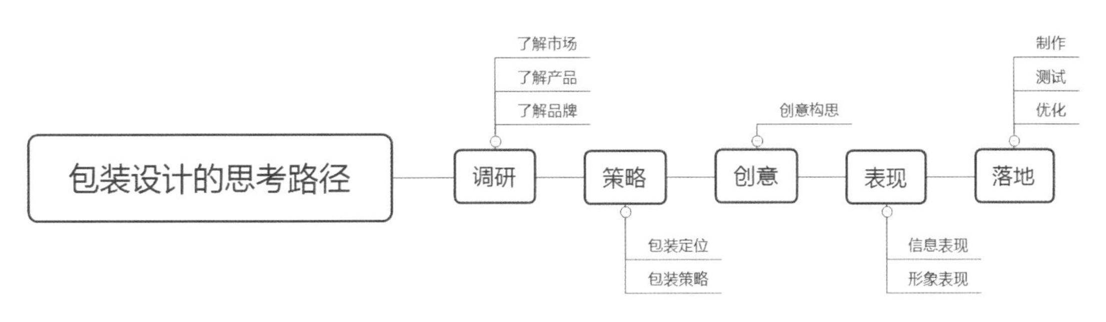


图 6-2　包装设计的思考路径

### 1. 调研

在做包装设计的调研前，设计师可以先问自己以下几个问题。

What——产品是什么？只有吃透产品才可以做好包装。

Where——在哪里卖？这里有两个问题需要解决。一个是产品的销售渠道。在商超销售，还是通过会销、线上营销，不同的渠道，会有不同的包装。另一个是场景，即在销售某一款产品的时候，相邻货架是什么样的构造？摆放的是什么类型的产品？如何在相邻货架场景中凸显产品？

How——核心差异化是什么？产品的竞争优势、卖点是什么？这是非常重要的。

How much——产品是什么价格？多少成本？回答完这四个问题，对调研基本就有了全面的了解。包装设计唯一的导向是市场，要做到充分了解市场。只有充分了解市场，才能做好包装设计的创意定位，因此包装设计讲究针对性。唯有使商品适销对路，商品才能在市场上更具竞争力。在调研中还有一个工作十分重要，就是消费者的心理调研。消费者普遍存在 5 种心理，正好对应马斯洛的 5 个需求层次，如图 6-3 所示。

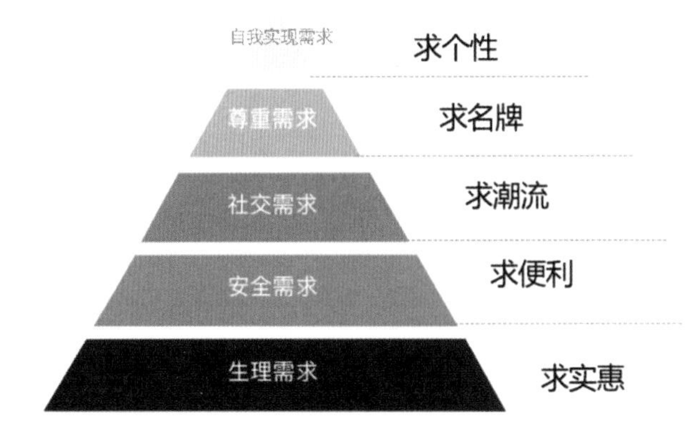


图 6-3　马斯洛的需求层次理论

（1）生理需求。消费者求实惠，就如我们去超市买大包装的纸巾、肥皂。大包装的设计其实就是抓住了消费者求实惠的生理需求，这是求实惠的体现。宜采用简易包装策略（大包装、简单包装、赠品包装）：一些简易的大包装、赠品包装是符合消费者追求实惠心理的。

（2）安全需求。消费者求便利，非常典型的是小包装商品，这是求便利的体现。宜采用便捷包装策略（套装、小包装）：可以采用便捷式包装、套装、小包装。

（3）社交需求。包装的设计更多是为了抓住消费者追求潮流的心理，这是消费者追求潮流的体现。宜采用特色包装策略，如根据产品的地域、文化跨界合作。

（4）尊重需求。很多奢侈品牌把 Logo 做得很大，产品上全部贴满 Logo，这就是抓住了消费者对于自己身份的象征及对品牌追求的心理，这是追求名牌的体现。宜采用品牌化包装策略（品牌元素大面积露出）：可以把品牌包装元素大面积铺开，最大面积地露出品牌元素。

（5）自我实现需求。市场上会有一些小众或者个性化的定制包装，这是追求个性的体现。宜采用改变包装策略：可以尝试改变产品包装策略及包装的形式。例如，传统意义上的茶叶，印象中都是大罐的包装，那么，我们可以做成小罐茶，通过改变包装的形式，以小罐茶差异化为卖点，突破市场。

### 2. 六大策略

包装设计本身就是一个媒介载体，不仅要展示产品的内在特性，还要在感知层面上与消费者进行沟通。概括来说，包装设计与品牌设计理论上是一样的，都是用视觉语言在感知层面与消费者沟通的表达艺术，而且设计思路也是一样的。因此，我们应做好产品包装设计的基础工作。首先，拥有清晰的产品定位策略。包装设计与品牌设计都需要有清晰的产品营销策略，包括产品分析、消费者定位分析等必要的理性分析过程。其次，提炼核心卖点和元素。包装设计需要有包装的外观造型、图形、字体及色彩等这些基础元素的研究提炼。因此，包装设计与品牌设计，一个是展示产品品牌的独特价值，另一个是展示企业品牌的独特价值，都是在感知层面与消费者沟通的表达艺术。最后，包装设计是视觉表现的关键点。包装设计的视觉表现最直观也最具影响力，能在第一时间带给观察者以想象的空间。那么，如何艺术地表达产品信息，用审美增强产品的吸引力，是包装设计与消费者进行很好沟通的关键。包装设计要通过外观造型、图形、字体及色彩这四个方面的设计来表达产品品牌的独特价值。

关键点1——外观造型是包装设计的关键。独特的外观造型设计会引起众人的关注，也能够与其他产品品牌很好地区分，使人印象深刻。但像葡萄酒、香槟酒、啤酒等一些国外的成熟商品品牌，已经在消费者心目中形成了固定的外形概念，所以很少有品牌会去冒险改变它们的外观造型。当然也有很多没有形成固定造型的产品，这些产品可以在外观造型设计上表现出其独特的个性风格。如可口可乐的包装设计，只有可口可乐独有。

关键点2——图形、字体及色彩的设计。包装设计的图形、字体及色彩，是产品包装的外在形象表现。图形包括商标图形和辅助图形。商标图形的设计代表一个企业对品牌形象的定位，具有独一无二的特性。商标也是辅助图形的延展表现，有效地传达产品品牌的一些功能信息。字体设计是最直观的视觉表现，它包括产品名称的字体设计，以及产品说明性文字的字体设计。产品名称的字体设计是包装设计中画龙点睛的部分；产品说明性文字设计包括企业名称、产品成分、容量等文字信息。虽然这些文字不是包装设计最为关键的部分，但是它们在字体的选择及排版设计上，能使整个画面更丰满，具有辅助、协调的作用。

色彩的设计运用是十分重要的科学性表达。色彩不仅能在消费者的主观意识上产生一定的刺激与心理反应，客观上色彩也能传达不同的情感信息。设计师在色彩运用上是否能够把握得好，也是在考验其设计技能与审美能力。下面，介绍六种常见的包装设计策略。

1）以商品诉求为中心的设计策略

首先，直观策略。要使用直观策略去做包装设计，最重要的一点就是商品本身就具备吸引力，比如新鲜的食品、水果和精致的甜点，这些商品让人看到实物就有购买的欲望，商品本身也就具有了优势。这种商品包装可以做全透明、半透明或者开窗的设计，让消费者能够清晰地看到商品，这就是直观策略。

其次，理性策略。消费者在购买某一类商品时会从理性角度出发，而不是冲动购物，这类消费者会关注商品的权威认证及检测标志等信息，特别是食品、药品等与人们健康息息相关的商品。因此在使用理性策略做包装设计时，通过认证的标志来减少消费者的决策时间。另外，在理性策略下，还可以在设计上增加商品制作的工艺过程和产品详细剖析，让消费者获取更多的商品信息，从而对商品产生信任感。

最后，更新策略。在包装上印上“new”或者“新款”等显著字样，引起消费者的好奇心，因为人们都喜欢新鲜的事物，如果看到全新上架的商品，消费者会更倾向于选择最新的商品。

2）以文化诉求为中心的设计策略

首先，突出地域特色策略。特产类的商品非常适合采用地域特色策略，它能让产品脱颖而出，例如，武汉的热干面，包装上就经常可见武汉地标建筑，在一堆商品里让消费者很容易识别该商品来自武汉；来自重庆江津的江小白，包装上就有重庆经典的建筑和方言。

其次，彰显传统文化策略。中国的文化博大精深，民族的就是世界的。很多商品也都会选择使用中国传统文化元素进行设计，例如：常见的茶叶包装会用山水、禅意来表述；一些月饼礼盒会使用中国红和国画进行渲染，就很能说明这是一款中国的商品。这种策略下的商品以传统文化为媒介与消费者进行沟通，对消费者而言，选择商品也是一种价值观的选择。包装设计是吸引用户的外在形象，一个与众不同、特立独行的包装设计更加能够得到消费者的“芳心”。同时，我国历史悠久，传统文化博大精深，很多民族企业在设计品牌时，如何在包装设计中融入品牌文化成为一大关注点。

最后，契合流行时尚策略。流行风尚更适合于年轻人，他们喜欢追潮流，追时尚，一款与时代接轨的商品，更容易获得年轻人的喜欢。当然，使用该策略时也要考虑品牌的目标客户是否为年轻人，或是否为喜欢时尚的一类人群。如果产品是卖给中年人的，但又为了追潮流做了一款与时尚契合的包装，就会得不偿失。

中国元素

3）以消费者为中心的设计策略

首先，人性化策略。人性化的产品需要符合人体工学设计，让消费者在使用的过程中更加方便，例如，一些手提商品和护肤品的瓶身，就是按照手在运动过程中的着力点进行设计的。

其次，分众策略。同一款商品，面对不同消费者的时候，可以设计不同的包装，根据消费者的喜好、层级、消费能力进行设计改良，这类商品大多是老少皆宜的，只是通过不同的包装来吸引受众。例如：简易包装，分量多，价格实惠，适合自用；精致的礼品包装，高端、大气、上档次，适合送人。这个策略的优点是可以吸引更多消费者，缺点是增加了企业的成本。当然，如果包装设计前做好了详细的调研，这个成本在销售后也就不值一提了。

再次，趣味化策略。这种策略很好理解，我们看到的大部分带有创意的包装设计，都与趣味有关，这类设计可以是萌的，也可以是时尚的，关键是与众不同，让人感到有趣。这类包装设计也同样非常吸引人，很多人会因为包装有趣而购买，或者产生分享行为继而传播产品。

最后，交互式策略。通俗地理解，就是强调一种互动关系，不局限于人与人之间，更加强调的是人与包装之间形成互动，这种互动能让人在产品包装上体验到强烈的参与感，从而使其能在众多网销食品中牢牢抓住消费者的眼球，刺激消费者产生购买欲望。如转转严选、东方好礼都采用了这种设计。

4）围绕包装设计元素拟定的设计策略

首先，造型风格化策略。以商品实物为基准，将外观造型设计成商品的样子，非常容易抓住消费者的眼球，如用蜂巢做的蜂蜜包装设计、用蜗牛的造型做的蜗牛霜的包装设计。

其次，色彩风格化策略。色彩鲜明的商品足以让人心动，色彩是最容易吸引人注意力的东西，也会引起人强烈的心理波动。消费者首先看到的是颜色而不是造型，所以利用色彩心理学很容易让消费者作出购买决策 。

最后，材料技术更新策略。科技不断发展的同时，带动着新型材料的发展与迭代，例如，我们小时候喝的牛奶是塑料袋包装，现在我们喝的牛奶、酸奶用利乐纸包装，利乐纸这种包装材料能够锁住营养，让保质期延长，这时的包装起到的是一种锁鲜的作用。所以，在新型材料上市时，可以考虑使用更好的包装材料为企业节约成本，为消费者提供更好的商品。

5）以品牌诉求为中心的设计策略

首先，系列化策略。使用统一的格式、排版和风格做出的系列设计，重复构成给人一种统一又有变化的感觉，而且系列商品放在货架上，增加了视觉范围，更容易被消费者发现。

其次，品牌联名策略。近几年，各大品牌都喜欢跨界创作，这是一种品牌强强联手的策略，能够吸引不同品牌的消费者购买，对双方品牌都起到了宣传作用。

6）以生态诉求为中心的设计策略

首先，绿色包装材料策略。保护环境成为全世界的趋势，在包装上同样可以结合品牌的理念，做出有环保风格的包装设计，这也是一种满足人类环保愿望的策略。用牛皮纸等替代塑料袋，不仅环保，而且显得洋气。用环保纸盒包装如无印良品，凸显了品牌风格。

其次，循环再利用策略。包装的二次利用也可以成为一个卖点，因为包装好看，买回去的商品如果已经用完，还可以对包装进行二次利用，这对品牌也起到了宣传的作用。这是回归包装本能的特点，即安全性和可持续性，也是产品包装的本来属性。例如，猫粮的包装，可以变成猫的猫窝，也可以打散重组变成板凳。消费者也会觉得很实用，不会浪费。

在设计过程中，既可以选择单一的设计策略，也可以选择多种策略相结合的方式，例如：趣味＋直观，让包装更灵动；流行＋中国风，让中国风更潮。

### 3. 创意

（1）从产品的名称入手，以标志为灵感并以此为主要的设计元素进行创意构思，如图 6-4 所示。这款产品是原蜜的产品包装设计，在原生态的环境中，用原始的方法酿造蜂蜜。其将品牌名与采蜜场景相结合，作为整个包装设计的主要设计灵感。

图 6-4 原蜜包装 毒柚包装设计

（2）从商品的原材料入手，进行综合的考虑。目前，这种设计在包装设计领域应用非常广泛，例如，各种护肤品的包装，运用其成分、原料的写实形象等，如图 6-5 所示。

图 6-5 HBN 产品包装设计 金宵设计 指导教师：徐顺智

（3）从产品的产地入手考虑。其将原料产地富有特色的异域风情、风景、田园风光等作为视觉元素来吸引消费者的视线。农夫山泉的玻璃瓶装水曾获得国际包装大奖，设计理念是根据产地长白山的自然环境、动物、植物，从产地入手做包装设计。

（4）从产品的使用场景入手。其以使用形态为出发点，联想设计元素，可以让人产生身临其境之感。例如，某款抹布的包装，巧妙地运用了不同的色彩在不同场景下的使用，没有多余的文字，通过包装使消费者一目了然。如擦杯子的抹布是白色的、擦桌子的抹布是红色的。如图 6-6 所示，纤茶包装设计就是典型的从产品的使用场景入手。

图 6-6　纤茶包装设计　陈彦鸿设计　指导教师：徐顺智

（5）从产品的使用对象入手。了解他们的兴趣、爱好，寻找适当的表现元素来表现。例如，男性用品采用粗犷的视觉形象，而年轻女孩的用品则采用有青春活力的视觉符号。了解消费者感兴趣的元素，把这些元素利用起来。例如，茶 π 包装就是把当时很火的韩国组合偶像，包括当时非常流行的插画风格运用在包装上，在年轻消费者人群中非常受欢迎。

茶 π 包装

（6）善于利用与产品相关的图形来表现产品。例如，以雪山、清澈湖水的图形表现纯净水，以精彩刺激的比赛场景表现饮品和体育用品等。

（7）利用人们喜闻乐见的、具有美感的图形形象。如美女、花卉、动物、风景、民族风俗等。

（8）从公司形象的角度出发进行的系列设计。以公司整体形象为基础，注重公司形象与产品包装的统一性和延续性。例如，基本款农夫山泉的包装设计，在一个跨界合作上用了同样的版面，但是做了系列化的设计。

（9）利用含有特征性的色彩构成进行设计构思。对设计中要出现的色彩进行分析研究、合理安排，进而创造出独树一帜的色彩特征和产品格调，如图 6-7 所示。

图 6-7 维他命水包装设计

4. 表现

包装设计表现有四大层面（见图 6-8）需要设计师深入思考。一是品牌层，所有的包装、所有的设计都是为品牌服务的，品牌型包装是品牌形象调性的充分体现；是品牌 DNA 的系统化传承；是个体包装和系列包装的关系；同时也是陈列的体系化表现。品牌型包装是一个品牌的视觉载体，通过包装设计宣传品牌，提高品牌竞争力，强化产品特征，树立企业形象。在考虑商品特性的基础上，遵循品牌设计的基本原则，将品牌的视觉符号最大限度地融入包装设计，形成独有的品牌形象，在区分竞争产品的同时，明确该产品是归属于哪家企业。其特别适合面向供给端的服务（2B 企业，例如，阿里云是面向企业的，金蝶财务软件是面向企业的，广告公司是面向企业的，医疗器材是面向医院的；总而言之，2B 自己是企业，客户也是企业或机构，而不是个人消费者）的品牌，或者是特别看中品牌的消费者。二是信息层，做包装设计就是与消费者做信息的交流输出。三是功能层。四是交互层。信息层、功能层和交互层的包装构成要素主要有文字、图形、色彩、结构、工艺、交互几个方面，如图 6-9 所示。

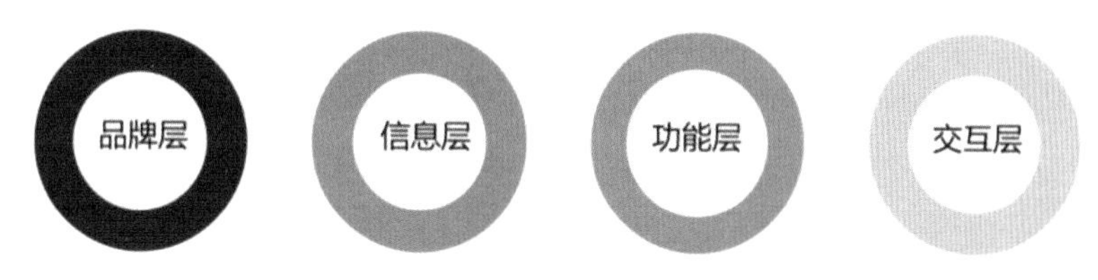


图 6-8 包装设计表现四大层面

包装设计如何与品牌文化“贴合”

2B 品牌如何打造

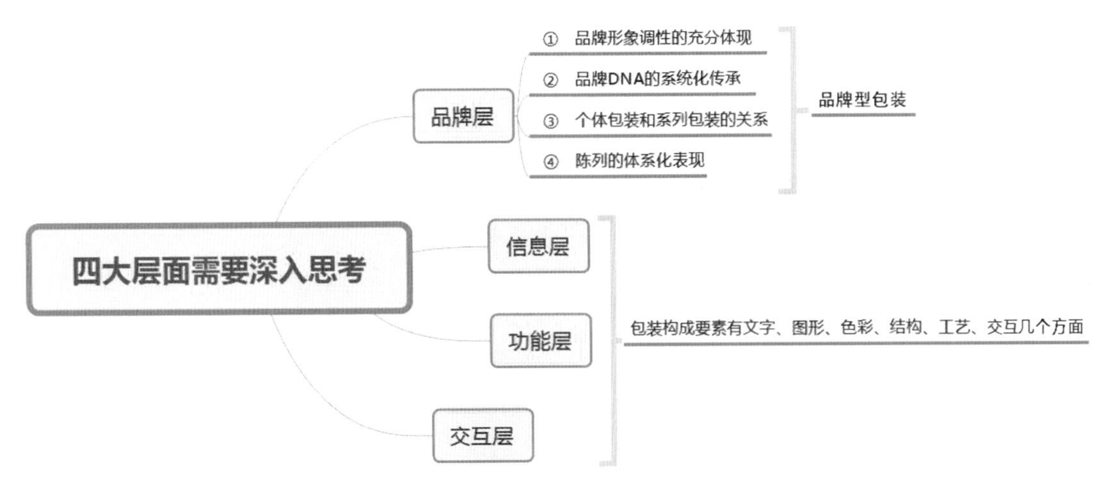


图 6-9　品牌层、信息层、功能层、交互层

### 5. 落地

包装的设计与生产制作是包装的主要内容，它复杂而广泛，开放而严密，是一门应用性的工艺学科。要做好包装，需要对包装软件设计、包装材料材质、包装机械器材及包装运输保存有相当的了解。只有对一门技术有全面的、统筹的了解，才能把握好它的每个环节。包装设计生产流程为：策划产品—包装设计—材料准备—包装印刷—包装整饰—模切裁剪—包装成型。包装设计首先是建立在科学软件的基础上的，由策划师决策产品方向、设计师主导设计内容，再通过 Adobe Illustrator、Adobe Photoshop、Adobe InDesign 及 CorelDraw 等平面设计软件，或者 Maxon Cinema 4D、Autodesk 3dsMax、Autodesk Maya 等立体设计软件，操作、勾勒、绘制、渲染出包装盒的设计构成图、效果图。

包装材料的准备包括纸板、玻璃、金属、塑料等包装基本用料和黏合剂、开切备料等辅助用材的准备、采购。包装印刷是包装落地的关键一步，将设计师给出的设计图纸，通过包装机器进行批量印刷生产，目前主要有胶印印刷、柔印印刷、凹印印刷等工艺。当然，严谨的包装制作在批量产出前一定要进行打样试点，有的设计效果或打样效果不满意、不符合标准，还有多次沟通、反复设计修改的可能。包装整饰是为了进一步改善包装的外观而做的包装产品升级操作。普通的印刷已经无法满足当代人的审美需求，所以，越来越多的包装整饰、装饰、修饰工艺逐渐成熟起来。目前，常见的包装整饰工艺有上光、烫印、起凸、复合、裱合等，经过这些工序后，包装会变得更加美观大方、亮丽多彩。模切裁切已经到了包装成型的最后阶段，通过在印制好的包装模板上进行开槽、分切、横切、复合、分切等工序，让包装盒、包装袋、包装箱等逐渐成型。其中，包装箱有的可采用印刷开槽机直接生产，效率高，但特殊的如托盘类纸箱，除了开槽，仍需如纸盒一般，进行模切操作。当然，最后离不开手工或机械折叠，用糊盒机与黏合剂做好糊盒等收尾工作。

现在有的平面设计师太注重效果图而忽视了落地的效果，由于对印刷工艺、纸张材质不了解，效果图与实物相去甚远。其实，印刷是一件非常有意思的事情，就像在实验室里做实验，了解不同材料的特性、不断尝试，才能试验出最符合要求的材质与工艺。在包装实现过程中，材料、工艺、组合方式都会影响一个好作品的成型，这是做包装设计最容易踩的坑。工艺和材料千变万化，如何将好的设计在理性面前平衡实现，这就需要积累知识和经验，以及反复实验的耐心和细心。

目前 PDF 是提供给客户、印刷厂与同事进行沟通最方便的文件格式，打印机最终输出的文件也是高分辨率的 PDF 文件。Adobe 公司的 Acrobat、InDesign、Illustrator 都能保存 PDF 文件。为了避免反复修改文件从而影响设计流程，在开始设计前需要做的是先用预定义设置优化压缩程序。在 InDesign 中，点击 PDF 预置—印刷质量，之后进行自定义 PDF 设置。点击文件—导出，选择 PDF 格式，在弹出的一个窗口里设置好裁剪、出血及打印机的注册标记。在 Acrobat 中再次检查文件设置，确保准确、无误。

印刷纸张的选择绝对是设计过程中需要考虑的，纸张的厚度、纹理、颜色均会影响设计图像传达的感受，在做小样的过程中，可以多选用几种纸张来保障效果。纸张以克（g）或克每平方米（$g/m^2$）计算。纸张的厚度以卡钳或者毫米（mm）来计量，但并不是纸越厚，质量就越好。纸张的不透明度是指能透过文字或者图像的程度，这取决于纸张的密度与厚度。专业的纸张公司会有数据或者经验以供参考。

一整套的落地包装设计方案

## 6.1.2 包装设计表现

包装设计表现有四大层面，即品牌层、信息层、功能层、交互层，而信息层、功能层、交互层的包装设计主要是通过文字、图形、色彩、结构、工艺、交互表现的。

### 1. 文字表现

包装文字有三个板块，如图 6-10 所示。第一，需要重点突出的是品牌形象文字，包括品牌名称、商品名称、企业标识名称、企业名称等。第二，与产品有高度关联的广告宣传文字。第三，说明性文字，主要包括产品用途、使用方法、生产日期、保质期、注意事项等。文字是传达思想，交流信息的符号。包装文字能表达有关商品信息，使人与商品之间产生沟通；它不仅是产品介绍的重要媒体，还是包装促销成功的关键。文字作为一种视觉元素有时会转化为包装上的图形，承担着体现商品特质和传播品牌的任务，所以文字的合理的字体设计运用能体现品牌的调性，如图 6-11 所示。

图 6-10　包装文字的三个板块

图 6-11　文字体现品牌调性

在包装设计中，以文字为主体的包装有很多，在设计以文字为主体的包装时，需要注意以下几个要点。首先，基本图形要明确，内容不宜过多、过杂，主体图形的面积和部位要重点考虑。其次，要明确文字基本色调，要注意色彩安排的重点倾向，要注意典型的色彩形象。再次，要注意一种基本的编排形式，特别是一些酒类包装，经常采用文字排版。最后，在选择以字体为主体设计的时候，字体的运用要适当，各种字体都有自己的性格语言，要活用字体的性格语言。例如，黑体字比较厚重、醒目，宋体字比较严谨、秀丽，圆体字比较柔和、舒展，手写体比较活泼、大方，装饰性字体比较秀美、流畅，如图 6-12 所示。

黑体字厚重醒目　　篆体字古朴雅致
宋体字严谨秀丽　　装饰性字体秀美流畅
圆体字柔和舒展　　手写体活泼大方

图 6-12　不同字体风格

## 汝山明汝窑包装设计

汝窑，宋代五大名窑之一，因窑址位于宋时河南汝州境内而得名，今河南省宝丰县大营镇清凉寺村和汝州市张公巷均发现汝窑烧造。汝窑烧制的汝瓷因为其绝妙的色泽、独特的艺术价值，深得帝王喜欢，有“宋瓷之冠”的美誉。汝窑又与同期官窑（河南开封）、哥窑（浙江龙泉）、钧窑（河南禹县）、定窑（河北曲阳）合称“宋代五大名窑”，位居五大名窑之首。汝窑是中华传统制瓷著名的瓷种之一，是中国北宋时期皇家主要代表瓷器。汝瓷造型古朴大方，以名贵玛瑙为釉，色泽独特，有“玛瑙为釉古相传”的赞誉。随光变幻，观其釉色，犹如“雨过天晴云破处”“千峰碧波翠色来”之美妙，土质细润，坯体如侗体，其釉厚而声如磬，明亮而不刺目。器表呈蝉翼纹细小开片，有“梨皮、蟹爪、芝麻花”之特点，被世人誉为“似玉、非玉、而胜玉”。宋、元、明、清以来，宫廷汝瓷用器，内库所藏，视若珍宝，可与商彝周鼎比贵。汝窑瓷器胎均为灰白色，深浅有别，与燃烧后的香灰相似，故俗称“香灰胎”，这是鉴定汝窑瓷器的要点之一。汝山明汝窑包装采用纯汉字进行设计，再结合印刷工艺，具有雅韵之感，如图 6-13 所示。

图 6-13　汝山明汝窑包装设计

## 2. 图形表现

用图形做包装设计是为了让包装更形象、更生动。图形设计的原则是表达准确。设计师用图形来传递商品信息时，最关键的一点便是准确传达意图，无论是采用具象的图片来说明商品的实际情况，还是运用绘画手段来夸张商品特性，抑或用抽象的视觉符号去激发消费者的情绪，总之只有对商品品质正确导向才是图形设计的关键。包装设计图形的表现手法分为具象、抽象和夸张三种，如图 6-14 所示。

图 6-14　包装设计图形的表现手法

1）图形具象表现手法

首先，摄影。其常用于食品类包装。例如，每日坚果包装设计，直接摄影，然后进行后期处理，作为包装的主画面，如图 6-15 所示。

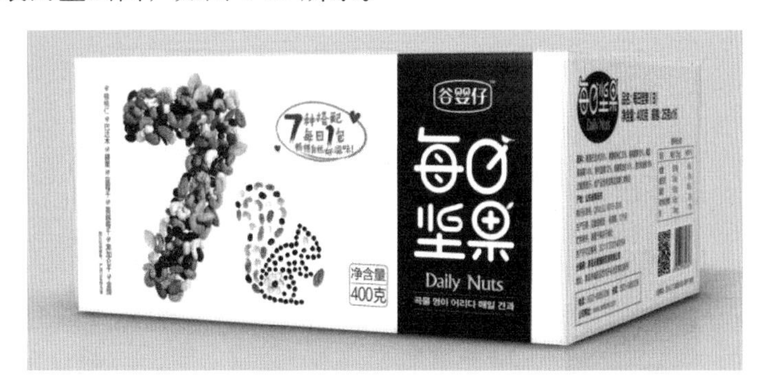


图 6-15　每日坚果包装设计

其次，绘画。其以具象的插画形式把对象非常细致地绘制出来。通过色彩细节来表现产品，比直接拍照有更强大的渲染力和画面表现力，如图 6-16 所示。

图 6-16　农产品包装设计　高鹏设计

再次，漫画卡通。其是通过漫画卡通来具象一些产品，如图 6-17 所示。

图 6-17　特产包装设计　圣智扬原创设计

最后，装饰。其是通过装饰图文来具象地表现产品。

2）图形抽象表现手法

抽象表现手法会通过抽象的纹理及图案组合来表现产品的包装，如图 6-18 所示。

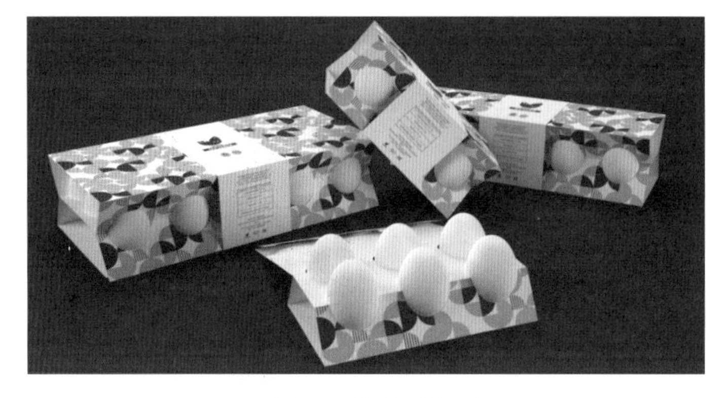

图 6-18　鸡蛋包装设计

3）图形夸张表现手法

夸张的图形表现手法具有故事性和趣味性，如图 6-19 所示。

图 6-19　奶昔的包装设计

### 3. 色彩表现

好的色彩是第一吸引力。对包装色彩的运用，必须依据现代社会消费的特点、商品的属性、消费者的喜好、国际国内流行色变化的趋势等，使色彩与商品产生诉求方向一致，从而更好地促进商品的销售。例如，红色代表热情，绿色代表清新、自然、安全，蓝色代表冷静、科技，等等，每个色彩都有它自己的特性，设计师要活用色彩的特性。例如，每个季度专业机构都会推出一套当季的流行色，在做包装设计时可以参考和利用。

（1）遵循色彩的原有内涵。在进行以色彩为主的包装设计时，需要遵循色彩原有的内涵，高级的产品就用高级的色彩，畅销产品就用畅销的色彩。不同的色彩使用方法会体现不同的品牌调性。图 6-20 所示为生活中最常用的棉签包装设计，其用棉签头的色彩拼出了毕加索的画像。这是非常有趣的包装设计，把色彩运用到了极致。

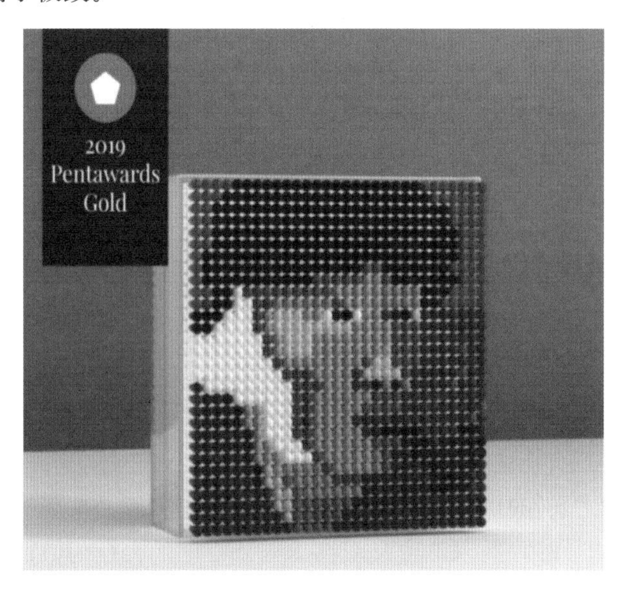


图 6-20　棉签包装设计

（2）放弃色彩的惯性。脑白金包装，如图 6-21 所示。在礼品柜台上看到的很多礼品包装，基本上都是以金色、红色为包装主色调。脑白金放弃了原本色彩的惯性，以蓝色为包装主色调，反而产生了不一样的效果。

图 6-21　脑白金包装

### 4. 结构表现

在包装的结构方面，形态突破是差异化的“特效药”。差异化，就是改变包装的结构，这是最快、最有显性的一个方式，如图 6-22 所示。

图 6-22　牛葵瓜子包装

### 5. 工艺表现

包装是一个综合性学科，包装设计师不仅要了解美学、结构学，还要了解材料学、印刷学。

### 6. 交互表现

随着社会的发展、人们阅历的增加，仅以文字和图像等形式呈现的简单包装已不能达到吸引用户，促进消费的目的，所以，集可用性工程、心理学、行为设计、信息技术、材料科技和印刷工艺等于一体的交互式包装渐渐兴起，它与传统包装最大的不同在于注重用户在包装交互过程中的体验。简单来说，就是包装不仅要有功能，还要有体验，更要产生情感，这样才能吸引用户倾注更多的精力在包装上，从而起到吸引用户，引导用户购买的作用。

（1）感官刺激。亚里士多德将人体的感觉分为五种：视觉、听觉、味觉、触觉、嗅觉。在交互包装设计时可以考虑多感官同时刺激。例如，视觉加上触觉，满足客户的操纵需求，以触发行为和情感上的互动。在做开启方式的时候，交互设计也非常重要，需要在开启前、开启时、开启后都充分考虑用户体验。开启前，开启装置美观，易用且显眼，这是非常重要的。开启时，要让展开的过程完全考虑到用户体验，在打开包装时既轻松，又流畅，且有关怀的一面。开启后，要让用户对产品产生后续思考和情感互动。例如，图6-23专门用于治疗痘痘的药品包装，在进行该药品包装设计的时候，从消费者的情感入手，在开启使用的时候考虑到了用户体验，做到了交互，挤药片时就像挤痘痘。再如，图6-24所示为石榴饮料的包装，在喝完饮料时，就会看到一个空的石榴。另外，还要考虑在使用完以后，包装能二次利用。例如，衣服的包装，把盒子拆掉就可以折叠成衣架，持续发挥它的作用。因此，交互设计必须考虑开启前、开启时和开启后的用户体验。

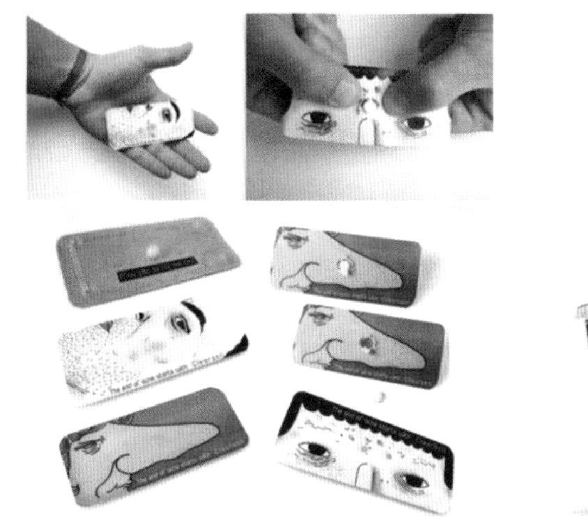

图6-23 治痘痘药品包装

图6-24 石榴饮料包装

（2）情感交互。注重以情感为依托，融合环境和使用场景等因素，赋予包装更高的情感价值。设计师要注意和时代对话。例如，现在比较流行的视频弹幕，有些人看视频时并不是单纯地看视频，而是在看弹幕。图6-25所示为辣条的包装，就是把弹幕文化设计在包装上了，很好地契合了年轻消费者的需求。另外，包装还可以和用户对话、互动。如，江小白的表白瓶、歌词瓶等。再如，图6-26所示为热敏感材质的护肤品包装，这款护肤品就是利用热敏感材质，触摸它的时候，瓶子就会泛红，就像皮肤，会立即给你一个反馈。不少包装已经成为产品的一部分，甚至就是产品本身。产品即信息，包装即媒体。包装是产品与外界沟通的方式。消费者首先看到的是包装，而不是产品。

图6-25 辣条包装

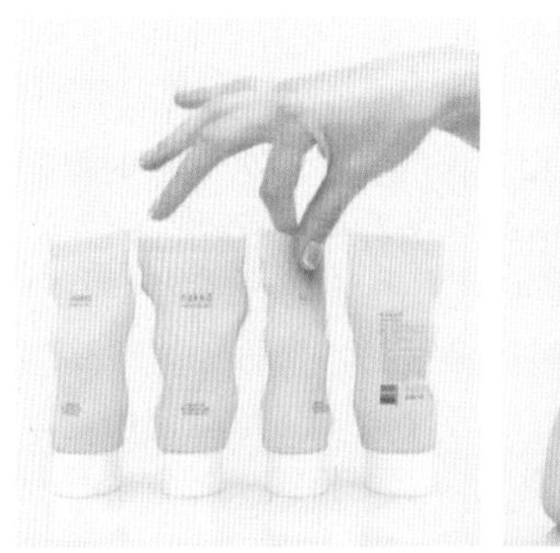
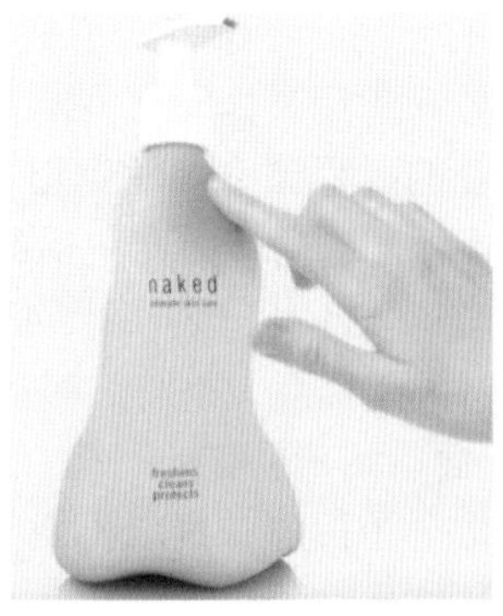


图 6-26　热敏感材质的护肤品包装

案例

## 百草味——欧赛斯包装机构原创设计

2018 年，百草味的品牌新视觉系统，斩获了全球唯一包装设计专项大奖，即 Pentawards 金奖。首先，我们需要了解百草味的公司背景。它是一家以休闲食品研发、加工、生产、贸易、仓储、物流为主体，集互联网商务经营模式、新零售于一体的全渠道品牌和综合型品牌。百草味以让更多的人吃上放心健康的食品为使命，以“食品安全布道者，行业模式探索者”的角色，专注休闲食品，在全球优质原产地探寻美味，于全链路探索更好的用户体验，在全渠道无限触达消费者。聚焦消费者，百草味目前拥有全品类零食产品；持续革新零售模式，实现电商、商超、新零售、流通、进出口全网覆盖，为 7000 余万用户和更多消费者带来更好的购物体验。

百草味之前的 Logo 表现重点突出了产品种类“600”，产品外包装设计与竞品相比，较为杂乱、不统一，如图 6-27 所示。百草味作为一家拥有九大品类 300 多个产品的零食品牌，现有产品包装设计的难题是品类和产品太多，无法形成统一的家族关系。同时在市场竞争中，各大零食品牌的产品在品质和口味上都趋于雷同，其在包装中难以表现出差异化优势，如图 6-28 所示。

图 6-27　百草味升级前包装

图 6-28　市面上其他零食品牌的包装

消费者每天接触大量的品牌和信息，如何让消费者购买百草味？有什么价值？如何让消费者产生购买兴趣？

第一，战略目标。统一的品牌视觉，强化品牌识别度，让更多消费者认知并购买百草味。

第二，业务目标。增强官方商品的品质感，拉开与其他商品的差距，增加销售量。

第三，整体风格。什么样的风格有助于传递百草味商品的特质、专业、品质、美味呢？最终的创意解决方案是聚焦“实惠”和“美味”两个关键词，辅以严谨专业视觉氛围的传递。按照消费者关心的次序来设计信息层次，如图 6-29 所示，这样百草味的理性设计是品名、品牌、产品口号（slogan）和产品利益点，进行统一后，后续只需替换产品的属性就可以了。感性设计就是拍摄产品的食欲美图，主要目的是打动消费者，让消费者产生食欲和好感。最终的成品展示如图 6-30 所示，包装上的文案可以直接替换，只需重新设计一个图标，图片是采用不同角度拍摄的，整体感十足，让人一眼就能看出这是百草味的包装，放在货架上也非常醒目，使消费者产生满满的食欲感。

第四，图片形式。图片创意解决方案是挖掘零食形态和口感方面的特征，将其精心摆放为多样的图案，如阵列、四方连续、放射状、平铺等样式，如图 6-31 所示，以高精度的摄影照片呈现于包装上。这样一来，就解决了各个产品在延展中的统一性问题，鲜艳的色彩快速勾起消费者的食欲。食材连续性、饱满地排布给人丰盛、实惠的感受。以这种食物自身形成的图案，百草味建立了自己独特的品牌视觉资产，快速从市场上的竞品中脱颖而出，并与各个产品、口味、品类和系列一起形成了强烈的品牌统一性。

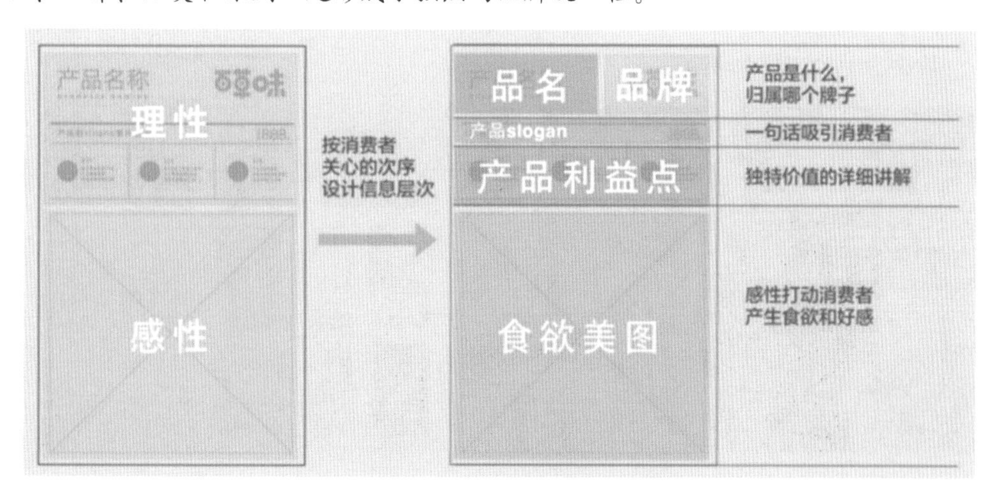


图 6-29　设计信息层次

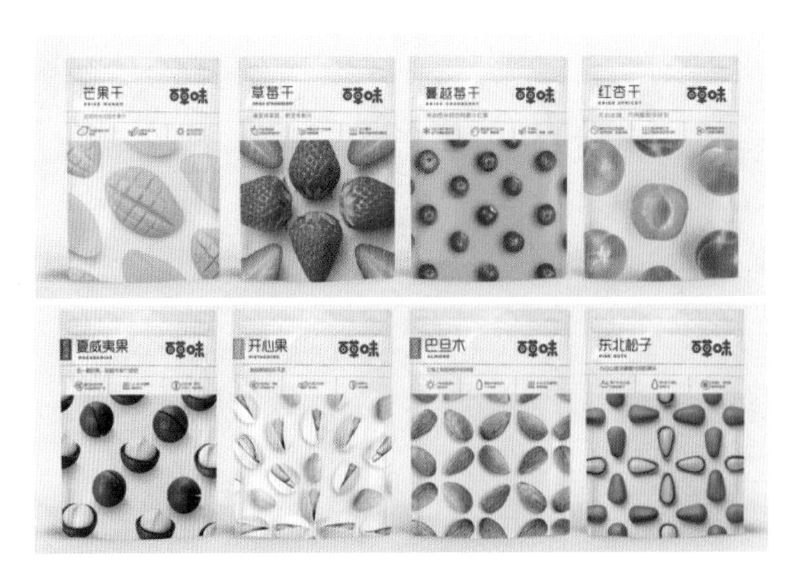


图 6-30　最终的成品展示

图 6-31　图案多样性

第五，包装材质。回到现实，受成本等现实因素影响，继续采用自立袋，带有封条，环保便捷，如图 6-32 所示。包装升级前、后对比，如图 6-33 所示，可以看出，包装升级完美地解决了之前包装不统一的问题。从产品实拍图、店面实拍图可以看出，它们的系列感、家族感非常强，可以强烈地引起消费者的食欲和购买意识。因此，在做包装升级前应先分析市场现状，为什么这样做包装？出发点、竞争对手有哪些？然后再确定战略目标，如提升品牌的识别度、增强包装的统一性等，接着确定视觉风格是简约的还是国潮的，最后是赋能，包括摄影、插画、材质、字体等。

图 6-32　百草味自立袋展示

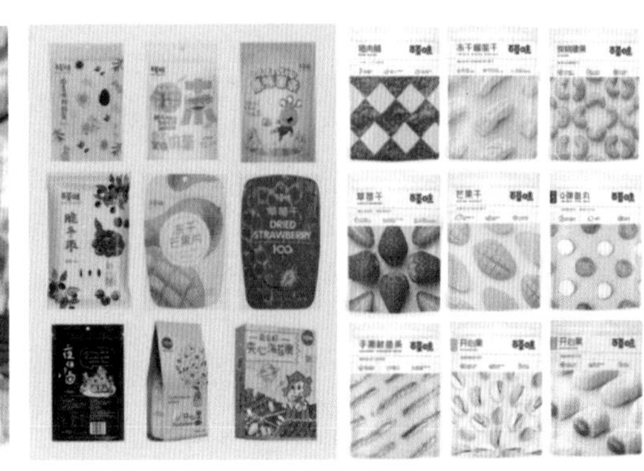


图 6-33　包装升级前、后对比

# 6.2 其他包装策略

## 6.2.1 全渠道产品包装策略

随着互联网的发展，我们进入了一个产品过剩的时代，打开网店搜索一个商品，有 100 页的商品供消费者选择。消费者的选择太多了，品牌方如何才能让消费者购买自己的商品？对中小食品企业来说，投广告、在卖场买堆头、做地推、直播等成本较高。包装上的创意，其实就是性价比最高的广告，这是品牌最重要的载体。在线下卖场，包装的陈列优势非常重要，包装设计要做到让消费者在三米远的地方就能从琳琅满目的货架上发现产品。而包装设计的价值也同样重要，当消费者把产品拿在手里仔细看的时候，如何让他们在五秒内作出购买决定？越来越多的企业认识到包装策划和设计的重要性，愿意为创意买单。在进行产品包装设计时，设计师首先要做的是包装策划和思考包装设计的视觉形象，让包装具有销售力。然后选择与包装创意相匹配的包装材料、袋型结构或盒型结构。每个领域的包装都有相应的法律、法规需要遵守，不能任意发挥创意。如食品、日化、药品、保健品、化妆品等领域各有各的规范。包装既要遵循法律和市场规律，也要注意把控包装材料的成本，以保障商品的利润。总之，在设计包装的时候，视觉创意要以促进销售为目的，如图 6-34 所示。

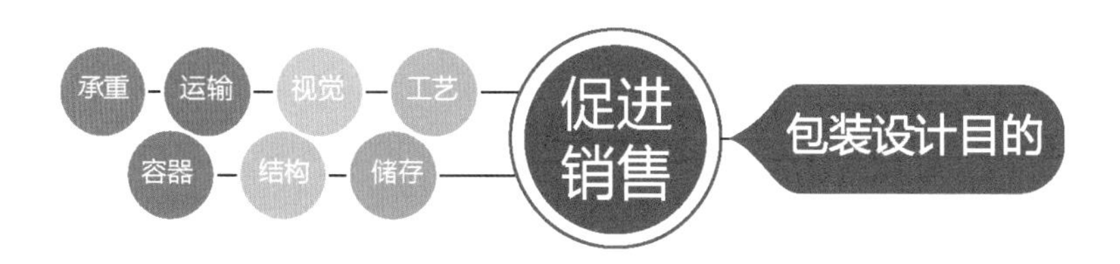


图 6-34　包装设计目的

猪八戒网

### 1. 包装创意前的工作

设计师在进行包装创意前，要了解一些基本情况，如品牌和产品的相关信息，做到心中有数。由于客观情况不允许做市场调研的，设计师一定要与客户多沟通，了解市场情况。对于设计费用充足的项目，设计师可以去市场上查看一下该产品的销售环境，同类产品有哪些？没有条件和时间的，去网上查询也可以。例如，要设计阿胶糕这个产品的包装，在天猫上搜一下，就出现很多种。现在，凡是能在线下购买到的快消产品，线上都可以买到。有的设计师接到一个包装设计案子的时候，首先就找些漂亮的案例参考，然后打开软件开始排版、配色，这么做是不对的，这样不仅是纸上谈兵，还严重脱离实际。在包装创意前设计师需要了解的内容主要有以下几点，如图 6-35 所示。

（1）企业状况。设计师要了解企业的起始年限、经营范围、项目产品、企业愿景等信息。只有对企业状况心中有数，才能通过设计包装，打造产品，帮助客户解决企业的问题。

（2）品牌调性。一个企业可以有多个品牌。设计师要了解，一个已经上市的品牌是否有品牌资产，消费者对品牌的印象如何？新包装是否要延续之前的品牌调性？如质朴匠心、地域文化、二次元等。

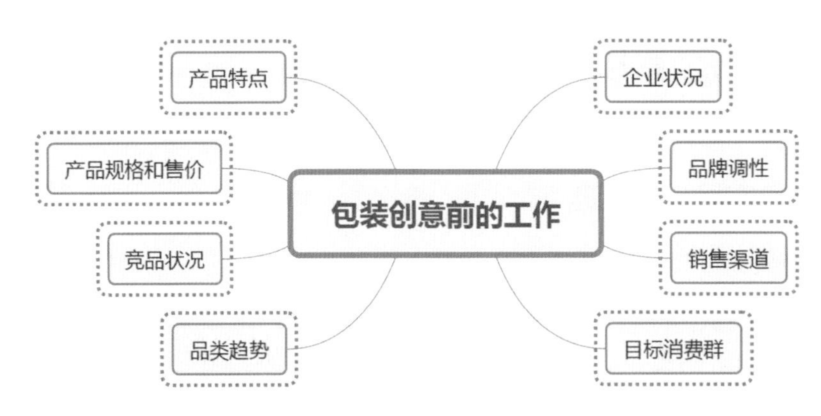


图 6-35　包装创意前的工作

(3）销售渠道。不同的销售渠道有不同的包装创意方法。销售渠道主要有便利店、大卖场、电商、微商、专卖店、商超、直播带货等。全渠道产品一定要以线下渠道的包装创意方法为主，电商只能兼顾。

(4）目标消费群。每个年龄段人群的审美和心理需求都不同。需要了解产品的目标消费群，如学生、白领、中老年人等。

(5）产品特点。可以理解为产品卖点，如地域特产、传统手工、绿色无添加等。另外，产品的外观是否好看，是否易碎都会影响视觉创意和包装材料的选择。

(6）产品规格和售价。产品的规格就是装多少产品，装 50g、500g、1000g，还是5000g？规格不同，产品形状和属性不同，都会影响包装材料和结构的选择。产品的售价决定了包装的成本。例如：几千元的产品，包装成本为 100 元左右；几百元的产品，包装成本为几十元；几十元的产品，包装成本为几元。设计包装的时候，要根据包装成本选择合适的包装材料。

(7）竞品状况。每款产品的市场容量是有限的。各企业销售额有多有少。若市场是还有上升空间的增量市场，则可以大胆做创意；而已经饱和的存量市场，则一定要研究竞品。

(8）品类趋势。做快消食品绕不开品类趋势。有的品类生命周期长，可达几十年甚至上百年；有的品类生命周期短，只能用三五年。品类是上升期还是平稳期、衰退期，对包装创意有很大的影响。对初学者来说，学习包装设计的第一步是清楚设计的规律和常用套路，练好字体设计、版式设计、配色基本功，同时能做出具有视觉张力，创意合理且让消费者觉得有新意和吸引力的方案，就可以挑战更高难度的“包装策划”了。

### 2. 包装创意方法

第一，通过前期与客户沟通，结合自己上网查询的资料，做市场调研，并对企业状况、品牌调性、销售渠道、目标消费群、产品特点、产品规格和售价、竞品状况、品类趋势了解清楚，做到心中有数。

第二，确定包装形式和包装创意的方向。如用哪种风格？怎样才能更好地体现产品的特点、促进销售？包装形式重点关注包装材质、包装结构、包装尺寸。产品本身的特征（易碎、防潮等）和零售价（价格因素）决定了包装的材质。不同包装材质的包装结构不同。有的包装有内包装和外包装，需要客户拿产品来试装，然后把尺寸提供给设计师。

第三，包装创意策略。重点掌握包装的卖点是什么？包装上要体现的文案及各文案的主次关系。包装上的主视觉元素是什么？是产品摄影照片，是情景插画，还是卡通 IP 形象？这样创意的目的是什么？包装上各元素的排版、主次、字体。包装整体想传达出什么样的信息？注意一定要把包装形式和包装创意策略构思与客户沟通，想法与客户达成一致，再开始包装视觉的表现。

第四，包装视觉表现重点考验的就是设计师在字体、版式、配色、插画这些设计领域的基本功。在实际的设计工作中，很少有设计师能把所有领域都掌握得很好。因此，在专业的包装设计公司，包装创意大都是团队分工合作。一些在网络接单的独立设计师也会有合作伙伴。例如，插画风格的包装设计，自己做创意设计，把插画部分外包出去。还有一些独立设计师有自己的风格，只做某种风格的包装设计。

### 3. 产品的包装思路

（1）线下渠道包装。在快消品领域，线下产品其实是全渠道产品。因为几乎所有能在线下买到的产品都可以在线上买到。但是，线下产品销售的主场是便利店、超市。销售方式主要采用招商代理。许多线下品牌都有电商旗舰店，其品牌展示属性大于销售属性，许多品牌的天猫店常年微盈利甚至亏损，但依然年年经营下去。因为现在消费者对品牌的认知是：能在电商平台搜到旗舰店的才是品牌。在线下渠道销售的产品，比较显著的特点在于：包装透明镂空展示产品。产品名称要突出。要么外包装上有吸引人的产品照片，最好能一下激起消费者的购买欲；要么这款产品具有陈列优势，摆在一堆竞品中间，能在第一时间抓住消费者的眼球；要么包装传达的内容直白和直接，尽可能降低消费者的选择成本，能让消费者在短时间内作出购买决定。如果设计师总是沉浸在自己的审美水准上，不了解市场，只看字体设计得好不好看、颜色搭配得美不美，而忽略了对竞品和消费者的研究，就会设计出主题隐晦、太花哨的包装，从而使产品淹没在货架上。许多走线下渠道的产品，如果做旗舰店的话，只是把线上作为品牌展示的窗口，不求销量有多高，为的是品牌曝光，而且线上价格会与线下价格保持一致。如果线上价格很低，则会影响线下的销量，直接受损的是经销商的利益。

（2）电商快消品包装。电商品牌就是为了电商渠道的销售而量身打造的。所以，这类产品的包装和传统渠道的产品包装的思路完全不一样。如三只松鼠就是电商快消品的代表品牌。现在电商产品的电商店铺的流量来源多样化。例如，淘宝店铺的流量来源主要是淘宝直播、领券消费、钻展直通车、淘宝活动、自然排名、品牌方引流，以上这些流量入口不仅靠产品包装来吸引消费者进入店铺，还靠软文、促销信息、试吃视频等吸引消费者，钻展直通车的引流图片也会在包装旁边展示很有食欲感的产品照片和活动折扣信息。因此，电商食品的包装要有品牌调性、高颜值。消费者可以通过产品主图小视频、详情页的细节图、文字介绍来了解产品更多的信息，看到产品更全面细节的图片和介绍。有没有产品照片无所谓，包装能不能透明露出产品也不要紧。所以，对于电商包装，设计师发挥创意的空间非常大。现在年轻人是网购的主力军，尤其是年轻女性。她们追求格调与众不同，愿意尝试小众但有颜值的新品牌，以凸显自己的审美和生活方式。只要新品牌有吸引人的故事，包装有意思，有调性，便能打动消费者。需要注意的是，有一些新创品牌，从创立之初就线上、线下全渠道销售，我们称为全渠道产品。那么，这样的产品包装，是以线下渠道包装的思路为主的。因为线下的招商成本较高，入卖场、条码费等费用也高。线下风格的包装只要推广得好，也能在电商渠道销售得好。但是电商风格的包装在线下不一定卖得动。因此，在进行包装设计时应注意以下几点。

（1）包装的大小、形状、色彩、文字说明和图案必须协调一致，支持产品的定位。漂亮的设计并不一定是好的设计。

（2）包装的构造要便于使用、保存。包装的发展主要基于使用的保质性、便利性。许多小食品的包装设计在这方面很典型。包装袋开启边设计成锯齿形，便于开启；包装袋内充上氮气，防止食品霉变，既保持新鲜，也便于保存。

（3）作为产品一部分的包装也必须不断创新。哪个品牌能首先创新包装，为消费者提供更好的产品，则其市场占有率必然会有显著提高，给公司带来可观利润。

（4）包装必须与产品的广告、价格、分销渠道及其他的营销策略一致。包装上的文字说明、图案、色彩、设计风格等必须与广告一致，这样做不仅可以提高企业声誉，还能增强可信度。

（5）包装材料的选择要考虑其环保性。现在大部分产品的包装材料使用的是塑料，这类材料难以自然分解，形成污染环境的“白色垃圾”，如很多食品的包装、一次性快餐饭盒、大部分零售商店所售商品包装等。“白色垃圾”已经成为破坏环境的主要“凶手”，社会亟须可以降解的包装替代品。

（6）包装设计具有很直观的效果。当人们在琳琅满目的商品中寻觅时，目光在每件商品上停留的时间很短。因此，包装设计必须是直接的、直观的，它必须清晰明了，使顾客对产品的用途一目了然。这就需要设计师掌握平面造型设计的图案与色彩应用的基本技巧，对材质的选择、工艺的选择等都应有具体的了解与掌握，力求使每项设计都经济实用。

网红食品

## 6.2.2 快消品全案设计策略

快消品，指快速消费品。快消品依靠消费者高频次和重复的使用与消耗、通过规模的市场量来获得利润和价值。“快消品”一词来源于商家对此类产品的研究，通常有“快消品”和“快销品”两种称呼。“快消品”更多是从消费者的角度，考察商品如何更好、更快捷地满足消费需求；而“快销品”则是从商家的角度研究如何更快速地促进商品销售。快速消费品的另一称呼是“PMCG”，即“大众消费品”，英文全称是“packaged mass consumption goods”，意指更加看重包装、品牌化及大众化对这个类别的影响。由“PMCG”的名称可以看出，包装对于快消品的重要性。事实上，目前市场上的商品包装设计绝大多数都是围绕快消品进行的。快消品市场体量巨大且竞争激烈，其包装设计品质的优劣不仅影响商品的终端竞争力，也影响商品所属品牌的形象价值。从社会价值的角度看，快消品与广大人民群众的日常生活具有十分紧密、广泛的联系，其包装是为人民群众搭建具有艺术品质生活的重要设计平台。因此，快消品包装设计在美化人们的日常生活方面具有重要意义。快消品的主要类型包括个人护理用品、食品饮料、保健品、烟酒、药品中的非处方药（OTC）等。

### 1. 快消品包装设计流程与方法

快消品包装设计流程为设计接单—调研—定位—设计策略—初稿设计—设计提案—深化设计—预估效果—正稿制作—设计验收，如图 6-36 所示。其中，从调研到深化设计是设计工作的核心环节。一款商业包装的诞生，通常是包装所属方或设计委托方、包装设计方、包装印制方共同合作的结果。委托方的诚信与鉴赏力，设计方的综合掌控能力与设计创新能力，生产方的技术、设备及管理水平，这三个方面，是商业包装顺利诞生并在市场上获得成功的关键。

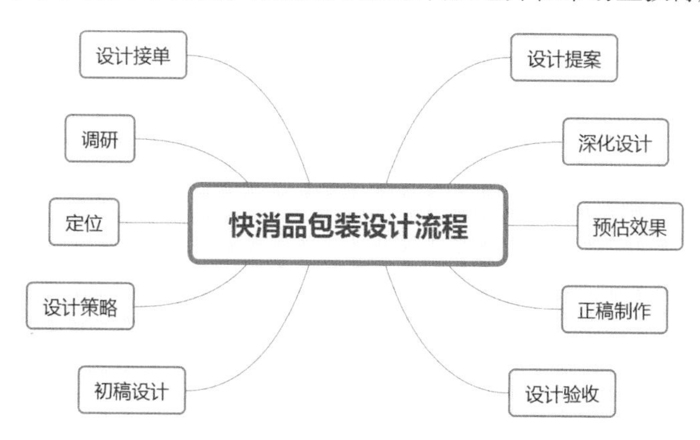


图 6-36 快消品包装设计流程

（1）设计接单。设计接单是设计方接受委托方的包装设计任务的开始，也是双方对设计工作的设计内容、质量要求和合作方式等进行沟通以达成共识的必要过程。设计接单过程中，从设计方角度应注意以下几个问题。委托方和设计方的关系，是委托方出资请设计方从专业的角度来帮助它们解决相关问题。双方在这一点上达成共识，是在一起商谈合作的基础。实力和诚信，是设计接单阶段双方考察的重要内容。在接单过程中，商谈的主要内容通常包括需要做什么设计？为什么要做这些设计？对设计效果的预期有哪些？完成设计需要多少时间？交件方式是什么？设计费用及支付方式怎么样？等等。设计费用通常是双方都很关心的问题。委托方如果总是想“少花钱，多办事”，设计方如果总是想“少做事、多收费”，就注定难以达成共识或者有好的合作结果。但是真正需要好的设计、意识到设计价值的客户，在设计费用上的态度往往是“该花的钱一定得花”。所以关键问题在于设计什么？设计能给委托方带来什么价值？设计方是否有能力完成这样的设计？然后再水到渠成地探讨双方愿意接受的费用标准。对合作方式的商谈，应该在诚信、公平的原则上进行。作为设计方，诚信地展示自己的设计能力和通过设计创造价值的例证，会更容易获得委托方的初步认同；而一个诚信的委托方，也会在合作方式上清晰地传达出对设计方能力与价值的认同与否。包装设计合同是甲、乙双方明确彼此职责、权利和义务的书面约定，是正式确定双方设计合作关系的法律文书，也是保护双方合法利益的法律依据。

（2）调研。初学者应掌握调研的“5W+C”模式和“SWOT”分析模型。在此，本书将更多地围绕快消品包装设计的调研内容、策略与方法进行讨论。“调”的主要内容涉及客户的目的、商品类型、品牌影响力、商品特性、商品的生命周期、卖场特点、购买者与消费者、竞争对手。“研”主要指包装设计的信息调查汇总后，一方面，需要依据商品营销的策略进行综合分析，提炼出隐藏在大量调查资讯背后的各项关键信息，并对其进行先后安排。另一方面，需要依据调研进行包装设计风格的研究，找出可行、有价值和风险更低的风格方向。这其实是从信息和风格两个具体的设计工作层面考察设计定位。提炼和梳理包装的主要信息包括核心信息、引导信息和技术规范信息。

（3）定位与设计策略。设计策略是对设计工作的设计。设计策略要解决的问题是，设计要达到什么目标？过程中要解决哪些关键问题？如何制订设计计划？如果A计划出现问题，B计划是什么？要调动哪些资源，通过怎样的方式来完成设计计划并达成目标？预估效果如何？能否通过优化计划、资源配置和实施方式跨越式达成目标？设计策略可以大体从高层、中层和基层三个层面来考量。做设计师，应该做一个有战略眼光，策略意识强的设计师。设计师是一个苦差事，但也是一个快乐的差事。设计师在接受一个项目，准备开始日夜埋头苦干前，以及在苦干中，一定要抬头看看“策略”两个字。设计师的价值要通过设计来体现，而设计的价值是通过市场来验证的。埋头苦干不一定有好的市场价值，尤其是当设计策略出现失误甚至没有设计策略的时候，设计师的辛苦工作常常被白白浪费。

（4）初稿设计。验证或者深入探讨包装设计的信息系统、设计风格与具体表现形式，并提供直观可视的包装设计方案，是包装设计初稿需达成的目的。初稿设计的主要内容包括包装结构与造型形态设计、包装主要信息的视觉形态设计、各展示面的信息分配与版式编排、包装风格的整体呈现。其中，包装主要信息的视觉形态设计和包装风格的整体呈现设计是重点。

初稿设计方案的呈现，通常为主要展示面设计和包装效果图的设计。主要展示面设计指包装容器上第一时间比其他版面更显著呈现商品最重要信息的展示面，也称为包装的“正面”。应重点考虑主要展示面的文字设计、主要展示面的图形设计、主要展示面的色彩设计和主要展示面的版式设计。在初稿构思阶段，包装效果图设计重在快速表现包装结构、形态和大致画面构成，可以使用手绘方式。

（5）设计提案。初次提案的主要目的是探讨可以继续深入发展的设计方向。同时，也是客户方和设计方双方进一步沟通与设计相关的资讯、意见，以发现问题和增进共识的机会。初稿提案有内部提案和正式提案。提案文件的准备包括文件内容及其展示形式的准备。初稿设计提案的内容，尽量多考虑几个可能的设计方向，但是一定要有一两个重点设计方向。将这些初稿设计方案按一定关系排序，并逐个编号，再辅以简要设计说明，制成提案文件。需要注意的是，无论是展板、纸质文件还是PPT演示，提案文件本身的版式编排都非常重要，会影响客户方及与会者对设计效果的判断。初次提案通常是甲、乙双方的第一次关于设计方向和设计重点的讨论，建议务必当面提案。在设计深化过程中，也可以采用网络邮件的方式。提案文件的形式，根据具体情况而定，展板、纸质打印稿或者PPT文件均可。

① 提案技巧完美呈现。尽可能完美地展示设计方案，这是客户花费时间和精力参加这个会议的核心关注点。② 完整、简要陈述。完整、简要地陈述己方的设计观点与构思，是提案成功的重要技巧。提案文件的说明文字，一定要用“条款＋关键词”的方式编写，不要在版式上影响方案本身的展示效果。③ 临场应变。根据提案现场情况，以“实事求是＋临场应变”的态度和方式去领会、沟通或者引导客户的观点，使讨论向有利于探寻明晰的设计方向发展。只要设计方是努力为客户方的市场着想，即使发生争辩，也是好的事情。④ 注重细节。提案人员良好的精神状态、整洁的外表、充分的准备、严谨的工作态度和谦逊的礼仪，都是体现设计方专业素养并促成提案顺利进展的重要细节。⑤ 版权保护。首先，在设计合约中应该有对设计项目所涉及的版权方面的责、权、利的约定。其次，在设计过程中的提案，或设计验收后，应请客户单位签收“设计方案回执单”，并加盖公章。

（6）深化设计。深化设计是在综合设计提案会的主要意见后，对包装的信息内容及设计风格进行修订和深入推敲设计的过程。这个阶段的主要工作内容包括主要展示面深化设计、次展示面设计、印刷工艺设计和整体效果调整等。这个阶段的工作，不是钻牛角尖似地苛求细节，而是围绕既定的设计定位，系统完善、细化各个基础视觉形态的造型设计，完善包装整体上的信息构架和版面结构的关系，进一步强化包装整体上信息传达的效果和风格感染力的效果。

（7）预估效果。不难发现，市场上很多优秀的包装设计已经不限于单纯印刷工艺的表现，而是通过多种印后工艺，使包装富有质感、结构和造型等创新效果。以审美的素养，统筹工艺与材料的创新、传统工艺与材料的创新使用，是包装在设计时应该重视的整合方式。设计师要具备预估包装印刷成品效果的能力，就必须对设计中使用的印刷工艺非常熟悉。有三个路径可以培养这方面的能力，分别是下厂实习或监印，带着方案请教印刷厂，去卖场考察等。去卖场考察同类商品的包装成品，查看这些商品的包装工艺与材质的使用方式与效果，就可以了解在这样一种成本上，哪些工艺和材料可以使用，使用后的效果怎么样。

（8）正稿制作。大多数时候，包装设计方案的正稿制作需要由设计方来完成，以保障包装成品的质量。印刷包装的设计完成稿，通常包括包装的印刷正稿、拆色稿和钢刀版，以及1∶1的设计打样稿，必要时进行印刷打样。

站酷奖评委王炳南

（9）设计验收。设计验收是设计方根据设计合同，向委托方提交阶段性或最终设计成果，并由委托方进行验收的过程。通常的验收方式有初稿验收，重点在于对设计风格的基本确定，对主要信息内容和体系的确认；打样验收，通常是设计方案基本完成时进行的中后期验收；完成稿验收，该阶段主要依照合同约定，验收设计完成稿的数量、内容是否完整、正确，设计稿是否符合约定的相关技术标准，是否符合法律、法规。

### 2. 快消品包装设计的五个关键策略

1）锁定市场定位

市场定位的锁定，一是通过周全的调研找准定位，二是通过关键词描述的方式准确、简洁地概括定位。这两者对于快消品包装设计极为重要。之所以说找准定位极为重要，是因为快消品是面对大众消费者的商品，并且主要通过开放式货架的零售终端及B2C电商平台进行销售。通常，消费者在购买这些零食时选择行为相对独立，并有临时起意的特点。这意味着，每个消费者都可以有相对独立的观察、了解、判断是否购买商品的过程，并且这一过程通常是在货比三家的情形下完成的。这使那些在终端促销推广和商品包装设计上做得突出的商品更容易吸引消费者的眼球。这也使那些包装形象、零售价格与商品价值能协同满足某类消费需求的商品，可以更好地吸引目标消费者关注，同时也获得更多的购买认同。反之，如果商品定位不准，就难以在消费者心目中占据一席之地，也就难以在自由、自主程度已经很高和选择空间较为充分的市场中获得消费者的认同。

2）描述目标消费群

性别、年龄、地域、文化层次、工作性质与支付能力不同的消费人群，通常对同一类商品具有不同的关注与偏好。例如：一瓶冰镇可乐，对年轻人来说是透彻激爽的饮料，对中老年人可能是不利于健康的碳酸饮料；一瓶葡萄酒，男性可能更关注品质与口感，而女性容易关注瓶型及包装设计是否优雅；一包婴儿纸尿片，年轻的父亲可能更关注品牌和适用婴儿的年龄，而母亲还会关注材质、结构的细节是否令宝宝更舒适；一提卷筒纸，低收入人群更关注其是否实惠，高收入人群通常更关注品质和品牌；等等。对商品的目标消费人群进行画像，有利于包装设计准确把握消费者关切的主要价值，并借助恰当的信息与风格设计进行传达。

3）考察卖场

不同的终端卖场，空间环境尺度、灯光照明效果、货架密度、商品陈列方式等都有不同。一款主要面向精品超市的商品包装，可以设计得低调、雅致。因为这类超市如屈臣氏、万宁等，其每款商品都能获得较好的照明与陈设条件，并且顾客密度相对较低，所以含蓄、雅致的风格不仅能够被消费者注意到，也能更好地迎合其主要顾客群对审美细节的品质要求。但是在综合性的生活超市，光照条件和货架陈列则相对差一些，而货品密度和顾客密度更高，如果商品包装过于含蓄，则极可能在相对嘈杂的环境中失去被关注的机会。如果在灯光昏暗的郊区小杂货店，货架灯光照明可能不足，货架陈列较凌乱，含蓄、雅致的包装往往会处于晦涩蒙尘的境地。

4）关注成本

商品包装的成本，通常会以 2 ～ 3 倍的价格体现在商品的零售价中。对于大部分快消品来说，成本将直接影响商品的市场竞争力。好的包装设计，应该在设计环节就充分考虑到包装材料、印刷加工工艺和包装储运方式对成本的影响，并尽可能地降低成本，增强商品在零售终端的竞争力。

另外，为了提升商品的货架竞争力，市场上出现了大量过度包装的情况。过度包装，指的是超出正常的包装功能需求，其包装空隙率、包装层数、包装成本超过必要程度的包装。过度包装在一定程度上造成了需求的不合理增长，加剧了资源、能源浪费和环境污染，不仅助长了社会不良风气，也损害了消费的利益。依靠材料和印刷工艺堆砌的过度包装被低成本、易回收的简化包装取代，将成为包装设计和生产业未来的发展方向。如何使低成本的简化包装具有良好的保护、使用和销售功能，并具有良好的艺术审美品质，是包装设计师面临的新挑战、新机遇。

5）风格创新

超市和便利店作为快消品最主要的零售终端，具有自选式购物、货品种类繁多、货架陈列密集、同类货品竞争激烈的特点。这使商品包装做好“无声推销员”的工作意义重大。商品包装的风格设计，需要大胆的、创意性的设计。但是由于消费者预期对某一品类的认知与评价通常具有延续性，除非发生颠覆性的认知，否则很难使消费者预期发生断裂式的改变。快消品主要是满足人们日常生活的各种经常性的消费需要，因此这些需要在一定时期内是相对稳定的。并且一定时期内某类商品的生产原材料、技术、功能价值及成本也是相对稳定的。由于一定时期内某类快消品总体上的特性、消费需求、消费者预期相对稳定，因此快消品包装的设计风格很少有机会进行开天辟地式的或者断裂式的创新，而是在保持某种内在消费需求的关联与延续的前提下，对包装风格的外在表现形式进行创新。这是一种内在相合、外在迥异的和而不同。

### 3. 快消品品牌全案设计

快消品品牌全案划分为品牌系统、产品系统、销售系统三大板块，如图 6-37 ～图 6-39 所示。这三个系统互相影响和促进。品牌底层设计是后两个系统的基础。后两个系统联系异常紧密，如产品销售状况会直接影响产品线的增加或者精减。一套有销售力的包装设计，不但能让招商事半功倍，给经销商以信心，还能让产品进卖场更容易，最关键的是能直接解决消费者的初次购买问题。

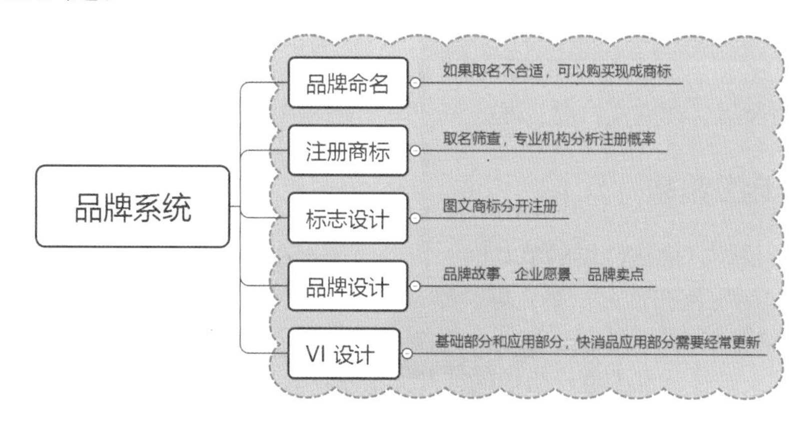


图 6-37 快消品品牌全案划分为之品牌系统

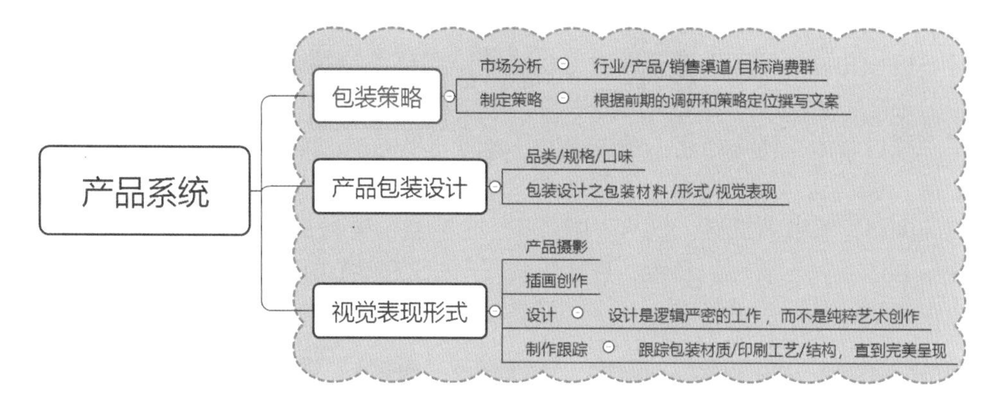


图 6-38 快消品品牌全案划分为之产品系统

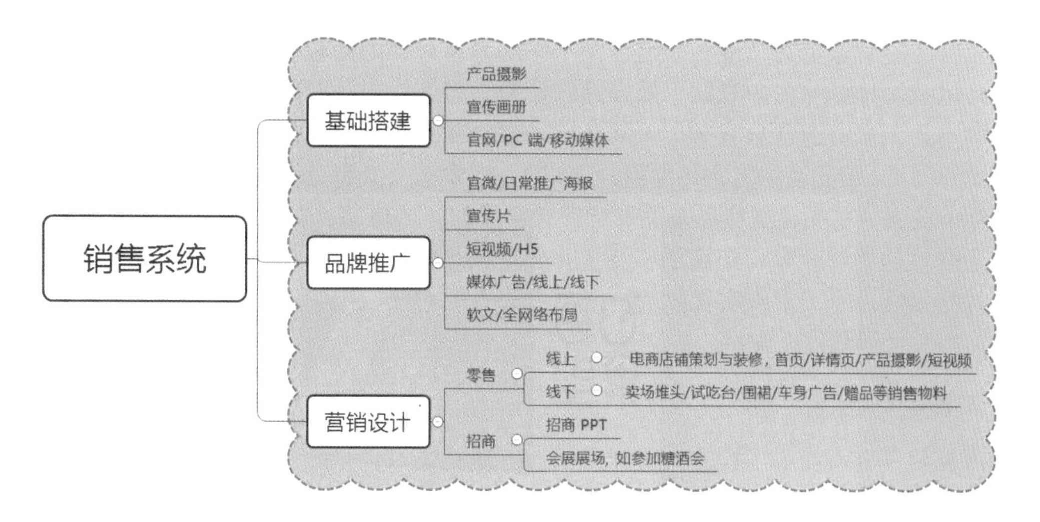


图 6-39 快消品品牌全案划分为之销售系统

图 6-37 ～图 6-39 所示的三个系统中的有些项目，设计公司无法独立完成。例如，品牌系统中的企业愿景、价值主张及产品系统中的产品线规划，销售系统中的宣传片和短视频的拍摄、软文撰写、招商 PPT 的内容，尤其是招商策略和市场推广政策等都需要客户提供，或者与其他专业的第三方来合作。设计公司要做的就是配合甲方市场部及媒体发布的需要，做好辅助工作。在营销中，美观的形象是锦上添花。营销系统是各部门单位的协作。没有任何一家公司能把所有工作都完成，要合理分工，让专业的人做专业的事。

### 6.2.3 特产包装策略

特产都有地域性，地域性指的是某地的特产只适合在某地卖。例如，乐山甜皮鸭在乐山卖销量好，自贡冷吃兔在自贡卖销量好。如果在自贡卖乐山甜皮鸭，在乐山卖自贡冷吃兔，销量就不尽如人意。因为当地特产最适合当地人的口味，而且是当地的名片，走亲访友、逢年过节给外地朋友带礼物都带自己当地的特产。

#### 1. 旅游城市的特产

旅游城市的特产，其目标消费群是全国游客。例如，重庆特产种类繁多，包括茶叶类：永川秀芽、巴山银针、缙云毛峰、西农毛尖、景星碧绿茶、沱茶、黑山雪芽、酉阳苦荞、茉莉花茶等。小吃：磁器口陈麻花、灯影牛肉、江津米花糖、合川桃片、泡凤爪、白市驿板鸭、羊角豆干、城口腊肉、怪味胡豆、怪味花生、老四川牛肉干、酸辣粉、芙蓉江野鱼、香脆椒、黔江肾豆等。调料品：火锅底料、涪陵榨菜、忠县豆腐乳、永川豆豉、大足冬菜、泉水鸡调料、老鸭汤调料、水煮鱼调料、烧鸡公调料等。工艺品：荣昌折扇、荣昌工艺陶、大足石刻、三峡石砚、綦江农民工版画、竹编、谭木匠梳子等。旅游城市游客很多，市场容量较大，但是竞争也很激烈。每个品类都有上百个产品在竞争。旅游城市特产的包装最好加入当地的文化元素。

#### 2. 三线、四线、五线城市的特产

相对全国铺货的快消品来说，包装和营销并不需要太费脑筋。很多三线、四线、五线、城市的土特产品牌都是在当地有一定群众基础的老字号，即使包装设计不出彩也不会影响销量问题。包装设计好一些，有助于提升品牌形象，起到锦上添花的作用。而且，这类城市的特产品牌不会太多，通常只有 2 ～ 3 家特别正宗的在竞争。特产本身富有特色，容易满足当地消费者的需求，因此在一定市场规模的支撑下，只要有自身特色，企业往往容易生存。相反，走出去竞争更大。首先，从产品来说，特产有明显的区域烙印，“走出去”能不能得到消费者认可需要有效的消费教育，充满了风险；其次，从品牌来说，特产的属性就是小众，如果不去掉本身的属性，特产很难实现品牌价值与更多人的对接。因此，土特产品走出当地是比较困难的，需要机遇和推广支持。

#### 3. 丰富的产品线

特产包装一定不能少了礼盒。特产有很大的送礼需求。当地人走亲访友、逢年过节要送礼，外地人来当地旅游，要带回当地特产，而当地人给外地朋友送礼也会选择当地的特产。因此，特产的产品可以设计自用装和礼盒装两种。

### 6.2.4 礼品包装策略

"人是一切社会关系的总和"。基于生活经验，一个正常的社会人，都会有对他人及自己表达敬意的需要。而当借助某些物品来承载和表达敬意的时候，这些物品便被赋予了礼仪的内涵，成为礼品。

礼品包装需要具有一定的文化内涵，因此我们需要了解"文化"的概念。《辞海》中，广义上的"文化"指人类在社会历史发展过程中所创造的物质财富和精神财富的总和。狭义上的"文化"指人类的精神生产能力和精神创造成果。文化的发展具有历史传承性、阶级性、地域性、民族性，并因此具有多样性。礼仪是文化的一部分，也通常是"文明"的一部分。《辞海》对"文明"的阐释：光明而有文采。《辞海》对"礼"的阐释：①敬神。②社会生活中由于风俗习惯形成的为大家共同遵奉的仪式。③礼物。《现代汉语词典》指出，"礼"表示尊敬的言语或动作。"百度词条"对"礼品"的解释为礼品又称礼物。《现代汉语词典》对"礼包"的解释为用作礼品的装有食品、用品等的包，多有精美装饰。礼品包装是销售包装中比较特殊的一类，它是指消费者在社会交往中，对表达心意而馈赠的礼品所进行的特别包装，是现代包装体系的一个重要组成部分，应把礼品包装设计作为一种文化形态来对待。为了设计出高水准的礼品包装，可以从文化性、高档性、针对性、特色性四点来阐述礼品包装。

#### 1. 礼品包装设计的类型

（1）按照不同的礼仪需求，礼品可大致分为民俗礼品、商务礼品和政务礼品。中华民族是一个传统农耕文化深厚、自古尚礼的民族，几乎所有民俗礼仪活动都离不开礼品，日常走动也常有"伴手礼"。因此民俗礼品的包装设计有着广泛的需求。

（2）按照不同的礼品价值，其包装大致可以分为普通礼品包装、中档礼品包装和高档礼品包装。礼品价值是一个相对的概念，因商品本身的使用价值、市场的需求和价格的高低而不同。普通礼品包装，多采用经济性好的普通包装材料和适合大批量机械化生产的包装工艺，用于价值和价格较普通的商品包装，其设计仍然需要在包装的图文信息和整体风格上突出礼仪特性。如用于包装土特产，采用白卡纸经过胶印制作的折叠纸盒。中档礼品包装，介于普通与高档之间，具有更良好的性价比。如在普通纸盒包装上，局部额外使用特种纸张或者其他包装材料，使包装结构和形象具有一定的独特品质感，而包装成本又控制在较低的范围内。高档礼品包装，多以高水平的艺术设计，将成本较高的材质和精良的包装生产工艺有机结合起来，以高附加值的方式推动礼仪性商品的销售。如高档的化妆品、参茸虫草、酒、茶和贵重饰品等的包装。

（3）按照不同的销售场所，分为商场销售性礼品包装、馈赠纪念性礼品包装、通用装饰性礼品包装。

#### 2. 礼品包装设计的重要策略

1）把握礼仪需求类型与特点

不同的礼仪活动，对礼品及其包装设计有不同的要求。设计师需要根据礼品类型的不同，并重点考察具体礼仪需要的要求，制定针对性的包装设计策略。民俗礼品包装设计不仅需要着重考虑特定民俗文化的表达，还要注意特定民俗礼仪的忌讳。如果是具有旅游纪念品性质的民俗礼品，其包装设计还要考虑消费者携带礼品的便利性和礼品的保护性。而商务礼品、政务礼品的包装设计，会适当强调品牌或政府的形象，在信息与风格设计上考虑与政务或商务活动的主题一致，并以增进感情、文化交流、促进合作为目的。

2）功能、情绪、文化“三位一体”的设计策略

礼品包装的物理性功能是依靠包装容器存在的。包装容器的结构、造型、材质、工艺等物质性的技术性的要素，会直接关系包装的保护功能、便利功能和审美功能的水平，并进而影响礼品赠受双方的情绪。在礼品包装中，有针对性地融入特定的文化要素，是提升礼品文化内涵的重要途径。其载体也是在于包装容器及其图文信息。因此，通过设计将礼品包装的功能价值、情绪价值和特定文化价值艺术性地融为一体，是保障礼品包装品质并提升其文化内涵的重要策略。

3）确保设计在批量生产中的还原

人们对礼品包装礼仪性上的要求往往明显高于普通的商品包装。这种礼仪性要求，除了体现在对包装的主题、风格、信息的设计上，也体现在包装的材质、工艺的质量与细节上。礼品包装设计要点：高档性、针对性、情调性和特色性。现代礼品包装设计注意要点：文化性、民族性、时代性和情感性。

4）合理控制成本

礼品包装的生产，由于多数情况下需要手工加工，因此与自动化包装机械的加工方式相比，其人工成本较高但良品率相对较低。这在一定程度上增加了礼品包装的生产成本。另外，礼品包装材质的多样性和加工工艺的复杂性，也使其材料成本和工艺成本更高。在保障同等质量的情况下，如何降低生产成本，增强商品的市场竞争力，是礼品包装的设计生产委托方、设计方和加工方共同面临的课题。从设计层面上，为了降低礼品包装的生产成本，常用的方法有以下几种。① 在保证包装的功能、工艺和外观设计要求的前提下，尽可能减少材料使用量或者选择更为经济、实用的包装材质。② 尽量减少需要手工制作的结构与工艺。③ 多采用便于批量自动化生产的结构和工艺。④ 尽量减少成本较高的特殊工艺。⑤ 兼顾包装的后续回收使用可能性，或者包装在使用后仍可作为其他用途的容器，并继续传播品牌形象与商品信息。

例如，月饼类高档礼品盒。材料多采用 157g 铜版纸裱双灰板或白板，也可用布纹纸或其他特种工艺纸。印刷：多以 4C+0C（单面 4 色）印刷，可印专色（专金或专银）。后道工艺：过光胶、哑胶、局部 UV、磨砂、压纹、烫铂（有金色、银色、宝石蓝色等多种色彩的金属质感膜供选择）或过防伪膜（使他人无法仿造），内盒常用发泡胶裱丝绸绒布、海绵或植绒吸塑等材料。后道工艺多以手工精心制作，选用材料应根据产品需要和档次来选择，具有美观大方、高贵典雅的艺术品位。再如，保健类礼品盒。材料多采用 157g 铜版纸裱双灰板或白板，也可用布纹纸或其他特种工艺纸。印刷：多以 4C+0C 印刷，可印专色、专金或专银。后道工艺：过光胶、哑胶、局部 UV、磨砂、压纹、烫铂（有金色、银色、宝石蓝色等多种色彩的金属质感膜供选择）或过防伪膜（使他人无法仿造），内盒（内卡）有模型式和分隔式，模型式常用发泡胶裱丝绸绒布、海绵或植绒吸塑等材料。后道工艺多以手工精心制作。选用材料按产品需要和档次来选择，确保美观、经济、实用。

### 3. 礼品包装设计原则

与快消品包装的销售方式和环境有所不同，礼品的销售在较多的时候是订单制，零售更

多在精品店、专卖店或者商业超市的专柜、店中，商家通常会安排专门的销售员来引导消费者精心选择。因此礼品包装设计评价，可参照竞争力、说服力、适用性、环保性、合法性等快消品包装设计的评价原则，但有必要进行针对性的增减和强弱关系的调整。这些增减和调整，主要包括如下内容。

（1）注重礼仪内涵的原则。对于礼品包装，通常无须过于关注其品牌及包装形象在货架上的冲击力，因为很多时候同一货架的商品甚至整个销售店面的商品，都是自家品牌。礼品包装设计通常不强调其在货架上的冲击力，而是着重要求其礼仪内涵和细节品质。

（2）包装的自我保护原则。由于礼品包装本身往往也是礼仪赠送活动的组成部分，因此，礼品包装除了要能够有效保护内装的礼品，还要能在生产、储运、销售及消费者携带和赠送过程中，对商品有效保护，以获得一个完美的礼仪赠送过程。

（3）物尽其用原则。礼品包装的成本相对较高，其使用价值也相对较高，所以礼品包装容器在完成第一次包装使命后，很多时候会被人们用作其他用途。因此，设计师不妨在设计时就兼顾延续包装使用价值的可能性，使包装能够物尽其用。

### 6.2.5 标签设计策略

标签与包装纸设计，是包装装潢设计和平面设计中应用最广泛的一类基础设计，也是销售包装设计师必须具备的基本能力。标签与包装纸设计，主要是运用已学习掌握的字体设计、图形设计、色彩设计原理和表现技能，结合具体产品的内容性质、消费对象和包装方式，以平面设计创意与艺术表现的形式手法有效地展示事物信息。标签与包装纸在视觉艺术设计中具有平面设计的共同特性，然而由于标签与包装纸在最后应用表现方式上不同，因此，在具体设计构思布局、造型处理上又具有一定的差异。标签作为识别事物的一种形式，在日常生活、文化活动、商业经营等活动中应用极其广泛。

#### 1. 标签基础知识

标签的基本类型有通用标签、特殊标签和电子标签。标签设计的程序与方法：一是商品标签的性质与内容方式定位，有产品标签、货物标签、商品销售标签、电子标签、芯片标签、智能标签和特殊标签；二是进行同类商品标签的调查研究与构思；三是确定特定产品标签的基本内容形式；四是确定标签的外形、结构与整体构图布局设计，即标签的造型设计、标签的结构设计、标签的构图布局；五是标签设计的细部刻画，即标签字体设计的精加工、标签图形设计的精加工、标签色彩的应用与配置、标签的特殊效果设计处理；六是标签编制设计说明书。

软标签系统和硬标签系统

#### 2. 食品标签常见问题

食品安全国家标准《预包装食品标签通则》(GB 7718—2011)于2012年4月20日起实施。食品标签常见问题汇总，如表6-1所示。

表 6-1　食品标签常见问题汇总

| 项　目 | 典型问题 | 技术要求 |
| --- | --- | --- |
| 基本要求 | 1. 产品商品名称与真实属性字号不同，如某一饮料产品“氨基酸”比“营养素饮料”字号大、突出明显 | 3.4 应真实、准确，不得以虚假、夸大、使消费者误解或欺骗性的文字、图形等方式介绍食品，也不得利用字号大小或色差误导消费者 |
|  | 2. 实物与宣传不符，如实宣传选用“名贵佐料”“珍贵调料”“五谷杂粮”，但配料表中未有体现。产品中有芝麻，但其配料表中并无标示“芝麻”。宣称使用富硒米和东北大米实际为普通糯米 |  |
|  | 3. 产品中没有添加某种食品配料，仅添加了相关风味的香精香料，在产品标签上标示该食品实物图案误导消费者将购买的食品或食品的某一性质与另一产品混淆 | 3.5 不应直接或以暗示性的语言、图形、符号，误导消费者将购买的食品或食品的某一性质与另一产品混淆 |
|  | 4. 宣传疗效、保健，如声称“提神、补脑”“清热解毒” | 3.6 不应标注或者暗示具有预防、治疗疾病作用的内容，非保健食品不得明示或者暗示具有保健作用 |
|  | 5. 部分茶叶产品标签内容写在合格证上 | 3.7 不应与食品或者其包装物（容器）分离 |
|  | 6. 标签单一标示繁体字，繁体字不属于规范汉字 | 3.8 应使用规范的汉字（商标除外）。具有装饰作用的各种艺术字，应书写正确，易于辨认 |
|  | 7. 使用了外文，但没有标示相对应的中文 | 3.8.2 可以同时使用外文，但应与中文有对应关系（商标、进口食品的制造者和地址、国外经销者的名称和地址、网址除外） |
|  | 8. 拼音、外文字体大于相应的中文字体 | 3.8.1 可以同时使用拼音或少数民族文字，拼音不得大于相应汉字<br>3.8.2 所有外文不得大于相应的汉字（商标除外） |
|  | 9. 强制标示内容的字体高度小于 1.8mm | 3.9 预包装食品包装物或包装容器最大表面面积大于 35cm$^2$ 时，强制标示内容的文字、符号、数字的高度不得小于 1.8mm |
|  | 10. 内、外包装标示内容不一致。如生产日期标示不同：一个标 180 天，一个标半年 | 3.10 一个销售单元的包装中含有不同品种、多个独立包装可单独销售的食品，每件独立包装的食品标识应当分别标注 |
|  | 11. 外包装不易开启识别或透过外包装物不能清晰地识别的礼盒包装，外包装未标示所有强制标示内容 | 3.11 若外包装易于开启识别或透过外包装物能清晰地识别内包装物（容器）上的所有强制标示内容或部分强制标示内容；可不在外包装物上重复标示相应的内容；否则应在外包装物上按要求标示所有强制标示内容 |
|  | 12. 漏标生产者地址、联系方式、规格、贮存条件等内容 | 4.1.1 直接向消费者提供的预包装食品标签标示应包括食品名称、配料表、净含量和规格、生产者和（或）经销者的名称、地址和联系方式、生产日期和保质期、贮存条件、食品生产许可证编号、产品标准代号及其他需要标示的内容 |
| 食品名称 | 食品名称不能反映食品的真实属性或未选用产品标准所规定的名称。属性指事物（实体）本身固有的性质。食品的品名要求直接反映食品的真实属性。例如，饮料、啤酒、咖啡、饼干等，观其名即可知道其属性。但有些食品标签的品名不能或很难反映其本质属性，如大米标示为“泰香”“雪花粘”，膨化食品标示为“龙虾条”“牛肉串” | 4.1.2.1 应在食品标签的醒目位置，清晰地标示反映食品真实属性的专用名称 |

续表

| 项　目 | 典型问题 | 技术要求 |
| --- | --- | --- |
| 配料表 | 1. 配料名称不规范，有国标的配料未标注名称，如糖未标注白砂糖、绵白糖、冰糖、赤砂糖；盐未标注食用盐；酱油未标注酿造酱油、配制酱油；鸡精未标注鸡精调味料；鲜蛋未标注鲜鸡蛋等 | 4.1.3.1 预包装食品的标签上应标示配料表，配料表中的各种配料应按 4.1.2 的要求标示具体名称，食品添加剂按照 4.1.3.1.4 的要求标示名称 |
| | 2. 单一配料如饮用水、大米、茶叶、冰糖等产品未标示配料 | 《〈预包装食品标签通则〉（GB 7718—2011）问答》第二十一条规定：“单一配料的预包装食品应当标示配料表” |
| | 3. 加入量超过 2% 的配料未按递减顺序排列 | 4.1.3.1.2 各种配料应按制造或加工食品时加入量的递减顺序一一排列；加入量不超过 2% 的配料可以不按递减顺序排列 |
| | 4. 复合配料未标示，如植脂末等未标示原始配料 | 4.1.3.1.3 如果某种配料是由两种或两种以上的其他配料构成的复合配料（不包括复合食品添加剂），应在配料表中标示复合配料的名称，随后将复合配料的原始配料在括号内按加入量的递减顺序标示。当某种复合配料已有国家标准、行业标准或地方标准，且其加入量小于食品总量的 25% 时，不需要标示复合配料的原始配料 |
| | 5. 复合配料中在终产品起工艺作用的食品添加剂未标示，如酱油应标示酱油（含焦糖色） | 《〈预包装食品标签通则〉（GB 7718—2011）问答》第二十五条规定：“复合配料中在终端产品起工艺作用的食品添加剂应当标示” |
| | 6. 复配食品添加剂如泡打粉等未标示在终产品中具有功能作用的每种食品添加剂 | 《〈预包装食品标签通则〉（GB 7718—2011）问答》第三十一条关于复配食品添加剂的标示：“应当在食品配料表中一一标示在终产品中具有功能作用的每种食品添加剂” |
| 基本要求 | 食品添加剂的具体名称未标示 GB 2760 中的通用名称，如红曲粉未标注成红曲米、红曲红，阿斯巴甜未标注成“阿斯巴甜（含苯丙氨酸）”，呈味核苷酸二钠未标注成“5’－呈味核苷酸二钠”，属于咸味香精、商品名称为“牛肉粉”的未标注成“食用香精”，变性淀粉未标示 GB 2760 中的通用名称 | 4.1.3.1.4 食品添加剂应当标示其在 GB2760 中的食品添加剂通用名称。食品添加剂通用名称可以标示为食品添加剂的具体名称，也可标示为食品添加剂的功能类别名称并同时标示食品添加剂的具体名称或国际编码（INS 号）。在同一预包装食品的标签上，应选择附录 B 中的一种形式标示食品添加剂。当采用同时标示食品添加剂的功能类别名称和国际编码的形式时，若某种食品添加剂尚不存在相应的国际编码，或因致敏物质标示需要，可以标示其具体名称。食品添加剂的名称不包括其制法。加入量小于食品总量 25% 的复合配料中含有的食品添加剂，若符合 GB2760 规定的带入原则且在最终产品中不起工艺作用的，不需要标示 |

续表

| 项　目 | 典型问题 | 技术要求 |
|---|---|---|
| 配料的定量标示 | 1. 标签强调高钙、高纤维、富含氨基酸，但没有标示其含量 | 4.1.4.1 如果在食品标签或食品说明书上特别强调添加了或含有一种或多种有价值、有特性的配料或成分，应标示所强调配料或成分的添加量或在成品中的含量 |
| | 2. 标示“无糖”“低糖”“低脂”“无盐”等未标示其含量 | 4.1.4.2 如果在食品的标签上特别强调一种或多种配料或成分的含量较低或无时，应标示所强调配料或成分在成品中的含量 |
| 净含量和规格 | 1. 散装食品标示成“净含量：按实际称重计算”，由于非定量，该项目可以不标示 | 《预包装食品标签通则》GB 7718—2011 规定，散装食品不适用该标准 |
| | 2. 标题标示错误，如标成“净重”“毛重” | 4.1.5.1 净含量的标示应由净含量、数字和法定计量单位组成 |
| | 3. 净含量与食品名称不在同一展示面上 | 4.1.5.5 净含量应与食品名称在包装物或容器的同一展示版面标示 |
| | 4. 桶装饮用水、大包装食品的净含量字体高度不符合要求 | 4.1.5.4 净含量字符的最小高度应符合表 6-5 的规定 |
| | 5. 未采用法定计量单位，如体积单位标示为“公升”，质量单位标示为“公斤” | 4.1.5.2 应依据法定计量单位，按以下形式标示包装物（容器）中食品的净含量：a）液态食品，用体积升（L）（l）、毫升（mL）（ml），或用质量克（g）、千克（kg）；b）固态食品，用质量克（g）、千克（kg）；c）半固态或黏性食品，用质量克（g）、千克（kg）或体积升（L）（l）、毫升（mL）（ml） |
| | 6. kg、mL、ml 等大小写书写不规范 | |
| 生产者、经销者的名称、地址和联系方式 | 1. 生产者名称和地址未标示营业执照上的依法登记注册的内容 | 4.1.6.1 应当标注生产者的名称、地址和联系方式。生产者名称和地址应当是依法登记注册、能够承担产品安全质量责任的生产者的名称、地址 |
| | 2. 委托加工产品未标示受委托单位的地址或产地 | 4.1.6.1.3 受其他单位委托加工预包装食品的，应标示委托单位和受委托单位的名称和地址；或仅标示委托单位的名称和地址及产地，产地应当按照行政区划标注到地市级地域 |
| 日期标示 | 1. 按照季节不同来标示保质期，难以确定具体天数<br>2. 保质期与产品执行标准中规定的保质期不一致 | |
| 贮存条件 | 容易漏标 | 预包装食品标签应标示贮存条件 |
| 食品生产许可证编号 | 1. QS 标志及编号标注错误，如 QS 标志变形、变色 | 预包装食品标签应标示食品生产许可证编号的，标示形式按照相关规定执行 |
| | 2. 未在规定的时间换成“生产许可”字样，仍在使用“质量安全” | 国家质量监督检验检疫总局《关于使用企业食品生产许可证标志有关事项的公告》（总局 2010 年第 34 号公告） |
| | 3. 将 QS 标志使用在无证食品、保健食品等其他产品上 | |
| 产品标准代号 | 产品标准号标注错误，如将推荐性标准标注为强制性标准，或只标注卫生标准，或标注废止标准，自愿性产品认证随意标注，如企业的自愿性产品认证已过时效仍旧使用 | 在国内生产并在国内销售的预包装食品（不包括进口预包装食品）应标示产品所执行的标准代号和顺序号 |

续表

| 项　目 | 典型问题 | 技术要求 |
| --- | --- | --- |
| 辐照食品 | 1. 使用辐照杀菌食品未标示“辐照食品” | 4.1.11.1.1 经电离辐射线或电离能量处理过的食品，应在食品名称附近标示“辐照食品” |
| | 2. 使用辐照蔬菜、香辛料等原料未标示辐照 | 4.1.11.1.2 经电离辐射线或电离能量处理过的任何配料，应在配料表中标明 |
| 转基因食品 | 使用转基因大豆等食品未标明 | 转基因食品的标示应符合相关法律、法规的规定 |
| 质量（品质）等级 | 如大米、小米、挂面、茶叶等产品执行标准中规定质量等级的未标示 | 食品所执行的相应产品标准已明确规定质量（品质）等级的，应标示质量（品质）等级 |
| 认证食品 | 违规标示“有机产品”“有机转换产品”和“无污染”“纯天然”等其他误导公众的文字表述 | 《有机产品认证管理办法》第三十一条规定：未获得有机产品认证的产品，不得在产品或者产品包装及标签上标注“有机产品”“有机转换产品”和“无污染”“纯天然”等其他误导公众的文字表述 |
| 食品标签特殊要求 | 1. 蜂蜜制品：不得以“蜂蜜”或“蜜”作为蜂蜜制品的名称或名称主词<br>2. 库拉索芦荟凝胶：“本品添加芦荟，孕妇与婴幼儿慎用”<br>3. 乳制品：严禁在乳品标签、标识和广告中宣传“无抗奶” | |
| “特殊项”的标注 | 1. 产品类型，如糖果和巧克力、碳酸和果蔬汁饮料、茶饮料、固体饮料、冷冻饮品、葡萄酒和黄酒（干、半干、半甜、甜型）、蜂产品（蜂蜜、蜂花粉）标“花的类型”等。<br>2. 酒精度：凡是饮料酒都必须标注“酒精度”。见《预包装饮料酒标签通则》（GB 10344—2005）。<br>3. 蛋白质：如蛋白饮料（植物蛋白饮料、含乳蛋白饮料）、乳制品等。<br>4. 果蔬汁含量：如水果汁、蔬菜汁及其饮料、水果酒（除葡萄酒外）等。<br>5. 其他：如巧克力需标可可脂含量；如用类（代）可可脂也要标其含量等 | |

## 6.2.6　其他品类包装设计策略

### 1. 酒饮食品类商品包装设计策略

酒饮食品类商品属于典型的情绪化消费商品，人们更加看重其包装的情绪感染力，以及文化内涵。酒是人类社会最古老的饮品之一。特定的酒有特定的口感、特定的文化内涵与特定的消费需求，这是酒包装设计要考虑的重要因素。

材料多采用 300 ~ 350g 白底白卡纸（单粉卡纸）或灰底白卡纸。较大的盒可用 250g+250g 对裱，也可用金卡纸和银卡纸，应根据实际需要和产品档次选择不同材质。

印刷工艺多以 4C+0C 或 4C+1C（正面的 4 色印刷加上反面 1 个色）印刷，可印专色（专金或专银）。

后道工艺有过光胶、哑胶、局部 UV、磨砂、烫铂（有金色、银色、宝石蓝色等多种色彩的金属质感膜供选择）或过防伪膜（使他人无法仿造）、击凹凸、啤、粘等工艺。

### 2. 电子电器类商品包装设计策略

在电子电器类商品中，技术指标、性能特点和使用感受，常成为包装上信息与风格的主要表现内容。当然，整体上理性、炫酷科技感，也是常见的风格样式，如 MP3、U 盘或手机等的包装盒。

材料多采用 157 ~ 210g 铜版纸或哑粉纸，裱 800 ~ 1200g 双灰板，也可用布纹纸或其他彩色特种工艺纸。

印刷：多以 4C+0C 印刷，可印专色（专金或专银）。

后道工艺：过光胶、哑胶、局部 UV、压纹、烫铂（有金色、银色、宝石蓝色等多种色彩的金属质感膜供选择）或过防伪膜（使他人难以仿造），内裱纸为 157g 铜版纸，不印刷。

内盒（内卡）：常用发泡胶内衬丝绸绒布、海绵或植绒吸塑等材料。盒开口处嵌入两片磁铁，后道工艺多以手工精心制作。此种造型为书盒式，选用材料按实际产品需要和档次来选择，以求安全防震、美观、经济、时尚。

普通型数码产品包装盒，较多采用 250 ~ 350g 白卡或灰卡纸，裱 W9（白色）、B9 或 C9 坑（黄色）。印刷：多以 4C+0C 印刷，也可印专色。后道工艺：过光胶、哑胶、局部 UV、烫铂（有金色、银色、宝石蓝色等多种色彩的金属质感膜供选择）或过防伪膜（使他人无法仿造）。内盒（内卡）可用发泡胶、纸托、海绵、植绒吸塑或纸塑等材料。选用材料应按产品实际需要，以求稳固、美观、经济实用。

### 3. 文具类商品包装设计策略

传统文具、办公文具、学生文具、专业文具和礼仪文具，虽然有交叉但定位上还是有较大的不同。传统文具，如笔墨纸砚，主要满足学生学习和专业人士的需求，所以主要在文具店内销售，常采用简易的包装方式。办公文具注重功能性，通常批量采购，所以凸显品牌，以工整简约风格设计的集合式包装较多。学生文具在产品造型和包装设计上，较为重视目标学生群体在年龄、性别上的需求差异。风格适合、有新意并且功能良好，往往是学生群体需要的设计。

### 4. 服饰类商品包装设计策略

服饰类商品包装与快消品的包装，在销售过程中所起的作用完全不同。服饰类商品是顾客试好、选购好商品后，再被包装起来以便携带，这是典型的“售后包装”。包装本身不对促销起作用，但包装的形象和细节是塑造品牌形象和营造消费者体验的重要支撑。所以，服饰类商品包装通常需要在品牌形象传播和营造独特品质感上做文章。

### 5. 旅游类商品包装设计策略

旅游类商品指旅游地区特有的、具有当地特色的商品。服务性旅游类商品如导游讲解，不需要包装；而大宗的旅游类商品如越南的黄杨木家具，需要的是物流包装。这里主要讨论旅游类商品中，通常被旅游者购买、携带的小商品和纪念品及其包装设计。旅游类商品的消费者主要是游客或过客。从游客的消费动机上看，有为自己旅游纪念而购买的，也有用来赠送亲友的。从游客的地域属性上，有本地、国内和国外之分。从游客的旅行状态看，便携、安全是对旅游商品包装的基本要求。体现独特的地域文化，为旅游携带和消费商品提供良好的保护和便利，带来良好的旅游心情与回忆，是旅游商品包装的特殊需要。旅游类商品的包装设计，是为包装“旅游回忆”“旅游情绪”而设计的，因此应该更多关注其特色、趣味、创新、便携、安全等因素。

### 6. 药品类商品包装设计策略

药品包装是药品不可分割的一个组成部分，它越来越受到大家的重视和关注。药品包含：粉针、水针注射剂、片剂、颗粒、口服液、输液包等。不同类型的药品应该根据其特征选用合适的包装材料。由于纸质材料具有易受潮、易腐蚀、易污染等局限，因此，只能作为外包装材料。设计师的艺术修养和设计风格会不同程度地体现在包装设计上，能否足够好地表现出来，取决于设计师的主观努力。

1）药品包装的材料选择

药品包装的用纸及相关材料，与药品包装设计的各要素一起决定药品包装的效果，因此必须合理地进行选择。应从消费者的利益角度考虑包装成本，合理选用适合产品的包装材料，以增强消费者的信任度。设计时既要考虑包装成本，又要考虑包装质量，尽量省去一些不必要的印刷工艺，如纸上腹膜，既增加成本，又不环保。

材料多采用 250 ~ 350g 白底白卡纸（单粉卡纸）或灰底白卡纸，也可用金卡纸和银卡纸。应根据实际需要和产品档次选择不同材质。

印刷工艺多以 4C+0C 或 4C+1C 印刷，可印专色（专金或专银）。

后道工艺有过光胶、哑胶、局部 UV、磨砂、烫铂（有金色、银色、宝石蓝色等多种色彩的金属质感膜供选择）或过防伪膜（使他人无法仿造）、击凹凸、粘等工艺。

2）药品包装的文字、色彩和图案的合理应用

药品包装中的文字是药品包装最重要的组成部分，通过文字，可以使消费者了解药品的名称、功能、用法和注意事项。要求：简单醒目、美观。① 中药药品设计。中药是我国的传统药品，为了增强药品的传统色彩或历史性，中成药包装中的主体文字和图案一般采用书法艺术风格。文字编排可以借用中国古代文字的排版方式。② 西药药品设计。字体设计通常采用现代字体，或者在现代字体的基础上进行变形处理。排版注意简约现代，排版灵活；不拘一格、不失庄重；充分体现汉字的现代艺术魅力；通过色彩和图案的修饰应用，塑造良好的商品包装品牌形象。

3）药品包装的文字内容

药品包装的文字内容包括品名、通用名称、成分、性状、适应症、功能主治、规格、用法用量、不良反应、禁忌、注意事项、贮藏、生产日期、产品批号、有效期、批准文号、生产企业、注册商标共 18 项。

设计师在设计时应分清主次，合理编排，便于消费者识别，又不失视觉秩序上的主次美感，增加消费者对药品的信任。不同的色彩代表不同的药理特点、药用价值，具有不同的象征意义。

4）药品包装的图形内容

药品包装的图形内容主要运用构成的设计手法，采用具象或抽象的图形来传达药品信息。通常，西药采用抽象图形，通过点、线、面构成手法，简要、新颖地展现独具代表性的药品形象，使人印象深刻。此外，药品包装中图形的设计必须与药品的医药特性、地域文化相关联，同时注重图形的美感和时尚感，更不可缺少视觉艺术的个性创意。药品是减轻或消除病痛的一种特殊商品，因此在商品设计中要体现一种温馨的人文关怀，如药品包装中会出现“将药物放在儿童不能触及的地方”“老年人慎用”“孕妇忌用”，以及明确醒目的药品通用名和患者使用类别的描述，

针对特殊人群的包装设计

给予安全提示，这就是最简单的人文关怀。这样可拉近药品与患者的距离，给人亲切感。

# 6.3 包装规范

## 6.3.1 商品包装常用条形码使用规范

### 1. EAN-13 商品条形码

商品条形码有很多种，最常见的是 13 位条形码。初学包装设计者应该对商品条形码有基本的了解。EAN-13 商品条形码即 EAN-13 barcode for commodity，如图 6-40 所示，由左侧空白区、起始符、左侧数据符、中间分隔符、右侧数据符、校验符、终止符、右侧空白区及前置码组成。

图 6-40 EAN-13 商品条形码

### 2. 商品条形码结构

商品条形码的识读是通过分辨条空的边界和宽窄实现的，因此，条与空的颜色反差越大越好。条色应采用深色，空色应采用浅色。白色做空色，黑色做条色是较理想的颜色搭配，如表 6-2 所示。

表 6-2 条形码符号条色、空色颜色搭配参考

| 序号 | 条色 | 空色 | 能否采用 | 序号 | 条色 | 空色 | 能否采用 |
|---|---|---|---|---|---|---|---|
| 1 | 黑色 | 白色 | √ | 7 | 红色 | 白色 | × |
| 2 | 蓝色 | 白色 | √ | 8 | 浅棕色 | 白色 | × |
| 3 | 绿色 | 白色 | √ | 9 | 金色 | 白色 | × |
| 4 | 深棕色 | 白色 | √ | 10 | 黑色 | 橙色 | √ |
| 5 | 黄色 | 白色 | × | 11 | 蓝色 | 橙色 | √ |
| 6 | 橙色 | 白色 | × | 12 | 绿色 | 橙色 | √ |
| 13 | 深棕色 | 橙色 | √ | 23 | 黑色 | 亮绿色 | × |
| 14 | 黑色 | 红色 | √ | 24 | 黑色 | 暗绿色 | × |

续表

| 序号 | 条色 | 空色 | 能否采用 | 序号 | 条色 | 空色 | 能否采用 |
|---|---|---|---|---|---|---|---|
| 15 | 蓝色 | 红色 | √ | 25 | 蓝色 | 暗绿色 | × |
| 16 | 绿色 | 红色 | √ | 26 | 红色 | 蓝色 | × |
| 17 | 深棕色 | 红色 | √ | 27 | 蓝色 | 蓝色 | × |
| 18 | 黑色 | 黄色 | √ | 28 | 金色 | 金色 | × |
| 19 | 蓝色 | 黄色 | √ | 29 | 橙色 | 金色 | × |
| 20 | 绿色 | 黄色 | √ | 30 | 红色 | 金色 | × |
| 21 | 深棕色 | 黄色 | √ | 31 | 黑色 | 深棕色 | × |
| 22 | 红色 | 亮绿色 | × | 32 | 红色 | 深棕色 | × |

注：（1）“√”表示能采用；“×”表示不能采用；（2）此表仅供条码符号设计者参考。

### 3. EAN-13 商品条形码符号尺寸

条形码的长度和宽度是有限制的，其中，最常见的 EAN-13 条形码，条形码符号长度为 29.83 ～ 74.58mm，条形码符号高度为 20.74 ～ 51.86mm。EAN-13 条形码作为包装上的元素之一，它的大小还需要考虑实际印刷。如果包装采用胶印，则表格中所有的缩放尺寸都可以使用。但如果包装采用水印，则最小的线宽度不小于 3mm。如水果包装箱、矿泉水外箱、食品运输箱等就经常采用水印。通常情况下，应选用 EAN-13 商品条形码，只有下述情况才适应 EAN-8 商品条形码。

（1）EAN-13 商品条形码的印刷面积超过印刷标签最大面积的 1/4 或全部可印刷面积的 1/8 时。

（2）印刷标签的最大面积小于 $40cm^2$ 或全部可印刷面积小于 $80cm^2$ 时。

（3）产品本身是直径小于 3cm 的圆柱体。

## 6.3.2 商品条形码的申请

条形码申请需要去各地质量技术监督局窗口办理，办理时需要带着本公司的营业执照及公章和法人章。窗口不收现金，缴费在银行或者网银转账，然后拿着转账凭证告知窗口。接着等待通知，等拿到条形码后，用条形码里面的卡片登录网站给商品分别注册条形码，自己在后台编码。

首先，准备申请人公司的营业执照复印件和汇款凭证的复印件。其次，填写《中国商品条形厂商识别代码注册申请书》《中国商品条码系统成员注册登记表》，参照《商品条码分类与代码查询手册》，并加盖公章。最后，提供进出口证明并加盖公章。

（1）受理部门：各地市物品编码中心（质量技术监督局）。

（2）部门职责：负责本地区物品编码的管理工作。

（3）办事依据：《商品条码管理办法》（国家质量监督检验检疫总局令第 76 号）。

（4）条件。依法取得企业法人营业执照或营业执照的生产者、销售者可根据自己的经营需要，申请注册厂商识别代码。

（5）企业厂商应提交的注册材料。

（6）登记程序。填表申请—提交证件 / 证明—审查审批—赋码。

（7）办事时限和办事结果。接到申请后，编码分支机构在 5 个工作日内完成初审。初审合格的，编码分支机构签署意见并报送编码中心审批；初审合格的申请资料，编码中心会自收到申请人缴纳的有关费用之日起 5 个工作日内完成审核工作。符合要求的，编码中心向申请人核准注册厂商识别代码，并发放《中国商品条码系统成员证书》，取得中国商品条码系统成员资格，对其厂商识别代码、商品代码和相应的商品条码享有专用权。不符合规定要求的，由编码中心将申请资料退回编码分支机构并说明理由。初审不合格的，编码分支机构应当将申请资料退给申请人并说明理由。

需要注意的是，包装设计师在设计方案定稿，做印刷文件前，需要向客户索要条形码的前 12 位数字，然后通过软件生成条形码，放在包装上使用。

## 6.3.3　条形码的创建方法

### 1. 用 CorelDRAW X4 软件创建条形码的方法

在 CorelDRAW X4 软件中，按下 Ctrl+N 键新建页面，执行“编辑”|“插入条码”命令，如图 6-41 所示。打开条码向导对话框。本例选择常用的 EAN-13 通用商品条形码，输入 12 位数字后，最后一位数字会自动生成，单击下一步按钮。如图 6-42 所示。

图 6-41　执行“插入条码”命令

图 6-42　生成 EAN-13 通用商品条形码

保持默认设置，生成条形码的这些参数均可以在 CorelDRAW 软件中进行设置，再次单击下一步按钮，然后单击“完成”按钮，如图 6-43 所示。

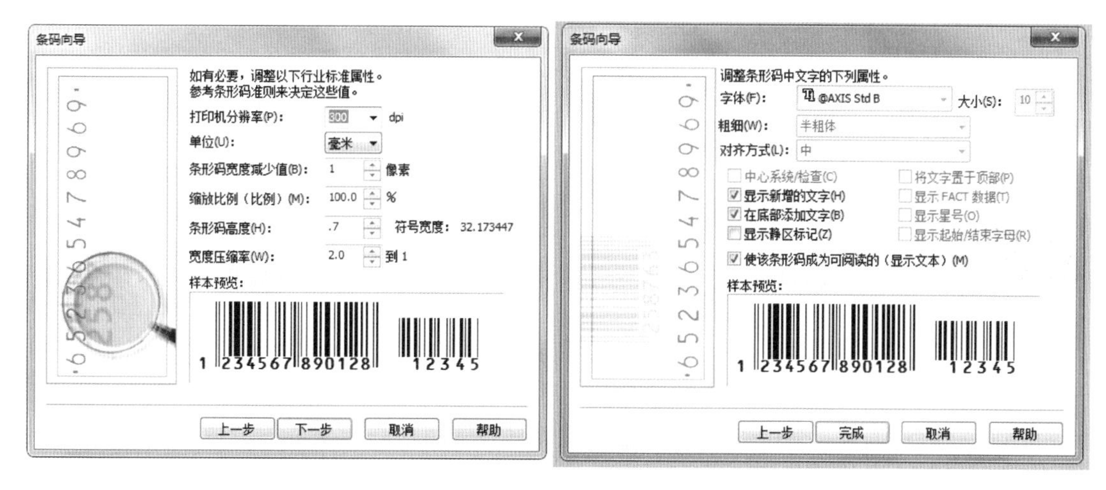


图 6-43 CorelDRAW 软件中生成条形码的参数设置

出现生成插入的条形码，鼠标右击复制（Ctrl+C），然后单击菜单栏中的“编辑”选项，弹出选择性粘贴面板，在对话框中选择“图片”（元文件），单击确定按钮。这时就会出现两个条形码。一个是矢量的，另一个是位图的，只对矢量条形码进行编辑。在条形码上右击“取消组合所有对象”，如图 6-44 所示，然后就可以完成修改条形码的高度等相关操作了。

图 6-44 粘贴面板与生成矢量条形码

## 2. Adobe illustrator 创建条形码

Adobe illustrator 软件没有创建条形码的功能，常用外接条形码生成软件，即 barcode 软件进行创建。打开 barcode 软件，出现条形码向导窗口。选择常用的 EAN-13 通用商品条形码，输入 12 位数字后，最后一位数字会自动生成，然后单击下一步按钮。这里可以根据需要设置条形码的缩放比例、条形码高度等。通常情况下缩放比例都选择 100%。设置好后单击“下一步”按钮，然后单击“完成”按钮。将生成的条形码复制到剪贴板，然后在 Adobe illustrator 中粘贴。最后取消编组，删除白色背景。还可以根据需要继续修改条形码的高度等相关操作。除此之外，也可以在 AI 中安装条形码插件 Barcode Toolboxo，安装后重新打开 AI 软件即可。这时，工具条中多了两个工具小图标，这两个就是条形码工具的图标，一个是吸管 + 条形码的小图标，另一个是铅笔 + 条码的小图标，用鼠标单击铅笔 + 条形码工具图标，会自动弹出“Barcode Toolbox”条形码面板。在这个面板里就可以选择条形码类型与数字位数，然后在文件空白处单击鼠标，即可插入条形码。

## 6.4 相关法规

近年来，随着我国市场经济的发展，法治环境也在不断完善。有关包装行业的国家新标准与法规不断推出，许多既有的标准与法规也重新修订。包装设计和生产的从业人员，尤其是管理人员和设计人员应该随时关注，避免不经意间做出违法、违规的事情而使设计工作前功尽弃，甚至被追究法律责任。本书将在配套教学资源中重点介绍与包装设计关系紧密的法律、法规和国家标准，如《中华人民共和国产品质量法》《产品标识标注规定》《预包装食品标签通则》《中华人民共和国反不正当竞争法》《中华人民共和国著作权法》《中华人民共和国专利法实施细则》等。

### 6.4.1 《预包装食品标签通则》

本标准代替《预包装食品标签通则》（GB 7718—2004）。本标准适用于直接提供给消费者的预包装食品标签和非直接提供给消费者的预包装食品标签。本标准不适用于为预包装食品在储藏运输过程中提供保护的食品储运包装标签、散装食品和现制现售食品的标识。

中文名：《预包装食品标签通则》

类型：食品安全国家标准

标准：GB 7718—2011

实施时间：2012 年 4 月 20 日

#### 1. 相关标准变化

本标准代替《预包装食品标签通则》（GB 7718—2004）。

本标准与 GB 7718—2004 相比，主要变化如下。

——修改了适用范围。

——修改了预包装食品和生产日期的定义，增加了规格的定义，取消了保存期的定义。

——修改了食品添加剂的标示方式。

——增加了规格的标示方式。

——修改了生产者、经销者的名称、地址和联系方式的标示方式。

——修改了强制标示内容的文字、符号、数字的高度不小于 1.8mm 时的包装物或包装容器的最大表面面积。

——增加了食品中可能含有致敏物质时的推荐标示要求。

——修改了附录 A 中最大表面面积的计算方法。

——增加了附录 B 和附录 C。

2. 相应国家标准

GB 7718—2011 是食品标签系列国家标准之一，与之相应的国家标准如下。

《预包装饮料酒标签通则》（GB 10344—2005）代替 GB 10344—1989。

《预包装特殊膳食用食品标签通则》（GB 13432—2004）代替 GB 13432—1992。

本标准的附录 A 为规范性附录。

本标准由全国食品工业标准化技术委员会提出并归口。

本标准由全国食品工业标准化技术委员会组织的起草工作组负责起草。

本标准主要起草人：郝煜、王燕京、王美玲、白德美、田栖静、田明福、许洪民、杨桂芝、杨晓明、张丽君、陈瑶君、郑欣、赵学军、董洪岩、嵇超、简慧薇、蔺立男。

本标准所代替的历次标准版本发布情况如下。

——GB 7718—1987；GB 7718—1994；GB 7718—2004。

3.《预包装食品标签通则》内容

## 6.4.2 《药品说明书和标签管理规定》

## 6.4.3 可以豁免强制标示营养标签的预包装食品

根据国际上实施营养标签制度的经验，营养标签标准中规定了可以豁免标示营养标签的部分食品范围。鼓励豁免的预包装食品按本标准要求自愿标示营养标签。

豁免强制标示营养标签的食品如下。

1. 生鲜食品

生鲜食品如包装的生肉、生鱼、生蔬菜和水果、禽蛋等，其主要是指预先定量包装的、未经烹煮、未添加其他配料的生肉、生鱼、生蔬菜和水果等，如袋装鲜（或冻）虾、肉、鱼或鱼块、肉块、肉馅儿等。此外，未添加其他配料的干制品类，如干蘑菇、木耳、干水果、干蔬菜等，以及生鲜蛋类等也属于本标准中生鲜食品的范围。但是，预包装速冻米面制品和冷冻调理食品不属于豁免范围，如速冻饺子、包子、汤圆、虾丸等。

2. 乙醇含量≥ 0.5% 的饮料酒类

酒精含量≥ 0.5% 的饮料酒类产品，包括发酵酒及其配制酒、蒸馏酒及其配制酒，以及其他酒类（如料酒等）。上述酒类产品除水分和酒精外，基本不含任何营养素，可不标示营养标签。

#### 3. 包装总表面积≤ 100 平方厘米（$cm^2$）或最大表面面积≤ 20 平方厘米（$cm^2$）的食品

因包装小，不能满足营养标签内容的，但允许自愿标示营养信息。这类产品自愿标示营养信息时，可使用文字格式，并可省略营养素参考值（NRV）标示。包装总表面积计算可在包装未放置产品时平铺测定，但应除去封边所占尺寸。

#### 4. 现制现售的食品

现制现售食品是指现场制作、销售并可即时食用的食品。但是，食品加工企业集中生产加工，配送到商场、超市、连锁店、零售店等销售的预包装食品应当按标准规定标示营养标签。

#### 5. 瓶装、桶装的饮用水

包装饮用水是指饮用天然矿泉水、饮用纯净水及其他饮用水，这类产品主要提供水分，基本不提供营养素，因此豁免强制标示营养标签。对饮用天然矿泉水，依据相关标准标注产品的特征性指标，如偏硅酸、碘化物、硒、溶解性总固体含量以及主要阳离子（$K^+$、$Na^+$、$Ca_2^+$、$Mg_2^+$）含量范围等，不作为营养信息。

#### 6. 标签上注明每日食用量≤ 10g 或 10mL 的预包装食品

此类预包装食品指食用量少，对机体营养素的摄入贡献较小，或者单一成分调味品的食品。具体包括如下内容。

（1）调味品：味精、醋等。

（2）甜味料：食糖、淀粉糖、花粉、餐桌甜味料、调味糖浆等。

（3）香辛料：花椒、大料、辣椒、五香粉等。

（4）可食用比例较小的食品：茶叶、胶基糖果、咖啡豆等。

（5）其他：酵母、食用淀粉等。

但是，对于单项营养素含量较高、对营养素日摄入量影响较大的食品，如腐乳类、酱腌菜（咸菜）、酱油、酱类（黄酱、肉酱、辣酱、豆瓣酱等）及复合调味料等应当标示营养标签。

符合以上条件的预包装食品，如果有以下情形，则应当按照营养标签标准的要求强制标注营养标签。

（1）企业自愿选择标示营养标签的。

（2）标签中有任何营养信息（如“蛋白质≥ 3.3%”等）的。但是，相关产品标准中允许使用的工艺、分类等内容的描述，不应当作为营养信息，如“脱盐乳清粉”等。

（3）使用了营养强化剂、氢化和（或）部分氢化植物油的。

（4）标签中有营养声称或营养成分功能声称的。

### 6.4.4 其他相关包装法规

（1）《保健食品标识规定》中要求的保健食品标识，如图 6-45 所示。

图 6-45 保健食品标识

（2）《预包装特殊膳食用食品标签通则》。

特殊营养膳食是为满足某些特殊人群的生理需要，或某些疾病患者的营养需要，按特殊配方而专门加工的食品。

涉及两类人群：正常生理状况下具有特殊营养需求的人群，如婴幼儿、孕妇、乳母、老年人；病理状况下具有特殊营养需求的人群，如各种疾病患者，如慢性疾病、心脑血管疾病、产后、术后、骨伤等。

设计师在设计此类包装的时候，需要了解这方面的法规。

（3）《中国绿色食品商标标志设计使用规范手册》。中国绿色食品商标标志，如图 6-46 所示。

图 6-46 中国绿色食品商标标志

（4）《预包装饮料酒标签通则》（GB 10344—2005）。

本通则规定了预包装饮料酒标签的基本要求；预包装饮料酒标签的强制标示内容；预包装饮料酒标签强制标示内容的免除；预包装饮料酒标签的非强制标示内容。本标准适用于提供给消费者的所有预包装饮料酒标签。

作为一名包装设计师，应了解包装的相关法律、法规，以增强自身的专业素养，设计符合规范的包装，帮助客户规避法律风险。

从心理学角度来说，消费者愿意选择接受某个品牌的产品，不只是因为外在形象的吸引，还有来自内在的文化因素。例如：不同的民族、地域特色等心理熟悉度，能够增加好感与信任感；艺术地表达产品本身具有的功能，以使其在感知层面与消费者的内在情感产生共

鸣；等等。这些都是促成商品交易及购买行为的关键。因此，包装设计必须是有策略的，而策略是达成目标所采取的方向、方式、方法的总和。好的策略，能让商品销售不走弯路。评判优秀包装设计师的标准应该是他设计出的商品好不好卖，能不能解决包装的首次销售问题？而不是他获过多少奖。在售价规格合理的情况下，好的包装设计能促成消费者的初次购买。而产品的复购就不是包装设计师能解决的问题了。如果消费者被一种食品的包装吸引，有了第一次购买行为，但吃过之后感觉不好吃就很难再复购，所以，产品品质依然是根本。

### 课题一：设计一套护肤品的系列包装

训练目的：用绿色环保的材料，设计一套化妆品的系列包装。

训练内容：商品以爽肤水、精华液、乳液、霜为主，总体不得少于三件。使用常规的小包装，需要有平面展开印刷图和立体效果图，以及一件实体。实体的包装材料必须使用绿色环保的材料。

### 课题二：设计一款符合儿童需求的玩具包装

训练目的：以符合儿童的消费心理为指导原则，以男孩玩具和女孩玩具为题，设计两款符合各自需求的玩具包装。

训练内容：材质不限、大小不限，围绕儿童玩具主题，分别设计两款适合男孩和女孩的玩具包装。

### 课题三：设计一套食品的系列包装

训练目的：结构设计、系列图形设计、印刷工艺。

训练内容：自选一个品牌，食品可以是坚果类、糖果类、饼干类等，为其设计系列包装，要求做出实物。

### 课题四：根据毕业设计要求完成包装设计相关选题

训练目的：包装设计综合应用。

训练内容：包装通用结构；考虑出血 3mm；单位统一用 mm；尺寸一定要测量准确；钢刀图 / 平面展开效果图建议使用矢量软件（CorelDRAW/AI）；立体效果可用 C4D/PS+ 智能对象设计包装样机 / 现成的包装样机进行贴图（自选）；考虑多样化的包装材料，如玻璃瓶、自立袋、瓦楞纸盒、木箱、易拉罐等，这个时候需要用到封套和不干胶标签；平面展开效果图必须标注清楚尺寸 / 专色或四色印刷；专色印刷标注方法，如 PANTONE 215C；四色印刷标注方法，如 11—45—77—07；平面展开效果图包含纸盒的平面展开效果图 / 不干胶标签 / 封套；印刷的时候注意一定要先打印一份小样，查看有没有问题，没有问题再正式印刷；实物展示现场注意衬布颜色的选择、环境的陪衬物，以及衍品设计（围巾、胸牌、手机壳、卡片等）；注意不要犯常规性错误，如随意拉扁图形、像素较低；注意字体设计，包装上的广告语一定要进行字体设计，并且注意字体之间的节奏感；打印纸盒卡纸克数要求400g；包装上的规格（净含量）根据包装结构不同，包装材料不同，规格（净含量）也应该不同；系列包装注意风格的统一。包装上涉及的大量文字信息：建议左对齐，注意间距及字号；包装上一定要放上企业二维码（注意引导性文案）/条形码/行业认证标志，以及引导消费者注意环境卫生等图形；可以考虑手提袋，注意尺寸不能太小；注意备份；纸盒结构中必须有一个纸盒设计内托和内包装，注意内包装要包含商品实物。

# 第7章 实战篇

【学习要点】

- 根据不同主题、品类、品牌进行包装设计。
- 知道国内外包装设计相关比赛。
- 训练社会、人文及历史等方面的观念与包装设计创意相结合的能力。

【教学重点】

主题包装设计。

【核心概念】

概念包装设计、品类包装设计

本章导读

包装设计师应必备工业设计、立体设计、平面视觉设计、材料学、结构学、市场学、心理学、系统工程学、美学等知识，同时也应该有创新思维，提升品位和艺术鉴赏的能力、工具运用能力，以及摄影、手绘、色彩表现、文字等造型能力。与此同时，还要多关注包装设计的概念性课题、包装设计的创造性课题、包装设计的互动性课题。

包装设计师职业共设四个等级，分别为包装设计员（国家职业资格四级）、助理包装设计师（国家职业资格三级）、包装设计师（国家职业资格二级）、高级包装设计师（国家职业资格一级），对设计师逐级提高职业技能要求。上一级设计师在专业上必须涵盖下一级设计师应具备的职业技能要求，高级包装设计师还要求具备设计管理与指导培训下级设计师的职业素养与能力。各级包装设计师的具体职业技能要求的详细内容，需要参阅《包装设计师国家职业标准》来深入了解。

## 7.1 全国大学生包装结构创新设计大赛

“全国大学生包装结构创新设计大赛”是一项由中华人民共和国教育部高等学校轻工类专业教学指导委员会主办的，面向全国普通高等学校包装类专业在校大学生的全国性学科竞赛活动。旨在为包装设计领域发现和培育人才，挖掘新的包装创意和新作品，服务包装行业发展。大赛与教学相结合，通过调研分析，了解受众需求，进行创新包装结构设计，为高校学生提供一个展示自我的舞台，打造属于高校包装人自己的赛事。

大赛以培养大学生“创新结构设计能力”为目标，以发现人才、培养人才为宗旨。面向全国普通高等学校包装类专业在校大学生，结合参赛作品，激发学生的创新设计灵感，培养学生的创新创意素质和包装设计能力。

## 设计主题："包装链接生活"

大赛以培养大学生"创新结构设计能力"为目标，结合参赛作品，激发学生的创新设计灵感，培养学生的创新创意素质和包装设计能力。

(1) 所有参赛作品必须遵照大赛宗旨，按照比赛内容要求创作。

作品具有较强的创新内涵。

作品突出结构、功能与艺术等创新，凸显价值理念。

作品从造型设计、环保性能、成本优化等方面体现大赛主题。

充分考虑材料运用及功能结构合理，考虑批量生产制造的可行性。

体现创意包装、智慧包装及注重消费体验的发展方向。

(2) 参赛作品以包装结构创新设计为导向，具体有电商包装、快销产品包装、工业产品包装、电器包装、零售展示包装、农产品包装、智能包装及其他。

(3) 参赛要求。

上传完成作品的电子稿，包括效果图、三维视图、简要设计创意说明。实物作品邮寄。

# 7.2 Pentawards 包装设计竞赛

Pentawards 是全球首个也是唯一专注于各种包装设计的竞赛。Pentawards 被认为是全球范围内各包装设计领域最具声望的专业竞赛。它面向所有国家与包装创作和市场相联系的每个人。根据作品的创作质量，优胜者将分别获得 Pentawards 铜质奖、银质奖、金质奖、铂金奖或钻石奖。

### 2. 往届获奖作品

往届获奖作品如图 7-1、图 7-2 所示。

图 7-1　钻石奖 2018 Diamond Best of Show

图 7-2　铂金奖 2018 Platinum Award

## 7.3 ASPaC 亚洲学生包装设计大赛

ASPaC 亚洲学生包装设计大赛由日本国际交流基金会发起、日本 ASPaC 事务局主持的亚洲地区高校类包装设计专业在校学生作品评比交流活动，从 2010 年至今已经成功举办了八届。历届大赛吸引了日本、中国、韩国、新加坡、泰国、印度尼西亚、马来西亚、菲律宾、越南等国家与地区的在校学生踊跃参与。2019 年 ASPaC 亚洲学生包装设计大赛由日本 ASPaC 事务局主办，并委托上海市包装技术协会全权负责中国大陆赛区的活动组织、作品征集、入围评审及大赛参展等工作。

案例

**参赛主题：灵感，Inspire**

我们正在寻找令世界惊叹的设计作品！用崭新的视点和创新的方法表达设计理念，具有文化创新力和设计思维拓展力。大赛旨在推动当代亚洲学生包装设计的文化创新力和设计思维拓展力，关注学生作品中用崭新的视角和创新的方法来表达设计理念，为优秀青年设计人才提供国际交流平台。大赛同时为亚洲当代包装设计提供人才储备及创新原动力，带动校企合作，为好的创意设计连接消费市场，提供企业优秀文化创意资源，孵化培育青年设计师逐步具备国际视野。

（1）组织机构。

亚洲总赛区主办单位：日本 ASPaC 事务局

中国赛区指导单位：中国包装联合会设计委员会

中国赛区主办单位：上海市包装技术协会

中国赛区承办单位：上海市包装技术协会设计委员会

（2）评选标准。

创新性：符合主题“灵感，Inspire”，不落窠臼、推陈出新，能感受设计者独有的创新想法与概念。以崭新的视角和创新的方法表达设计理念，具有文化创新力和设计思维拓展力。

文化传承性：作品能从一定程度上体现亚洲地区特有的文化、艺术、审美、意境，体现多元化的地域文化的视觉特征。

原创性：作品必须为原创，秉承原创精神和独立设计原则，具有设计的前瞻性、新锐性和实验性。

延展性：作品具备灵活多元的可开发性，具有与市场连接的前提与基础，拥有向其他设计媒介拓展的延展性。

案例

### Olympic 奥林匹克学生包装现场设计

比赛场地为ASPaC表彰会场大厅或者带有PC电脑的其他场所，选手可使用场地的PC电脑，也可使用自带的PC电脑、鼠标、数位板等，全部选手将同时进行设计。比赛时间为1小时30分钟。比赛开始前，ASPaC委员会将就包装设计开发商品要求进行现场解释说明，在回答大家的疑问后，比赛正式开始。比赛课题为商品品牌命名及包装设计开发。ASPaC委员会将提前准备好的容器数据发送给参赛者，是否使用则取决于参赛者自己。包装材质、印刷方法、颜色等不限。同时，参赛者可以通过Wi-Fi在网上查资料、设计素材、照片等。不需要制作立体模型。以PC电脑上制作的包装设计稿件交由审查员进行审查。评审从创意度（0～50分）及完成度（0～50分）两个方面进行双项打分。比赛结束后，各选手将针对自己的作品进行解释说明。

## 7.4 “中国大学生好创意”全国大学生广告艺术大赛

“中国大学生好创意”全国大学生广告艺术大赛（以下简称大广赛）自2005年举办第一届至今，遵循“促进教改、启迪智慧、强化能力、提高素质”的竞赛原则，成功举办了14届15次赛事，全国1400多所高校参与，数十万学生提交作品。发挥了大学生群体的智慧和创造力，培养了大学生的创新意识和解决问题的能力，展示了新一代大学生的学识水平和精神风貌，成为迄今为止全国规模大、覆盖高等院校广、参与师生人数多、作品水准高的全国性高校文科竞赛。参赛作品分为平面类、视频类、动画类、互动类、广播类、策划案类、文案类、营销创客类、公益类等九大类。

大广赛整合社会资源，服务教学改革，以企业真实营销项目为命题，与教学相结合，真题真做，了解受众，调研分析，提出策略，现场提案，教学与市场相关联；大学与企业、行业交互，线上线下互动分享、交流，提升学生的实践能力，探讨创新，产生了大量优秀作品，不仅使企业收获了有创意的作品，也打造了有活力的年轻品牌形象，让企业文化理念、产品在大学生这个庞大的群体中得到有效的传播和产生深远的影响。大广赛秉持公平、公正的办赛原则，聘请学界、业界资深专家、学者和企业高管组成专业评审团，评选参赛作品，并将评审后的作品进行网络公示，杜绝抄袭，不断提升赛事的公信力。

大赛宗旨：促进教改、启迪智慧、强化能力、提高素质。

大赛特点：一次参赛、三级评选。

大赛形式：政府指导、学生为主、企业参与、专家评审、专业机构主办。

学生参赛训练作品集

学生课堂训练视频

学生作业小样视频